Lehr- und Handbücher der Betriebswirtschaftslehre

Herausgegeben von Universitätsprofessor Dr. habil. Hans Corsten

Bisher erschienene Werke:

Betsch · Groh · Schmidt, Gründungs- und Wachstumsfinanzierung innovativer Unternehmen
Bieg · Kußmaul, Externes Rechnungswesen, 3. Auflage
Bronner, Planung und Entscheidung, 3. Auflage
Bronner · Appel · Wiemann, Empirische Personal- und Organisationsforschung
Corsten (Hrg.), Lexikon der Betriebswirtschaftslehre, 4. Auflage
Corsten, Projektmanagement
Corsten, Unternehmungsnetzwerke
Corsten, Dienstleistungsmanagement, 4. Auflage
Corsten, Produktionswirtschaft, 10. Auflage
Corsten, Übungsbuch zur Produktionswirtschaft, 2. Auflage
Corsten, Einführung in das Electronic Business
Corsten · Gössinger, Einführung in das Supply Chain Management
Corsten · Reiß (Hrg.) mit *Becker · Grob · Kußmaul · Kutschker Mattmüller · Meyer · Ossadnik · Reese · Schröder · Troßmann Zelewski,* Betriebswirtschaftslehre, 3. Auflage
Corsten · Reiß (Hrg.), Übungsbuch zur Betriebswirtschaftslehre
Friedl, Kostenrechnung
Hildebrand, Informationsmanagement, 2. Auflage
Jokisch · Mayer, Grundlagen finanzwirtschaftlicher Entscheidungen
Klandt, Gründungsmanagement
Kußmaul, Betriebswirtschaftliche Steuerlehre, 3. Auflage
Kußmaul, Betriebswirtschaftslehre für Existenzgründer, 4. Auflage
Loitlsberger, Grundkonzepte der Betriebswirtschaftslehre
Matschke · Hering, Kommunale Finanzierung
Matschke · Olbrich, Internationale und Außenhandelsfinanzierung
Nebl, Produktionswirtschaft, 5. Auflage
Nebl, Übungsaufgaben zur Produktionswirtschaft
Nolte, Organisation – Ressourcenorientierte Unternehmensgestaltung
Ossadnik, Controlling, 3. Auflage
Palupski, Marketing kommunaler Verwaltungen
Ringlstetter, Organisation von Unternehmen und Unternehmensverbindungen
Schiemenz · Schönert, Entscheidung und Produktion, 2. Auflage
Schneider · Buzacott · Rücker, Operative Produktionsplanung und -steuerung
Schulte, Kostenmanagement
Stölzle, Industrial Relationships
Wehling, Fallstudien zu Personal und Unternehmensführung

Operative Produktions-planung und -steuerung

Konzepte und Modelle des Informations- und Materialflusses in komplexen Fertigungssystemen

Von

Univ.-Prof. Dr. Herfried M. Schneider
Prof. John A. Buzacott
Dipl.-Wirtsch.-Ing. Thomas Rücker

R. Oldenbourg Verlag München Wien

Bibliografische Information Der Deutschen Bibliothek

Die Deutsche Bibliothek verzeichnet diese Publikation in der Deutschen Nationalbibliografie; detaillierte bibliografische Daten sind im Internet über <http://dnb.ddb.de> abrufbar.

Rosenheimer Straße 145, D-81671 München
Telefon: (089) 45051-0
www.oldenbourg-verlag.de

Gedruckt auf säure- und chlorfreiem Papier
Gesamtherstellung: Druckhaus „Thomas Müntzer“ GmbH, Bad Langensalza

ISBN 3-486-57691-7

Vorwort

Bereits ein flüchtiger Blick in unterschiedliche Produktionsbereiche von Industrieunternehmen vermittelt einen Eindruck von der Vielfalt der Gestaltungsmöglichkeiten der Produktionsprozesse. Es liegt nahe, dass so unterschiedliche Produktionsformen wie die Montage von Kraftfahrzeugen auf Taktstraßen in großer Stückzahl und die Herstellung einer Sondermaschine in Einzelfertigung auch Unterschiede in den Verfahren der Planung und Steuerung der jeweiligen Produktionssysteme erfordern. Ausgehend von diesen praktischen Bedürfnissen wurde eine Vielzahl von Produktionsplanungs- und -steuerungskonzepten entwickelt.

Der Gedanke, diese unterschiedlichen Konzepte in einem einheitlichen Modell abzubilden, fasziniert jeden Wissenschaftler und Praktiker gleichermaßen. Das Konzept des Manufacturing Resource Planning von Oliver Wight – „umgangssprachlich" als MRP II-Konzept bezeichnet – ist letztlich ein solcher Ansatz, der sich als konzeptioneller Standard für die überwiegend zentral in einem Unternehmen durchzuführende Produktionsplanung etabliert hat.

Die Steuerung des Materialflusses dagegen wird durch unterschiedliche Organisationsstrukturen der Produktionsbereiche mit ihren in Semantik und Ablauf unterschiedlichen Informationsflüssen erheblich erschwert. Bereits in mittelgroßen Unternehmen ist jedoch das Nebeneinander unterschiedlich strukturierter Produktionsbereiche der Normalfall. Die Alternativen, entweder eines der vielen Steuerungskonzepte einheitlich für alle unterschiedlich strukturierten Bereiche einzusetzen oder unterschiedliche Konzepte mit unterschiedlicher Informationsqualität zu akzeptieren, sind gleichermaßen unbefriedigend und ineffizient, wiewohl häufig der einzige praktische Ausweg.

Einen möglichen Lösungsansatz bietet das Production Authorization Card-(PAC-) Konzept von Buzacott/Shanthikumar, bei dem der Informationsfluss zur Steuerung des Materialflusses einheitlich durch Tags (Karten) abgebildet und das unterschiedliche Systemverhalten durch Variation weniger Steuerungsparameter definiert wird. Die Idee zu dem vorliegenden Lehrbuch entwickelte sich denn auch aus der Diskussion der beiden „Seniorautoren" über die Möglichkeiten dieses Konzeptes.

Ziel des Buches ist es, Studierenden die Grundlagen der operativen Produktionsplanung und -steuerung zu vermitteln und darauf aufbauend zu zeigen, wie aus der Modellierung der Materialflüsse mittels konventioneller Konzepte schrittweise die Modellierung des PAC-Konzeptes entwickelt werden kann. Dazu ist ein gewisser formal-analytischer Apparat erforderlich, der an den jeweiligen Stellen des Buches eingeführt wird. Mathematisch exakte Modelle sind jedoch nur für relativ einfache Produktionssysteme darstellbar. Komplexere Systeme dagegen werden üblicherweise mittels rechnergestützer Simulationsmodelle abgebildet.

Die Vorbereitungen zu diesem Buch haben umfangreiche Simulationsexperimente erforderlich gemacht. Ausgehend von elementaren Simulationsmodulen, deren Funktionsfähigkeit anhand exakter mathematischer Lösungsverfahren überprüft werden kann, entstanden sukzessive auch komplexere Modelle zur Abbildung von PAC-Systemen. Es würde den Charakter dieses Buches sprengen, solche komplexen Simulationsmodelle vorzuführen. Auf die grundlegenden Anforderungen und Ansätze der Simulation von PAC-Systemen soll jedoch nicht verzichtet werden, um dem Leser gegebenenfalls die Möglichkeit zu geben, selbständig entsprechende Modelle aufzubauen und weiter zu entwickeln.

Aus Gründen der Anschaulichkeit werden die Simulationsparameter auf die PAC-Parameter beschränkt, ohne eine Bewertung von Beständen, Bearbeitungs- und Rüstzeiten mit Kosten vorzunehmen. In mehrstufigen Produktionssystemen sind Losgrößen und angemessene Bestände jedoch vom Wertzuwachs auf den einzelnen Fertigungsstufen abhängig. Die entsprechende Erweiterung der Simulationsmodelle bereitet mit den beschriebenen Methoden der Modellkonstruktion keine prinzipiellen Schwierigkeiten. Diese Erweiterung ist vor allem für eine Implementierung der Simulationsmodelle im praktischen Einsatz mit dem Ziel der Ermittlung optimaler Parameterkonstellationen für spezifische Produktionssysteme von Bedeutung.

An der Entstehung des Buches haben viele Personen mitgewirkt, ohne deren Engagement sein Erscheinen nicht möglich gewesen wäre. Besondere Erwähnung verdient unser Koautor, Dipl.-Wirtsch.-Ing. Thomas Rücker, der in unermüdlicher Arbeit die Modellbibliothek entwickelt und unzählige Simulationsexperimente durchgeführt hat, unterstützt von Dipl.-Wirtsch.-Ing. Christian Ehlers und Dipl.-Wirtsch.-Inf. Marko Falk sowie dem Studenten des Wirtschaftsingenieurwesens Raffael Englert.

Dank gilt Herrn Kollegen Univ.-Prof. Dr. rer. nat. habil. Horst Salzwedel, der mit seinen Mitarbeitern unschätzbare Hilfe bei der Anwendung des von ihm entwickelten Simulationstools MLDesigner® leistete.

Die Studenten des Wirtschaftsingenieurwesens Sebastian Hild und Steffen Schulz haben insbesondere bei der Übersetzung der englischen Textteile und bei der Erstellung der Verzeichnisse mitgewirkt und schließlich hat Frau Dipl.-Wirtsch.-Ing. Sigrun Leipe die Texte, Abbildungen und Tabellen in vielen Versionen am Rechner editiert.

Herrn Univ.-Prof. Dr. rer. pol. habil. Hans Corsten gilt unser Dank für die freundliche Aufnahme des Buches in die von ihm herausgegebene Reihe „Lehr- und Handbücher der Betriebswirtschaftslehre“ sowie Herrn Dipl.-Volkswirt Martin Weigert vom Oldenbourg Verlag für die geduldige Zusammenarbeit bei der Vorbereitung der Veröffentlichung dieses Lehrbuches.

Die dem Buch zu Grunde liegenden Forschungsarbeiten wurden unterstützt durch Mittel des Natural Sciences and Engineering Research Council of Canada und des Thüringer Ministeriums für Wissenschaft, Forschung und Kunst.

Trotz allen Bemühens wird es nicht gelungen sein, alle Fehler in Text, Formeln und Abbildungen auszumerzen. Die Autoren sind deshalb für jeden Hinweis dankbar, der zu einer Verbesserung des Buches führt.

Ilmenau und Toronto

Herfried M. Schneider John A. Buzacott

Inhaltsverzeichnis

Abbildungsverzeichnis

Tabellenverzeichnis

Symbolverzeichnis

A	Direktbedarfsmatrix
A_i	Zwischenankunftszeit des Produktes i
A_n	Liefertermin des n-ten Kundenauftrags
$A^{(j)}$	Anzahl der von Lager j an Zelle j gesendeten PA Cards, $j = 1, 2, \ldots, m$
$A^{(j)}(0,t)$	Anzahl der vom Lager j an Zelle j gesendetetn PA Cards im Intervall $(0,t)$
$A(0,t)$	Anzahl der von Kunden im Intervall $(0,t)$ empfangenen Order Tags
a_{ij}	Produktionskoeffizient, Bedarf der Komponente j an der untergeordneten Komponente i
B	Gesamtbedarf der Periode
$BI_i^{(j)}$	Losbildungsbestand (Batching Inventory) des Produktes i in Zelle j
$B_i^{(j)}$	Anzahl der unbedienten Requisition Tags für das Produkt i im downstream der Zelle j gelegenen Lager (= Lieferrückstand)
b_{ij}	Kapazitätsbedarf einer Einheit des Auftrages i auf Kapazitätseinheit j
b_t	Bedarf der Periode t
$C^{(j)}$	Anzahl der von Zelle j an Lager j transportierten Aufträge
$C^{(j)}(n)$	Fertigstellungen in Zelle j und Periode n
$\hat{C}^{(j)}(n)$	durch Master Production Schedule vorgesehene Fertigstellungen in Zelle j und Periode n
C_X^2	Quadratischer Variationskoeffizient einer Zufallsgröße X
$c^{(j)}$	Anzahl parallel arbeitender Maschinen in Zelle j
D	Anzahl der Lieferungen vom Ausgangslager an Kunden
DB	Gesamter Deckungsbeitrag einer Periode bzw. einer definierten Produktmenge
$D(n)$	Auslieferungen durch das kundenseitige Lager in Periode n
$\hat{D}(n)$	durch Master Production Schedule geplante Auslieferungen durch das kundenseitige Lager in Periode n
db	Deckungsbeitrag je Einheit (z. B. Stück, kg, m etc.) eines Produktes
E	Einheitsmatrix

E_i	Staffelbestand des Vorproduktes i
$E^{(j)}$	Staffelbestand der Zellen j, $j = 1, 2, \ldots, m$
$E[X]$	Erwartungswert einer Zufallsgröße X
$e^{(j)}$	Soll-Staffelbestand der in Reihe angeordneten Zellen j, $j = 1, 2, \ldots, m$
$G^{(j)}$	Anzahl der im Lager j auf Process Tags wartenden Order Tags bzw. der auf Kanbans wartenden Aufträge
g_i	Gewichtungsfaktor des Zielwertes $Z_i(X)$
$IP^{(j)}(n)$	Bestandsposition im Lager j in Periode n
$\hat{IP}^{(j)}(n)$	durch Master Production Schedule vorgesehene Bestandsposition im Lager j in Periode n
K_g	Gesamtkosten des Planzeitraums
$KI_i^{(j)}$	Kommissionierungsbestand (Kitting Inventory) des Produktes i in der logischen Montage j
K_l	Gesamte Lagerkosten des Planzeitraums
K_r	Gesamte Rüstkosten des Planzeitraums
K_t	Optimum der Gesamtkosten der Losauflagen bis Periode t
K_v	Gesamte variable Kosten des Planzeitraums
$K^{(j)}$	Anzahl der in Lager j wartenden Process Tags
k_b	Kosten eines Lieferrückstandes pro Zeiteinheit
$k_i^{(j)}$	Anzahl der dem downstream der Zelle j gelegenen Lager zugeordneten Process Tags des Produktes i bzw. der Kanban-Standardbehälter oder -Karten
k_l	Lagerkosten je Stück und Periode
k_r	Rüstkosten je Losauflage
k_v	variable Einheitskosten (Kosten je Stück, kg, m etc.)
L	gesamte systemweite Vorlaufzeit
L_{WS}	Warteschlangenlänge in einem Bediensystem
L^*	Zeithorizont für „perfect forecast“
$L_i^{(j)}$	Wartezeit eines Kunden auf die Auslieferung eines Produktes i durch das der Zelle j zugeordnete Lager
$l^{(j)}$	Vorlaufzeit für Zelle j (Plan-Durchlaufzeit der Zelle j)

$M^{(OT)}$	Anzahl der empfangenen Order Tags, für die im Ausgangslager noch keine Requisition Tags eingegangen sind
$M^{(PAC)}$	Anzahl der im Zellenmanagement wartenden PA Cards, für die noch kein Requisition Tag übermittelt wurde
$M^{(j)}$	Anzahl der in Zelle *j* eingegangenen PA Cards, für die noch kein Requisition Tag freigegeben wurde, $M^{(j)}(t) = A^{(j)}(t-\tau^{(j)},t)$
N	Zahl der Elemente in einem Bediensystem
N_j	Gesamtkapazität der Kapazitätseinheit *j*
O_n	Zeitpunkt des Eingangs des *n*-ten Kundenauftrags
sz	Sicherheitszuschlag
P_{ND}	Wahrscheinlichkeit, dass ein eingehender Auftrag unverzüglich bedient wird
$P\{X = n\}$	Wahrscheinlichkeit, dass die Zufallsvariable *X* den Wert *n* annimmt
p	Wahrscheinlichkeit
p_i	Preis einer Einheit des Auftrages *i*
$R^{(j)}$	Anzahl der an Zelle *j* freigegebenen Requisition Tags
$R^{(j)}(n)$	Freigaben an Zelle *j* in Periode *n*
$\hat{R}^{(j)}(n)$	durch Master Production Schedule vorgesehene Freigaben an Zelle *j* in Periode *n*
$R^{(j)*}$	Angestrebte Freigabemenge an Zelle *j*
$\mathbf{r}$	Gesamtbedarfsvektor
r	Inhalt eines Standardbehälters (Teileanzahl, Los)
$r_i^{(j)}$	Losgröße des Produktes *i* in Zelle *j*
$SL_i^{(j)}$	Servicegrad des Produktes *i*, das in dem der Zelle *j* zugeordneten Lager aufbewahrt wird
$S_i^{(j)}$	Bedienzeit des Produktes *i* in Zelle *j*
t	Zeitvariable
t_D	Durchlaufzeit eines Kanban-Behälters durch das System
$U^{(j)}$	Kapazitätsauslastung der Zelle *j*
$\mathbf{V}$	Verflechtungsmatrix $(\mathbf{E} - \mathbf{A})^{-1}$
$W_i^{(j)}$	Anzahl der an Zelle *j* freigegebenen, in Bearbeitung befindlichen Aufträge des Produktes *i*

x	Mengenvariable
$\mathbf{x}$	Primärbedarfsvektor
x_j	Primärbedarf des Erzeugnisses j
x_k	kritische Menge
$x_{\in (j,t)}$	Äquivalenzmenge
$Z_i^{(j)}$	Bestand des Produktes i in dem downstream der Zelle j gelegenen Lager
$z_i^{(j)}$	Sollbestand des Produktes i in Lager j
λ_i	Ankunftsrate des Produktes i
μ	Abfertigungsrate einer Bedienstelle
$\mu_i^{(j)}$	Abfertigungsrate einer Bedienstelle j für das Produkt i
$\rho^{(j)}$	Auslastung der Maschine bzw. Bedienstelle j (Verkehrsdichte)
σ	Produktionsrate (Lagerzugang)
σ_X^2	Varianz einer Zufallsgröße X
τ_i	Zeitverzögerung zwischen den Eingängen eines Order Tag und des zugehörigen Requisition Tag für das Produkt i
$\tau^{(j)}$	Zeitverzögerung zwischen den Eingängen eines Order Tag und des zugehörigen Requisition Tag im Lager j
ψ	Verbrauchsrate (Lagerabgang)

1 Einführung – Produktion im 21. Jahrhundert

Als *Produktion* bezeichnen wir den Vorgang der Herstellung von *Gütern.* Mit diesem weit gefassten Begriff kann die Montage von Autos oder Kühlschränken auf Fließbändern ebenso gemeint sein, wie das Verfassen eines Manuskriptes für ein Buch am Schreibtisch oder dessen Druck auf modernen Offsetmaschinen, das Drehen eines Fernsehfilms oder die Aufführung eines Theaterstückes, die vollständig automatisierte Produktion von Schrauben oder Halbleiterchips und der Bau eines Einfamilienhauses nach den individuellen Plänen des Bauherrn.

Die Vielfalt an *Ausbringungsgütern* – Produkte materieller und energetischer sowie immaterieller Art als *Output* von Produktionsprozessen – bedingt unterschiedlichste Institutionen/Unternehmungen zu ihrer Herstellung. Wir wollen uns deshalb bereits an dieser Stelle auf *industrielle Produktion* beschränken und ausschließlich die *Herstellung diskreter materieller Produkte* betrachten. Diese Form der Produktion wird zumeist als *Fertigung* bezeichnet. Wenngleich wir im Folgenden die Begriffe Produktion und Fertigung nahezu als Synonyme verwenden, so deutet doch der Bezug auf *Produktion* immer an, dass der betreffende Sachverhalt allgemein für Produktionssysteme zutreffend ist, während sich die Verwendung des Begriffes *Fertigung* immer einschränkend auf die industrielle Produktion diskreter materieller Güter bezieht.

Jeder Produktionsvorgang erfordert ganz bestimmte Verfahren oder *Technologien,* die beherrscht werden müssen. Sie unterscheiden sich gegebenenfalls auch für eine Produktart, wenn diese in unterschiedlichen Mengen benötigt wird. So basiert die kunsthandwerkliche Herstellung einer einzelnen Vase durch einen Töpfer auf anderen Verfahren als die industrielle Erzeugung einer ähnlichen Vase, die im Kaufhaus zu Dutzenden im Regal steht.

Die Art und Menge der herzustellenden Produkte sowie die dafür benötigten spezifischen Technologien bestimmen Art und Umfang der bereit zu stellenden *Kapazitäten,* also vor allem der *Personal-* und der *Anlagenkapazität,* aber auch der *Beschaffungskapazität* sowie der Kapazität von Zwischen- und Endproduktlagern, mithin die gesamte Gestaltung des Produktionsprozesses.

Die Art und Weise, in der Produktionsvorgänge vollzogen werden, hat sich in der Vergangenheit mehrfach grundlegend verändert. Durch die Einführung der Arbeits- und Werkzeugmaschine im Zuge der so genannten *industriellen Revolution* wurde in Europa im Verlauf der zweiten Hälfte des 18. Jahrhunderts bis in die zweite Hälfte des 19. Jahrhunderts hinein die handwerkliche Produktion im wesentlichen durch die industrielle Produktion abgelöst. Die Verwendung des Elektromotors als dezentraler Antrieb für Werkzeugmaschinen, Transportbänder und viele andere Einrichtungen ermöglichte eine rasche Entwicklung der Produktion, die sich seit der Wende zum 20. Jahrhundert immer mehr auf die Herstellung von Massengütern für einen wachsenden Bedarf richtete.

Bis zur Mitte des vergangenen Jahrhunderts konnten die Grundformen einer *angebotsorientierten Produktion* in mittleren bis großen Serien, verbunden mit einem Endproduktlager, und einer *nachfrageorientierten Produktion* in Einzel- oder Kleinserienfertigung recht eindeutig unterschieden werden. Der in der zweiten Hälfte des 20. Jahrhunderts in den Industriestaaten nahezu generell vollzogene Wandel von angebots- zu nachfrageorientierten Märkten, resp. vom so genannten Verkäufer- zum Käufermarkt, hatte für die industrielle Produktion dramatische Konsequenzen: Verkürzte Innovationszyklen, individualisierte Produktspezifikationen und kurzfristige Liefererwartungen stellten neue Anforderungen an Planungssysteme und Organisation der Fertigung. Diese Tendenzen verschärften sich mit fortschreitender Globalisierung von Märkten und Produktionsressourcen und hatten zur Folge, dass durch eine wachsende Vielfalt der Produkte und Produktvarianten auch die Vielfalt der Organisationsformen und Prozessabläufe in der Produktion zugenommen hat. Häufig sind deshalb innerhalb ein und desselben Unternehmens neben Serienerzeugnissen in großen Stückzahlen auch kundenindividuelle Produkte in Einzel- oder Kleinserienfertigung herzustellen.

Aufgrund dieser unterschiedlichen Anforderungen entwickelten sich verschiedenartigste Konzepte und Systeme zur *operativen Produktionsplanung und -steuerung (PPS)*. Die Vielfalt und das wachsende Volumen der dafür benötigten Daten prinzipiell verfügbar zu halten sowie zunehmend besser und umfassender zu verarbeiten war nur durch die Entwicklung der modernen *Informations- und Kommunikationstechnik (IKT)* möglich.

Das aus praktischen Anforderungen heraus in den 60er Jahren des 20. Jahrhunderts entwickelte Konzept der rechnergestützten Bedarfsauflösung und Materialplanung, *Material Requirements Planning (MRP)*, konnte sich durch die moderne IKT in den frühen 80er Jahren zu dem erstmals von Wight (1984) formulierten umfassenderen Konzept des *Manufacturing Resource Planning (MRP II)* emanzipieren, das auch die Termin- und Kapazitätsplanung sowie Ansätze einer Produktionssteuerung einschließt.

Ein erster Ansatz, dieses Konzept in ein unternehmensweites rechnergestütztes System zu integrieren, das in den 80er Jahren entwickelte *Computer Integrated Manufacturing (CIM*, Scheer 1990), erwies sich aufgrund seines zentralen, deterministisch orientierten und das Fertigungsgeschehen im Detail antizipierenden Anspruchs bald als untauglich.

Die Weiterentwicklungen der 90er Jahre zielten in unterschiedliche Richtungen: Die Kritik an den internen Mängeln des MRP II-Konzeptes führte zur Entwicklung des *Advanced Planning and Scheduling (APS)*, das u. a. eine Integration von Optimierungsmodellen erlaubt (vgl. z. B. Norris et al. 2000, S. 89 ff.; Günther/Tempelmeier 2003, S. 326 ff.). Die Beschränkung des MRP II-Konzeptes auf den Produktionsbereich des Unternehmens und die fehlende Verknüpfung der in unterschiedlichen Unternehmensbereichen eingesetzten rechnergestützten Planungs-, Kontroll- und Berichtsverfahren wird durch Systeme des *Enterprise Resource Planning (ERP)* aufgehoben (vgl. z. B. Jacobs/Bendoly 2003; Sheikh 2003, S. 494 ff.). Die Konzentration vieler Unternehmen auf Kernkompetenzen und die damit einhergehende Erweiterung unternehmensübergreifender Kooperationsbeziehungen führten zur Entwicklung rechnergestützter Systeme für das *Supply Chain Management (SCM)* (vgl. z. B. Knolmayer/Mertens/Zeier 2000; Sheikh 2003).

Wir haben gesehen, wie die Technologien zur Herstellung materieller Güter, die Organisationsprinzipien der Fertigung und die zu ihrer Planung und Steuerung erforderlichen Konzepte und Systeme sich stets in wechselseitiger Abhängigkeit voneinander entwickelten. Betrachten wir nochmals die künftig zu erwartende Entwicklung der Fertigungstechnologien, um daraus möglicherweise Schlussfolgerungen für die Entwicklung der Produktionssysteme im 21. Jahrhundert ziehen zu können.

Zu den so genannten *Schlüsseltechnologien*, die den Strukturwandel nachhaltig beeinflussen, Standort- und Wettbewerbsvorteile auf globalisierten Märkten versprechen, den Ressourcen- und Energieverbrauch wesentlich verringern, hoch qualifizierte Arbeitsplätze in den entwickelten Industriestaaten sichern und damit die Zukunftschancen einer Gesellschaft insgesamt positiv beeinflussen, zählen gegenwärtig insbesondere die Informations- und Kommunikationstechnik, die Mikrosystemtechnik, die Biotechnologie und künftig in wachsendem Umfang wohl auch die Nanotechnologie (vgl. BMBF 2002).

Die Einführung der Halbleitertechnik in der zweiten Hälfte des 20. Jahrhunderts bewirkte eine dramatische Umwälzung der Elektronik. Die auf der Halbleitertechnik beruhende *Mikroelektronik* erlaubt die Herstellung einer großen Anzahl von Komponenten auf kleinstem Raum und ihre funktionelle Integration zu umfangreichen signalverarbeitenden Systemen. Sie bildet die Basis der modernen *Informations- und Kommunikationstechnik*. Die Schwierigkeit, mikroelektronische Systeme mit nichtelektrischen Komponenten zu verknüpfen, wird zunehmend durch die *Mikrosystemtechnik* überwunden, bei der auf einem Chip nicht nur integrierte Schaltungen sondern zusätzlich Sensoren und Aktoren in Form mikromechanischer und mikrooptischer Komponenten aufgebracht werden. Es ist zu erwarten, dass die Mikrosystemtechnik im weiteren Verlauf des 21. Jahrhunderts eine ähnlich dominierende Rolle einnehmen wird wie heute die Mikroelektronik (vgl. Gerlach/Dötzel 1997, S. 5). Die Mikrosystemtechnik steht allerdings noch am Beginn einer umfassenden industriellen Nutzung. Nahe liegende Anwendungen in der Automobilindustrie, in der Medizintechnik und im Gerätebau werden jedoch den Bedarf rasch ansteigen lassen.

Ähnliche technologische Verfahren wie in der Mikroelektronik (z. B. zyklische Fertigungsabläufe in den Stufen Lithographie, Beschichtungs-, Dotier- und galvanische

Prozesse unter Reinraumbedingungen) werden folglich dazu führen, dass sich diese fertigungstechnischen Verfahren und fertigungsorganisatorischen Abläufe in ihrem Umfang zur Herstellung mikrosystemtechnischer Komponenten vervielfachen. Erweiterte Anforderungen an Fertigungsausrüstungen und an die Steuerung komplexerer Fertigungsprozesse werden die Folge sein.

Ein in seiner Dimension noch nicht entfernt zu überblickender technologischer Innovationsschub wird von der *Nanotechnologie* erwartet, die mit neuartigen Werkstoffen und Strukturen die Verbindung physikalischer, chemischer und biologischer Systemfunktionen herstellt, das Prinzip der Selbstorganisation auf Entstehung und Anwendung technischer Systeme überträgt und damit über die technischen Möglichkeiten der Mikrosystemtechnik weit hinausreicht (vgl. BMBF 2002). Die erneute Reduzierung der Strukturelemente gegenüber der Mikrosystemtechnik in Bereiche unter 100 nm wird wiederum zu Veränderungen des Produktionssystems führen müssen.

Die weitere Miniaturisierung der einzelnen Komponenten ermöglicht die Entwicklung immer komplexerer intelligenter Systeme, eine weitgehende Individualisierung von Funktionen und damit der Anwendungsmöglichkeiten technischer Produkte. Vor allem die immateriellen Komponenten eines Produktes und die *industrienahen Dienstleistungen* erschließen ein Potenzial zur Anpassung an die individuellen Bedürfnisse der jeweiligen Anwender. Damit wächst der Anpassungs- und Beratungsbedarf für diese Produkte, die zunehmend *komplexe Leistungsbündel* darstellen. Solche komplexen Leistungsbündel definieren wir in drei Schichten (vgl. Schneider 1999, S. 227 f.):

- *Kernprodukt*: materielle und immaterielle Produktkomponenten, die die grundlegende Funktionalität eines Produktes repräsentieren und eine nutzungsfähige Einheit darstellen;
- *Produktperipherie*: ergänzende materielle und immaterielle Komponenten, die die Funktionalität des Kernproduktes für spezifische Einsatzzwecke ergänzen und erweitern;
- *Zusatzleistungen*: Kernprodukt und Produktperipherie begleitende Leistungen immaterieller Art.

Der Tendenz zu komplizierteren und komplexeren Produkten und damit komplexeren Produktionsprozessen wird häufig durch Modularisierung, Plattformkonzepte und ähnliche Konfigurations- und Konstruktionsprinzipien der Produkte entgegengewirkt, die eine verteilte Produktion im Sinne einer *Fertigungssegmentierung* oder auch des *Outsourcing* ermöglichen, zugleich aber wiederum den Koordinationsbedarf erhöhen und zu den bereits erwähnten komplexeren Supply chains führen.

Während wir uns in diesem Buch auf die operative Produktionsplanung und -steuerung konzentrieren, sind mit den o. g. Aufgabenstellungen und Problemen längerfristig wirksame Entscheidungen und eine darauf basierende Gestaltung des Produktionssystems verknüpft, die zu den Aufgaben des *strategischen und taktischen Produktionsmanagements* zählen (siehe Abschnitt 2.2.1).

Ausgehend von den genannten Überlegungen können wir versuchen, einige Thesen für die Entwicklung der Produktion im 21. Jahrhundert zu formulieren:

(1) Der in der Vergangenheit in den Industriestaaten überwiegend erfolgte Wandel vom Verkäufer- zum Käufermarkt zieht, flankiert und ermöglicht durch die aktuellen technologischen Entwicklungen, die Orientierung auf komplexe Leistungsbündel, also auf anwendungsorientierte Problemlösungen, nach sich.

(2) Die Bereitstellung von Produkten als komplexe Leistungsbündel erfordert eine verstärkte Kundenorientierung und die „Begleitung“ des Kunden vom Angebot bis zur Entsorgung nicht mehr benötigter bzw. nicht mehr gebrauchsfähiger Produkte.

(3) Die Herstellung komplexer Leistungsbündel verändert die Produktionsorganisation. Produktion erhält zunehmend den Charakter einer Dienstleistung für den einzelnen Kunden.

(4) Die Orientierung auf komplexe Leistungsbündel verändert auch die Unternehmensorganisation. Flache hierarchische Strukturen, flexible Netzwerke, breiter Einsatz moderner Informations- und Kommunikationstechnologien sowie die Internationalisierung der Unternehmen und ihrer Außenbeziehungen charakterisieren diesen Wandel.

(5) Die veränderte Unternehmens- und Produktionsorganisation, u. a. die unternehmensweite Verfügbarkeit von Informationen und Wissen durch Zugriff auf zentrale Datenbanken, bedingt auch Veränderungen der Arbeitsorganisation im Hinblick auf Teamarbeit, dezentralisierte Verantwortung und erhöhte Qualifikation.

(6) Die Möglichkeiten der modernen Informations- und Kommunikationstechnologien unterstützen den Prozess der Globalisierung durch weltweite Verfügbarkeit der zur Produktion benötigten Informationen und ermöglichen die Fertigung am Standort der jeweils höchsten Effektivität und Effizienz.

(7) Die Globalisierung der Produktion führt zugleich zu einer weiteren Differenzierung der unternehmensübergreifenden Wertschöpfungsketten und erfordert eine Weiterentwicklung des Supply Chain Management.

(8) E-Business, d. h. die Abwicklung von Geschäftsprozessen mittels elektronischer Medien, z. B. über das Internet, wird alle Phasen des komplexen Produktionsprozesses, beginnend mit der Forschung und Entwicklung bis zur Bereitstellung produktbegleitender Leistungen, durchdringen.

(9) Die Produktivitätssteigerung in der materiellen Produktion, u. a. unterstützt durch alle Formen des Computer aided manufacturing und des e-Business,

bewirkt eine Freisetzung der im Bereich der Schlüsseltechnologien und im Dienstleistungsbereich (Wissensproduktion) benötigten Arbeitskräfte aus der materiellen Produktion. Dabei wird das Volumen der materiellen Produktion aufgrund des weltweit steigenden Bedarfs weiter wachsen.

(10) Die veränderten technologischen Prozesse und das Nebeneinanderbestehen unterschiedlichster Formen der Fertigungsorganisation erfordern eine Weiterentwicklung der tradierten Konzepte der Produktionsplanung und -steuerung sowie der darauf beruhenden rechnergestützten Systeme auf der Grundlage generalisierter Konzepte, die die wachsende Komplexität der Fertigung abbilden können.

2 Produktionssysteme und Konzepte zur Produktionsplanung und -steuerung

Wir haben bereits erläutert, dass der *Prozess der Leistungserstellung*, d. h. die *Kombination der Produktionsfaktoren* und ihre *Transformation zu Outputgütern*, abhängig von Art und Menge der herzustellenden Güter, in den unterschiedlichsten Formen abläuft. Dass dies zu unterschiedlichen Betriebsgrößen und sehr verschiedenen Organisationstypen der Produktion führen muss, versteht sich von selbst, da eben eine handwerkliche Produktion anders organisiert sein wird als beispielsweise eine Fließbandfertigung. Ebenso selbstverständlich ist, dass die unterschiedliche Art und Weise der Kombination und Transformation der Produktionsfaktoren jeweils spezifische Funktionen der Produktionsplanung und -steuerung (PPS) erfordert, die sich in unterschiedlichen PPS-Konzepten niederschlagen werden.

Die Auswahl und Implementierung eines geeigneten Verfahrens der Produktionsplanung und -steuerung, dessen Umsetzung in entsprechende Modelle und schließlich in ein rechnergestütztes PPS-System, setzt daher eine detaillierte Kenntnis der Merkmale der unterschiedlichen Produktionssysteme voraus, deren Vielfalt durch Typisierung geordnet werden kann.

2.1 Typologie industrieller Produktionssysteme

2.1.1 Produkt-Markt-Beziehung (Auftragstyp)

Die einfachste Unterscheidung von Produktionssystemen und ihres Verhältnisses zum Markt bzw. zu den jeweiligen Kunden bezieht sich auf die Differenzierung zwischen angebots- und nachfrageorientierter Produktion:

- Bei *angebotsorientierter Produktion* werden die meist standardisierten Endprodukte in der Regel an ein Fertigwarenlager geliefert. Die Fertigung erfolgt in Mittel- und Großserien- oder Massenfertigung. Wir bezeichnen diese Form der Fertigung dann auch als *Make to stock (MTS)*.

- *Nachfrageorientierte Produktion* ist dagegen auf den einzelnen Kundenauftrag gerichtet – bezeichnet als *Make to order (MTO)*[1] – und erfolgt meist in Einzel- oder Kleinserienfertigung.
- In *mehrstufigen Produktionssystemen* kommt als weiterer Aspekt die Berücksichtigung des Produktionsstadiums hinzu, zu dem ein beliebiges Produkt einem Kundenauftrag zugeordnet wird, der sog. *Order penetration point.* Die einfache Unterscheidung nach MTS und MTO kann deshalb weiter differenziert werden in die Typen (vgl. Zijm 2000, S. 324; ähnlich Drexl/Kolisch 2000, S. 435):
  - *Lagerproduktion* standardisierter Erzeugnisse[2] in Mittel- und Großserien- oder Massenfertigung – *Make and assemble to stock (MATS)* – also eine *kundenauftragsanonyme Produktion* mit Lieferung an ein Fertigwarenlager;
  - *Auftragsmontage* (teil-)standardisierter Erzeugnisse in Einzel-, Klein- oder Mittelserienfertigung – *Make to stock, assemble to order (MTS/ATO)* – bei der *standardisierte Einzelteile* (und gegebenenfalls auch Baugruppen) auf Lager gefertigt, die Enderzeugnisse jedoch *kundenauftragsbezogen* montiert werden;
  - *Auftragsproduktion* (teil-)standardisierter Erzeugnisse in Einzel- oder Kleinserienfertigung – *Make to order (MTO)* – häufig verbunden mit großer Produktvielfalt, die sich bereits auf die Einzelteile und Baugruppen bezieht, so dass sich eine *auftragsindividuelle Fertigung* erforderlich macht;
  - *Auftragsproduktion* individuell entwickelter und produzierter (Einzel-)Erzeugnisse, bezeichnet als *Engineer to order (ETO).*

2.1.2 Wiederholungsgrad der Produktion (Prozesstyp)

Im vorangegangenen Abschnitt wurden die Begriffe Einzel- und Serienproduktion/-fertigung bereits benutzt. Sie sollen hier noch kurz erläutert werden.

- Unter einer *Einzelfertigung* ist die Herstellung eines einzelnen Produktes in ununterbrochener Folge der Arbeitsschritte zu verstehen. Wir unterscheiden darüber hinaus die *Einprodukt-Einzelfertigung*, bei der in einem Fertigungsbe-

---

1 Synonym zu den Termini *Make to stock* bzw. *Make to order* werden auch die Begriffe *Produce to …* oder *Manufacture to …* benutzt.

2 Der Begriff *standardisiert* wird hier für Produkte mit abgeschlossener Konstruktion benutzt, die in wiederholten Produktionsprozessen hergestellt werden, nicht für eine branchenbezogene, nationale oder internationale Standardisierung.

reich in einem Zeitabschnitt tatsächlich nur ein einziges Produkt gefertigt wird (z. B. im Anlagen- und Schwermaschinen- oder im Schiffbau) von der *Mehrprodukt-Einzelfertigung*, d. h. der parallelen Fertigung mehrerer einzigartiger Produkte (so genannter Unikate – z. B. im Werkzeug- oder im Sondermaschinenbau).

- Als *Serienfertigung* wird die Auflage einer definierten Anzahl gleichartiger Produkte bezeichnet, die nach einheitlichen konstruktiven und technologischen Unterlagen hergestellt werden. Die Auflage der Serien unterschiedlicher Produkte kann nacheinander oder auch parallel innerhalb eines Fertigungsbereichs erfolgen. Nach der Höhe der Auflage wird weiter unterschieden in *Klein-, Mittel- und Großserienfertigung.*

Von der Serie zu unterscheiden ist das *Los*, unter dem eine definierte Anzahl von Produkten (Einzelteilen, Baugruppen oder Fertigprodukten) zu verstehen ist, die in einem Fertigungssystem (Arbeitsplatz, Maschine) ohne zeitliche Unterbrechung hergestellt (*Fertigungslos*) bzw. mit einem Transportvorgang befördert werden (*Transportlos*). Da für die Fertigung eines Loses häufig eine Vorbereitung des betreffenden Fertigungssystems notwendig ist, das so genannte *Rüsten*, entstehen neben der Bearbeitungszeit für das Los auch Rüstzeiten, die in der Arbeitsplanung zu berücksichtigen sind.

- Die Herstellung großer Stückzahlen eines bestimmten Erzeugnisses wird als *Massenfertigung* bezeichnet. Hier ist die *Einprodukt-Massenfertigung*, d. h. die Herstellung einer einzigen Produktart in großen Mengen, von der *Mehrprodukt-Massenfertigung*, bei der parallel oder alternierend unterschiedliche Erzeugnisse hergestellt werden, zu unterscheiden.

2.1.3 Organisation von Fertigungssystemen (Organisationstyp)

Auftrags- und Prozesstyp bestimmen letztlich den Organisationstyp der Fertigung. Darunter ist die räumliche und zeitliche Koordination von Arbeitskräften und Betriebsmitteln innerhalb eines Fertigungssystems zu verstehen. Grundlegend wird das Verrichtungsprinzip vom Objektprinzip unterschieden.

Beim *Verrichtungsprinzip* werden die Betriebsmittel, die gleichartige Verrichtungen an unterschiedlichen Produkten durchführen, räumlich zu *Werkstätten* (z. B. Dreherei, Fräserei, Lackiererei etc.) zusammengefasst. Daraus leitet sich der Begriff *Werkstattfertigung* (*Job shop*-Prinzip) ab.

Dagegen sind beim *Objektprinzip* die in der Reihenfolge der Bearbeitung benötigten unterschiedlichen Betriebsmittel in räumlichem Zusammenhang angeordnet. Am deutlichsten wird dies in der *Fließfertigung* (*Flow shop*-Prinzip) auf Fließbändern oder Transferstraßen.

Aus diesen beiden Grundtypen lassen sich die bekannten Organisationstypen der Fertigung ableiten.

2.1.3.1 Werkstattfertigung (Job shop)

Charakteristisch für die Werkstattfertigung ist die unterschiedliche Arbeitsgangfolge der einzelnen Bearbeitungsobjekte sowie die unterschiedliche Bearbeitungsdauer der Objekte an den einzelnen Bearbeitungsstationen, resultierend in unterschiedlichen und diskontinuierlichen Materialflüssen durch das Werkstattsystem, dem so genannten *different routing.*

Dies macht die Planung und Steuerung der Aufträge/Lose in einem solchen Fertigungssystem ungemein schwierig, da die Ankunftszeiten der Aufträge an den Bearbeitungsstationen stochastisch verteilt sind und sich somit eine deterministische Feinplanung des Auftragsablaufs verbietet.

Andererseits bietet eine Werkstattorganisation, die häufig eine gewisse Anzahl gleichartiger Arbeitsplätze/Betriebsmittel innerhalb eines Bereiches vereint, den Vorteil einer relativ großen Flexibilität hinsichtlich qualitativ und zeitlich unterschiedlicher Anforderungen sowie gegenüber Beschäftigungsschwankungen.

2.1.3.2 Fließfertigung (Flow shop)

Im Gegensatz zur Werkstattfertigung ist bei Fließfertigung der Materialfluss aller Erzeugnisse gleich gerichtet, man spricht auch vom *identical routing.* Fließfertigung ist mit und ohne zeitliche Bindung der Arbeitsgangfolge vorzufinden.

Fließfertigung ohne zeitliche Bindung entspricht einer *Reihenfertigung*, bei der Produktvarianten oder ähnliche Produkte mit gegebenenfalls unterschiedlichen Bearbeitungszeiten die gleichen Arbeitsstationen durchlaufen.

Fließfertigung mit zeitlicher Bindung, die so genannte *Taktfertigung*, erfolgt meist auf *Fließbändern* oder *Transferstraßen*, bei denen die Arbeitsstationen durch entsprechende Fördereinrichtungen verknüpft sind und der Bearbeitungsgegenstand entweder an den einzelnen Arbeitsstationen angehalten oder auch kontinuierlich weiterbewegt wird.

Die Zuordnung der Bearbeitungsvorgänge zu den einzelnen Arbeitsstationen ist technologisch und/oder organisatorisch begründet. Technologische Vorrangbeziehungen sind zwingend zu berücksichtigen. Die maximale zeitliche Auslastung der Arbeitsstationen, die Zuordnung von Bearbeitungsvorgängen nach qualitativen Anforderungen sowie eine sinnvolle räumliche Anordnung und Berücksichtigung von Beschickungs- und Transportvorgängen führt zu organisatorischen Aspekten der Zuordnung der Bearbeitungsvorgänge zu den einzelnen Arbeitsstationen.

Die Bezeichnungen *starre* bzw. *flexible Transferstraße* weisen auf den Grad der Flexibilität der betreffenden Transferstraße gegenüber Produktvarianten oder unterschiedlichen Produkten hin.

Aufgrund des gleichgerichteten Materialflusses ist die operative Planung und Steuerung einer Fließfertigung einfacher als die einer Werkstattfertigung. Zudem sind durch Harmonisierung der Kapazität der einzelnen Bearbeitungsstationen eine gleichmäßige Auslastung, eine vergleichsweise geringe Durchlaufzeit und niedrige Werkstattbestände zu gewährleisten. Diese Vorteile werden jedoch mit einer geringeren Flexibilität gegenüber Auslastungsschwankungen und vor allem gegenüber Veränderungen des Produktionsprogramms erkauft. Die Verknüpfung aller Bearbeitungsstationen zu einer Transferstraße stellt hohe Anforderungen an die technische Zuverlässigkeit der Anlagen sowie an Qualität und Termintreue der Zulieferung der Vorstufenprodukte, um den kontinuerlichen Betrieb nicht zu gefährden.

2.1.3.3 Baustellenfertigung

Bei dieser Organisationsform werden Arbeitskräfte, Betriebsmittel und beizustellendes Material verrichtungsorientiert, aber gegebenenfalls in zeitlicher Abfolge der Arbeitsvorgänge, einem ortsgebundenen Arbeitsgegenstand zugeführt, der sich entweder außerhalb des durchführenden Unternehmens (z. B. beim Haus- oder Brückenbau) oder auch innerhalb des Unternehmens (z. B. im Schiffs- oder Schwermaschinenbau) befinden kann.

Bei der Baustellenfertigung handelt es sich folglich um eine Verknüpfung von verrichtungsorientierten mit objektorientierten Aspekten.

2.1.3.4 Gruppenfertigung

Auch die Gruppenfertigung verbindet diese beiden Organsisationstypen mit einer räumlichen Zusammenfassung von Arbeitskräften und Betriebsmitteln zur Verrichtung einer bestimmten Anzahl von Bearbeitungsvorgängen an gleichartigen oder ähnlichen ortsvariablen Produkten. Dabei werden häufig die arbeitsorganisatorischen Vorteile der *Gruppenarbeit*, d, h. die Zuordnung bestimmter Arbeitsaufgaben einschließlich der dipositiven Verantwortung zu einer abgegrenzten Gruppe von Mitarbeitern, genutzt.

2.1.3.5 Zentrenfertigung

Eng verbunden mit dem Gedanken der Gruppenfertigung ist die *Zentrenfertigung* und die Bildung von *Fertigungsinseln*. Objektorientiert, bezogen auf ein abgegrenztes Produktspektrum (z. B. eine bestimmte Teilefamilie mit gleichartigen Bearbeitungsvorgängen), werden die zu einer *Komplettbearbeitung* der Produkte benötigten Betriebsmittel räumlich zusammengefasst. Die organisatorische Zuordnung von Arbeitskräften und die Übertragung partieller Planungs- und Steuerungskompetenz an das Fertigungszentrum/die Fertigungsinsel lässt diese sich zu *teilautonomen Fertigungssegmenten* entwickeln (vgl. Gruppenarbeit).

2.1.3.6 Segmentierung der Fertigung

Als einheitlichen Begriff für die Elemente der organisatorischen Struktur des Fertigungssystems benutzen wir den Terminus *Fertigungssegment*.

Fertigungssegmente können *verrichtungsorientiert* (Werkstatt) oder *objektorientiert* (Zentrum) gebildet werden. Sie können mehrere *Zellen*, bestehend aus Arbeitssystem sowie Eingangs- und Ausgangslager, umfassen.

2.1.4 Weitere Typisierungsmerkmale

Je nach Typisierungsziel können weitere Merkmale von Bedeutung sein, u. a.:

- Art der Produktionsausrüstungen sowie Mechanisierungs- oder Automatisierungsgrad der Fertigung;
- Breite des Produktionsprogramms (Anzahl unterschiedlicher in einem Unternehmen gefertigter Erzeugnisse);
- Fertigungstiefe (Verhältnis zwischen Eigenfertigungs- und Fremdfertigungsanteil bzw. Anzahl der in einem Unternehmen realisierten Fertigungsstufen);
- Struktur des Materialflusses (von den Vorprodukten über die einzelnen Fertigungsstufen hinweg bis zum Enderzeugnis konvergierende, divergierende, transitierende oder umgruppierende Fertigung);
- zeitliche Zuordnung der Produkte zu den Produktionsstellen (Parallelfertigung oder Wechselfertigung).

2.1.5 Heterogene Fertigungssysteme

Es leuchtet ein, dass in mehrstufigen Mehrproduktsystemen unterschiedliche Anforderungen aufeinander treffen: Obwohl möglicherweise Produkte in kundenspezifischen Varianten in Einzel- oder Kleinserienfertigung auftragsbezogen endgefertigt werden, kann eine Vorfertigung standardisierter Einzelteile und Baugruppen kundenauftragsanonym in größeren Losen erfolgen, die an ein Zwischenlager geliefert werden. In der Vorfertigung können dann hochproduktive Fertigungsanlagen eingesetzt werden, die allerdings aufgrund ihrer hohen Fixkosten einer gleichmäßig hohen Auslastung bedürfen. Der Abruf vom Zwischenlager erfolgt nach Bedarf der Endfertigung zeitlich weitgehend entkoppelt von der Vorfertigung. Bereits in diesem einfachen Beispiel treffen zwei vollkommen unterschiedliche Produktionstypen aufeinander: eine Losfertigung nach dem Werkstattprinzip für die Vorfertigung und z. B. eine Kleinserienfertigung in Wechselfließreihe für unterschiedliche Produktvarianten oder gar eine Baustellenfertigung für die Endmontage einer großen Anlage.

Es zeigt sich, dass eine sinnvolle Produktionsorganisation in solchen Fällen zu *heterogenen Fertigungssystemen* führt und es liegt auf der Hand, dass daraus auch differenzierte Anforderungen an die Planung und Steuerung dieser Systeme erwachsen, die letztlich zentrale Planungskomponenten für die Grobplanung und dezentrale Komponenten für die Feinplanung und Steuerung der einzelnen unterschiedlich organisierten Fertigungssegmente erfordern.

Wir nennen diese aus zentralen und dezentralen Komponenten bestehenden Planungs- und Steuerungssysteme *hybride PPS-Systeme* (vgl. Schneider 1996, S. 14 ff.).

2.2 Konzepte zur operativen Produktionsplanung und -steuerung

2.2.1 Aufgaben der Produktionsplanung und -steuerung – ein Überblick

Wird zunächst die *Produktionsplanung* betrachtet, so sind die Ebenen der strategischen, der taktischen und der operativen Produktionsplanung zu unterscheiden.

Auf der Ebene der *strategischen Produktionsplanung* erfolgen die langfristigen Entscheidungen zu Dimensionierung und Standort des Produktionssystems sowie hinsichtlich der für das geplante Produktionsprogramm zu beherrschenden Kernkompetenzen.

Die *taktische Produktionsplanung* setzt die strategisch getroffenen Entscheidungen in konkrete Konzepte, Projekte und Maßnahmepläne zur Gestaltung des Produktionssystems sowie zur Entwicklung der einzelnen Produkte und Verfahren um.

Die *operative Produktionsplanung* hat die Aufgabe, das gegebene Produktionssystem effizient zu nutzen. Durch die operative Produktionsplanung ist das *Produktionsprogramm*, d. h. Art und Menge der Erzeugnisse, die in einer bestimmten Planperiode für Absatz und Eigenbedarf herzustellen sind, festzulegen. Dabei sind die zeitlichen Vorgaben der Absatzplanung sowie die kapazitiven Restriktionen des Produktionssystems zu berücksichtigen und die effiziente Beschaffung bzw. Herstellung der für die Erzeugnisse des Produktionsprogramms benötigten Komponenten (Einzelteile, Baugruppen) zu planen. Dies schließt alle informationellen Prozesse zur Entscheidungsfindung unter Berücksichtigung der betriebswirtschaftlichen Zielstellungen ein.

Strategische, taktische und operative Produktionsplanung zählen zu den Aufgaben des *Produktionsmanagements*, die in Tab. 2-1 im Überblick dargestellt sind.

Auf operativer Ebene ist nach Abschluss der Produktionsplanung zur Durchführung der Produktionsprozesse die *Produktionssteuerung* erforderlich.[3] Ihr obliegt der effiziente Vollzug der Produktionsprozesse, d. h. die Realisierung des durch die Produktionsplanung definierten Produktionsprogramms im Rahmen der vorgegebenen Parameter (Qualität, Zeit, Kosten). Sie umfasst alle Maßnahmen, die auf das Erreichen des durch die Produktionsplanung gesetzten Produktionszieles gerichtet sind, einschließlich der Wiederherstellung der Planmäßigkeit bei Planabweichungen (Störungen).

Im Folgenden sind die fünf Hauptfunktionen der *operativen Produktionsplanung und -steuerung* zusammengefasst:

(1) Durch die *Produktionsprogrammplanung* werden die in jeder Planperiode herzustellenden Produkte (Endprodukte und Komponenten) festgelegt. Dieser so genannte *Primärbedarf (Master production schedule)* wird aus der Menge der erteilten Kundenaufträge bzw. der Prognose der absetzbaren Menge an Endprodukten, zuzüglich eines Zusatzbedarfs (z. B. Ersatzteile und sonstige direkt abzusetzende Komponenten) ausgewählt.

Entscheidungskriterium für die Zusammensetzung des Produktionsprogramms sollte der zu erwartende Gewinn bzw. der Deckungsbeitrag sein. Bei der Produktionsprogrammplanung sind zugleich die auf das Produktionssys-

---

[3] Im systemtheoretischen Sinne handelt es sich dabei eher um eine *Regelung*, da durch Rückkopplungseffekte mit Hilfe der Betriebsdatenerfassung (BDE) gegebenenfalls echtzeitnah in den Produktionsprozess eingegriffen wird.

	Produkte und Produktionsprogramm	Produktionspotenziale	Produktionsprozesse
Strategisches Produktions-management	• Definition der Produktfelder und der grundlegend zu beherrschenden Produkttechnologien (Kernkompetenzen) • grundlegende Festlegungen zu Breite und Tiefe des Produktionsprogramms	• Sicherung der langfristigen Personalentwicklung (Kernkompetenzen) • Langfristige Festlegung der Produktionsstandorte • grundlegende Kapazitätsdimensionierung für alle Potenzialfaktoren	• Definition der grundlegend zu beherrschenden Produktionstechnologien (Kernkompetenzen) • Festlegung der generellen Prozessabläufe (Organisationstyp der Fertigung) • Grundlegende Entscheidungen zur Rohstoff- und Komponentenversorgung (Zulieferungs- und Logistiksystem)
Taktisches Produktions-management	• Ausgestaltung der Produktfelder nach Art und Qualität der Produkte • Planung der Produktentwicklung • Ökonomisch und technologisch begründete Entscheidungen zu Eigenfertigung und Fremdbezug	• Planung der Potenzialausstattung (Personalplanung, einschließlich der erforderlichen Qualifizierungsmaßnahmen; Investitionsplanung der Produktionsausrüstungen) • Sicherung der Rohstoff- und Komponentenversorgung • Instandhaltungspolitik	• Planung der Verfahrensentwicklung • Fabrikplanung, Logistik- und Layoutplanung • Planung der mittelfristigen Aufgaben der Arbeitsvorbereitung
Operatives Produktions-management	• Planung des Produktionsprogramms (Primärbedarf) • Planung der Eigenfertigung und des Fremdbezugs (Sekundärbedarf) zur Realisierung des geplanten Primärbedarfs	• Planung und Sicherung der periodenbezogenen Einsatzfähigkeit der Produktionspotenziale (Personal und Ausrüstungen; Termin- und Kapazitätsplanung) • Planung von Instandhaltungsmaßnahmen	• Sicherung der Verfügbarkeit der Verbrauchsfaktoren am Einsatzort (Logistikmanagement) • Auftragssteuerung, Maschinenbelegung und Sicherung des Prozessablaufs • Störungsmanagement

Tab. 2-1: Aufgaben und Entscheidungsfelder des Produktionsmanagements (in Anlehnung an Corsten 1991, S. 28)

tem wirkenden technologischen, zeitlichen, kapazitiven, finanziellen, mengenmäßigen und ökologischen Restriktionen zu berücksichtigen.

(2) Mittels der *Mengenplanung*, häufig auch als *MRP-Lauf* bezeichnet, wird der durch das Produktionsprogramm definierte Primärbedarf in den Sekundärbedarf aufgelöst. Aus dem so ermittelten *Bruttosekundärbedarf* kann unter Berücksichtigung von Beständen, Bestellungen, Ausschuss etc. der *Nettosekundärbedarf*, d. h. die auf jeder Produktionsstufe benötigten Komponenten (Einzelteile, Baugruppen etc.), ermittelt sowie der *Eigenfertigungs-* und *Fremdbezugsbedarf* bestimmt werden. Für den Eigenfertigungsbedarf werden Fertigungsaufträge, für den Fremdbezugsbedarf Bestellaufträge in (wirtschaftlich) sinnvollen Größen gebildet.

(3) Die *Termin- und Kapazitätsplanung* umfasst die terminliche Anordnung der Fertigungsaufträge sowie die Abstimmung des sich daraus ergebenden zeitlich variierenden Kapazitätsbedarfs mit dem Kapazitätsangebot.

(4) Die *Auftragsveranlassung/Auftragsfreigabe* kennzeichnet den nicht immer scharf abgrenzbaren Übergang von der Produktionsplanung zur Produktionssteuerung. Die Durchführung einer *Verfügbarkeitskontrolle* hinsichtlich aller für die Realisierung der Fertigungsaufträge benötigten Ressourcen bildet die Voraussetzung für die Freigabe der einzelnen Fertigungsaufträge.

(5) Inhalt der *Auftragsüberwachung* ist der (kontinuierliche) Vergleich des Soll-Zustandes (Planvorgaben) mit dem Ist-Zustand des Produktionssystems. Bei Abweichungen bzw. Störungen sind im Sinne einer Regelung geeignete Maßnahmen zur Beeinflussung des Produktionssystems (Störungsmanagement) zu treffen.

Diese Hauptfunktionen der operativen Produktionsplanung und -steuerung erfahren, abhängig vom jeweiligen Produktionstyp sowie von der Größe des Unternehmens und seiner Organisation, in den verschiedenen Konzepten der Produktionsplanung und -steuerung eine unterschiedliche Detaillierung. Zusammenfassende Darstellungen zu den Funktionen der Produktionsplanung und -steuerung finden sich u. a. bei Hackstein (1989), Glaser/Geiger/Rohde (1992), Zäpfel (1982) und Nicolai/Schotten/Much (1999).

Neben den produktionswirtschaftlich determinierten Funktionen der Produktionsplanung und -steuerung ergeben sich weitere Anforderungen aus der Umsetzung in ein EDV-System. Im Folgenden wird deshalb stets zwischen der Produktionsplanung und -steuerung (PPS) als Funktion, dem *PPS-Konzept* als Ausprägung einer spezifischen „Planungs- und Steuerungsphilosophie" sowie einem *PPS-System* als Anwendungssoftware zur Unterstützung der betrieblichen Funktionen der Produktionsplanung und -steuerung unterschieden. PPS-Systeme umfassen als Voraussetzung für ihre Funktion in der Regel auch eine Grunddatenverwaltung und eine Betriebsdatenerfassung (BDE).

2.2.2 Gestaltungsalternativen der operativen Produktionsplanung und -steuerung

Die Struktur des *PPS-Konzeptes* richtet sich primär nach der organisatorischen Gestaltung des Produktionssystems. Bei der Ausarbeitung eines PPS-Konzeptes und seiner Implementierung im Rahmen eines PPS-Systems ist demnach zu untersuchen, welche prinzipiellen Gestaltungsmöglichkeiten der Produktionsplanung und -steuerung zur Organisationsstruktur eines spezifischen Produktionssystems kompatibel sind.

Die theoretisch denkbare gleichzeitige Lösung aller Planungsaufgaben in einem *Simultanmodell* scheitert an der Mächtigkeit der zu lösenden Planungsprobleme. In der Praxis haben sich deshalb *sukzessive* Planungsansätze durchgesetzt, die das gesamte Planungsproblem in Teilprobleme aufgliedern, die dann durch *Partialmodelle* nacheinander gelöst werden können.

Damit einher geht ein *hierarchischer* Planungsansatz, da von der Programmplanung ausgehend schrittweise Planungsaufgaben mit immer größer werdender struktureller und zeitlicher Detaillierung entstehen. Die Ergebnisse einer Planungsstufe bilden dann jeweils die Eingangsinformationen und Vorgaben für die nachfolgende „untergeordnete" Planungsstufe.

Wir sprechen somit von einem *hierarchischen Sukzessivplanungskonzept.* Der Vorteil der Übersichtlichkeit und praktischen Beherrschbarkeit eines solchen Konzeptes wird allerdings mit prinzipiellen Nachteilen erkauft. Erweist sich das nachfolgende Planungsproblem mit den aus der übergeordneten Planungsstufe vorgegebenen Daten als nicht lösbar – ist z. B. die Kapazität für einen ermittelten Eigenfertigungsauftrag in der betreffenden Planperiode nicht verfügbar – müssen häufig mehrere vorangegangene Planungsschritte erneut durchlaufen und meist manuell entsprechende Korrekturen der vorgegebenen Daten vorgenommen werden.

Entsprechend der spezifischen Ausprägung eines Produktionssystems kann die Produktionsplanung und -steuerung prinzipiell zentral oder dezentral durchgeführt werden.

In einem *zentralen PPS-Konzept* liegt die Zuständigkeit für alle Funktionen der Produktionsplanung und -steuerung auf einer der Ausführungsebene übergeordneten Hierarchieebene. Die Ergebnisse der Produktionsplanung und -steuerung werden der Ausführungsebene in Form verbindlicher Vorgaben übergeben. Eine Kontrolle erfolgt ggf. über die Rückmeldung (BDE) der realisierten Planvorgaben. Der Ausführungsebene wird in einem solchen Konzept keinerlei eigene Planungs- und Steuerungskompetenz zugeordnet.

In einem *dezentralen PPS-Konzept* werden *alle* dispositiven Aufgaben an die Ausführungsebene delegiert. Dies gilt auch für die Koordination zwischen autonom agierenden Fertigungsbereichen.

Im Unterschied dazu sind *hybride Konzepte der Produktionsplanung und -steuerung* durch eine zweckmäßige Verteilung der Planungs- und Steuerungsfunktionalität und Entscheidungskompetenzen auf die verschiedenen Hierarchieebenen, einschließlich der Ausführungsebene, gekennzeichnet. Planungsaufgaben, die einen Gesamtüberblick erfordern, werden dann zentral durchgeführt, während Detailplanungen sowie die Steuerung der einzelnen Fertigungsbereiche diesen selbst zugewiesen werden.

Die Diskussion über Vor- und Nachteile der einzelnen konzeptuellen Ansätze kann nicht losgelöst von der jeweiligen Spezifik der Produktionssysteme geführt werden. Jedoch legt es die bereits in mittelgroßen Unternehmen anzutreffende Gliederung des Produktionsbereiches in mehrere Fertigungssegmente nahe, ein hybrides PPS-Konzept zu implementieren, in dem zwei in ihren Funktionen relativ abgegrenzte Teilbereiche unterschieden werden können:

- eine zentrale Produktionsprogramm- und Ressourcenplanung sowie
- eine dezentrale Produktionsdurchführungsplanung und -steuerung.

Der *zentralen*, mittelfristigen *Produktionsprogramm- und Ressourcenplanung* werden alle Planungsaufgaben zugeordnet, die der Ausrichtung des Produktionssystems auf die gesamtunternehmerischen Zielstellungen dienen. Die einzelnen relativ autonom agierenden Produktionsteilbereiche (Fertigungssegmente) sind auf diese Vorgaben einer hierarchisch übergeordneten Instanz angewiesen, da sie in der Regel nicht über vollständige Informationen hinsichtlich der Unternehmenssituation, insbesondere über das Marktgeschehen, verfügen. Dabei können sich die Vorgaben der zentralen Planungsinstanz auf die zu realisierenden Termine und die zu produzierenden Mengen von (Teil-)Erzeugnissen (unter Vorgabe des einzuhaltenden Kostenrahmens) beschränken.

Die Vorgabe von Mengen und (Eck-)Terminen stellt die notwendige Voraussetzung dar, ohne die es in einem arbeitsteiligen Produktionssystem nicht zur koordinierten Erstellung von Teilleistungen der Fertigungssegmente für ein gemeinsames Endprodukt innerhalb eines definierten Zeitraumes kommen könnte.

Die *zentrale Planungsinstanz* führt die Produktionsprogrammplanung sowie die Materialbedarfs- bzw. Mengenplanung durch und schafft mit der Rahmentermin- und -kapazitätsplanung die Voraussetzung für das abgestimmte Agieren der einzelnen Fertigungssegmente.

Der *dezentralen Produktionsdurchführungsplanung und -steuerung* obliegt es, die Vorgaben der zentralen Planungsinstanz umzusetzen. Dazu sind diese weiter zu detaillieren und ihre Erfüllung durch entsprechende Steuerungsmaßnahmen sicherzustellen. Der Fertigungsbereich erhält damit eigene Planungs- und Steuerungsverantwortung im Rahmen vorgegebener Grenzen, die das Erfahrungswissen und die flexiblen Reaktionsmöglichkeiten der Mitarbeiter in der Ausführungsebene nutzt.

Zur Koordination zentraler und dezentraler Planungs- und Steuerungsaufgaben sind die Schnittstellen zwischen den einzelnen Funktionen und Modulen exakt zu definieren, die Transparenz der Planungs- und Steuerungsprozesse zu gewährleisten sowie ein gegebenenfalls unterschiedliches Niveau der Automatisierung informationsverarbeitender Prozesse zu berücksichtigen.

Wie bereits erwähnt, wurde des MRP II-Konzept aus praktischen Erfordernissen heraus entwickelt. Es verkörpert auch gegenwärtig trotz aller Defizite das in der Fertigungsindustrie am weitesten verbreitete Planungskonzept. Verbunden mit der raschen Entwicklung der IKT hat es wesentlich zur Verbesserung der Transparenz der Prozesse in der Fertigung und zu ihrer Planbarkeit beigetragen.

Gleichfalls aus praktischen Erwägungen heraus wurde bereits in den frühen 50er Jahren in Japan das *Kanban-Konzept* (vgl. Monden 1994) zur Materialflusssteuerung entwickelt und später auf mehrstufige Produktionssysteme übertragen.

Neben der so genannten *Push-Philosophie* der MRP/MRP II-Konzepte hielt mit Kanban eine neue Variante der *Pull-Philosophie* Einzug in die Produktion, die für Fertigungsbereiche mit einem relativ konstanten Bedarf und einer geringen Anzahl von Produktvarianten die Möglichkeit einer kontinuierlicheren Produktion und der Reduzierung von Werkstattbeständen bei zugleich verbesserter Reaktion auf Kundenaufträge bot. Die Einführung von Kanban wurde in den USA und später in Europa vor allem mit der Notwendigkeit einer Just-in-time(JIT)-Fertigung begründet. Darauf, dass in der populären Diskussion ein grundlegendes Missverständnis vorliegt und „JIT" weniger eine Frage des Material- sondern des Informationsflusses ist, wird seit längerem verwiesen (vgl. Karmarkar 1991, S. 348). In der praktischen Handhabung erweisen sich unter den später zu behandelnden Bedingungen und Einschränkungen eine Kanban-Steuerung bzw. die zahlreichen daraus abgeleiteten Steuerungskonzepte als durchaus geeignet, die relative Trägheit und die Defizite des MRP II-Konzeptes zu überwinden.

Weitere Versuche, den spezifischen Bedingungen unterschiedlich organisierter Produktionsbereiche gerecht zu werden, führten zur Entwicklung zahlreicher Feinplanungs- und Steuerungskonzepte, wie z. B. Optimized Production Technology – OPT (vgl. Evans 1993, S. 595 ff.), Belastungsorientierte Auftragsfreigabe – BOA (Wiendahl 1987), Base stock und Constant work-in-process – CONWIP (Hopp/Spearman 2001, S. 461 ff.), die in Kapitel 4 erläutert werden.

Dabei kann nicht übersehen werden, dass die Auswahl eines auf einem bestimmten Konzept beruhenden Planungs- und Steuerungssystems für den spezifischen Einsatzfall häufig eher modischen Gesichtspunkten denn Zweckmäßigkeitserwägungen und Funktionsaspekten folgt (vgl. Grünewald et al. 1989, S. 281).

Die in einem Produktionsbereich häufig nebeneinander stehenden Segmente mit unterschiedlicher Organisationsform und Ablaufstruktur, so genannte *heterogene Produktionssysteme* (vgl. Abschnitt 2.1.5), machen unterschiedliche Verfahren zur adäquaten Feinplanung und Steuerung erforderlich, die jedoch miteinander kommunizieren müssen.

Die prinzipiell denkbare Kopplung unterschiedlicher Systeme zur individuellen Feinplanung und Steuerung einzelner Fertigungssegmente wirft in der Praxis das schwerwiegende Problem der Inkompatibilität der Datenstrukturen und Funktionsweisen dieser unterschiedlichen Systeme auf. Heterogene Produktionssysteme erfordern daher *hybride Konzepte der Produktionsplanung und -steuerung*. Bislang haben zahlreiche theoretische Ansätze zur Modellierung hybrider Konzepte allerdings nur in begrenztem Umfang zur praktischen Anwendung geführt.

Diese Schwierigkeit kann mit einem Konzept überwunden werden, das mittels eines einheitlichen Modells, lediglich durch Variation von Modellparametern, das Verhalten unterschiedlicher Konzepte nachbildet. Ein solches Konzept, das *Production Authorization Card System* nach *Buzacott* (Buzacott/Shantikumar 1992, S. 38 ff.), soll deshalb nach der detaillierten Beschreibung und analytischen Modellierung der oben genannten Feinplanungs- und Steuerungskonzepte näher erläutert und Simulationsergebnisse vorgeführt werden.

3 Operative Produktionsplanung

3.1 Operative Produktionsprogrammplanung

3.1.1 Aufgaben und Ziele der operativen Produktionsprogrammplanung

Die *operative Produktionsprogrammplanung* hat die Aufgabe, die vorliegenden und prognostizierten Kundenaufträge sowie die für den künftigen Absatz geplanten Lageraufträge termingerecht in den Produktionsplan einzuordnen. Ergebnis der operativen Produktionsprogrammplanung ist der so genannte *Primärbedarf* (auch *Master production schedule*).

Zwischen der Absatz- und der Produktionsprogrammplanung bestehen enge Wechselbeziehungen. Beide orientieren auf den wirtschaftlichen Erfolg des Unternehmens, fokussieren jedoch unterschiedliche Zielstellungen. Ziel der Absatzplanung ist eine möglichst zuverlässige Prognose künftiger Bedarfe und Absatzmengen für die herzustellenden Produkte. Dagegen hat die Produktionsprogrammplanung eine möglichst konstante Beschäftigung bei hoher Kapazitätsauslastung anzustreben. Für die betreffende Planperiode ist dasjenige Produktionsprogramm zu bestimmen, mit dem unter Beachtung des aktuellen bzw. erwarteten Zustandes des Produktionssystems der höchste Grad der Zielerreichung (repräsentiert z. B. durch einen maximalen Deckungsbeitrag bzw. Gewinn) realisiert werden kann.

3.1.2 Operative Produktionsprogrammplanung für unterschiedliche Auftragstypen

Anhand des Auftragstyps kann zwischen *angebotsorientierter* (auch *marktorientierter, kundenauftragsneutraler*) und *nachfrageorientierter (kundenauftragsorientierter* oder *kundenspezifischer) Produktionsprogrammplanung* unterschieden werden. Die daraus resultierenden Aufträge unterscheiden sich im Wesentlichen durch den Grad der Vollständigkeit und Detailliertheit der zum Zeitpunkt der Planung vorliegenden Informationen sowie durch den Grad der Sicherheit/Unsicherheit, mit dem diese Informationen verknüpft sind.

Lageraufträge (angebotsorientierte Produktion) sind dadurch gekennzeichnet, dass alle zur Durchführung der Produktion benötigten Informationen (im Informationssystem hinterlegte Stücklisten, Arbeitspläne und Kostendaten) zum Zeitpunkt der Produktionsprogrammplanung zur Verfügung stehen. Da es sich in diesem Fall meist um Standardprodukte handelt, die im Produktionssortiment des Unternehmens ständig angeboten werden, ist davon auszugehen, dass mit diesen Produkten ein positiver Deckungsbeitrag erwirtschaftet wird. Die zeitliche Flexibilität bei der Realisierung solcher Aufträge ist relativ hoch. Im Gegensatz zu Kundeneinzelaufträgen ist den Lageraufträgen zumeist kein zwingender Fertigstellungstermin zugeordnet. Sie werden durch das Unterschreiten eines Bestellpunktes am Lager ausgelöst. In der Regel existiert ein Sicherheitsbestand, der dem Unternehmen einen eingeschränkten zeitlichen Dispositionsspielraum einräumt, zumal bei weitsichtiger Planung das Erreichen des Bestellpunktes ex ante abgeschätzt werden kann.

Auch bei *Kundenaufträgen auf der Grundlage von Rahmenverträgen* (kundenauftragsorientierte Produktion) stehen zum Zeitpunkt der Produktionsprogrammplanung die wesentlichen Auftragsinformationen für die Bearbeitung bereits zur Verfügung. Die Überprüfung der Wirtschaftlichkeit der Rahmenvereinbarung erfolgt bei Vertragsabschluss. Auch Aufträge auf Basis von Rahmenverträgen sollten deshalb in der Regel positive Deckungsbeiträge erzielen.

Bei *Kundenaufträgen in Form von Einzelbestellungen* (kundenspezifische Produktion) liegen zum Zeitpunkt der Produktionsprogrammplanung häufig noch keine detaillierten Informationen vor, um eine fundierte Programmentscheidung treffen zu können. Deshalb ist im Rahmen der Kundenauftrags- und Produktionsprogrammplanung in Zusammenarbeit mit anderen Funktionseinheiten des Unternehmens, wie dem Konstruktionsbereich und dem Vertrieb, die *technische, wirtschaftliche* und *terminliche Realisierbarkeit* dieser Aufträge zu überprüfen und die Entscheidung zu treffen, ob die betreffenden Produkte in das aktuelle Produktionsprogramm aufgenommen werden sollen.

3.1.3 Modelle zur operativen Produktionsprogrammplanung

3.1.3.1 Entscheidungsrahmen

Die operative Produktionsprogrammplanung umfasst drei Entscheidungsstufen (siehe Abb. 3-1):

- die technische Realisierbarkeit,
- die wirtschaftliche Zweckmäßigkeit und
- die Einhaltung von Restriktionen innerhalb und außerhalb des Unternehmens.

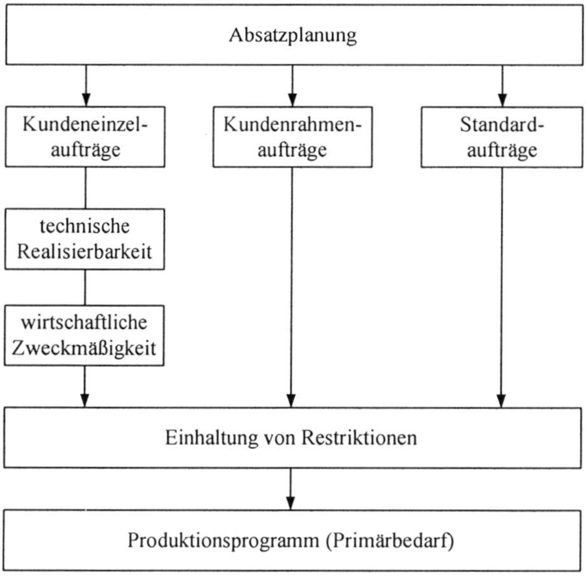

Abb. 3-1: Kundenauftrags- und Produktionsprogrammplanung

Als erster Schritt ist die prinzipielle technische Realisierbarkeit der Aufträge zu prüfen. Dies wird für *Lager- und Rahmenaufträge* in der Regel außerhalb der operativen Produktionsprogrammplanung bereits zum Zeitpunkt der Aufnahme des Produktes in das Standardsortiment bzw. bei Abschluss des Rahmenvertrages erfolgen. Für *Kundeneinzelaufträge* muss dagegen über die technische Realisierbarkeit im Rahmen der Angebotserstellung bzw. Auftragsannahme entschieden werden.

Die Entscheidung über die Aufnahme eines Auftrages in das Produktionsprogramm aufgrund seiner wirtschaftlichen Parameter kann unter Berücksichtigung von Restriktionen des Produktionssystems (z. B. der Kapazität) sowie des Umsystems (z. B. Absatzschranken, Umweltrestriktionen) durch Modelle der *linearen Programmierung* und der *Deckungsbeitragsrechnung* unterstützt werden.

3.1.3.2 Grundmodell der Produktionsprogrammplanung

3.1.3.2.1 Zielfunktion der Produktionsprogrammplanung

$$Z(X) = DB(X) = \sum_{i=1}^{m} db_i x_i \rightarrow \text{Max.!} \qquad (3.1)$$

$Z(X)$ Zielfunktionswert, hier spezifiziert als der Deckungsbeitrag $DB(X)$ des zu realisierenden Produktionsprogramms X mit $X = \{x_1, x_2, \ldots, x_i, \ldots, x_m\}$

db_i Deckungsbeitrag je Einheit[4] (Stück, kg, m etc.) des Auftrages i mit $db_i = p_i - k_{vi}$

x_i Anzahl der zu fertigenden Einheiten des Auftrages i aus der Menge aller Aufträge m mit $x_i \geq 0$ (Nichtnegativitätsbedingung)

p_i Preis einer Einheit des Auftrages i

k_{vi} variable Einheitskosten[5] (Kosten je Stück, kg, m etc.) des Auftrages i

Das Ziel besteht im einfachsten Fall in der *Maximierung* des durch das Produktionsprogramm erreichbaren *Deckungsbeitrages*[6].

Innerhalb einer Zielfunktion können ggf. mehrere Zielgrößen miteinander kombiniert werden. Dies kann z. B. über eine Gewichtung der unterschiedlichen Ziele und deren anschließende Verknüpfung in einer gemeinsamen *multivariablen Zielfunktion* erreicht werden. Gleichung (3.2) zeigt eine additive Verknüpfung zweier Ziele:

$$Z(X) = g_1 Z_1(X) + g_2 Z_2(X) . \tag{3.2}$$

g_i Gewichtungsfaktor des Zielwertes $Z_i(X)$; es gilt $\sum_{i=1}^{n} g_i = 1$

Die multivariable Zielfunktion substituiert dann die Zielfunktion im Grundmodell der Programmplanung.

Die Ermittlung des Gesamtdeckungsbeitrages für einen Auftrag erfolgt mit Gleichung (3.3). Sie dient der Entscheidung, ob ein einzelner, isoliert vom restlichen Produktionsprogramm betrachteter Auftrag prinzipiell angenommen werden kann $(DB \geq 0)$ oder abgelehnt werden sollte $(DB < 0)$:

$$DB(x_i) = DB_i = (p_i - k_{vi})x_i = db_i x_i . \tag{3.3}$$

---

4 Zur Vereinfachung wird im Folgenden der Terminus *Stückdeckungsbeitrag* bzw. synonym auch der Begriff *Deckungsspanne* verwendet. Damit ist stets der Deckungsbeitrag je Einheit (Stück, kg, m usw.) des betreffenden Auftrages gemeint.

5 Im Folgenden wird die Variable *k* stets zur Bezeichnung der Kosten *einer* Einheit (z. B. in Stück, kg, m etc.) eines Erzeugnisses bzw. der Kosten *eines* Vorgangs (z. B. eines Rüstvorgangs) verwendet, während *K* Gesamtkosten (z. B. einer Planperiode, einer definierten Erzeugnismenge etc.) einer bestimmten Kostenkategorie bezeichnet. Die jeweils verwendeten Indizes (z. B. *l, v, r*) identifizieren die betreffende Kostenkategorie.

6 Alternativ können z. B. auch Zielfunktionen für die Minimierung der durch das Produktionsprogramm anfallenden Kosten oder die Maximierung des durch das Produktionsprogramm realisierbaren Umsatzes formuliert werden.

Solange der Deckungsbeitrag positiv ist, trägt der entsprechende Auftrag dazu bei, den im Unternehmen anfallenden Fixkostenblock *abzudecken*. Der Auftrag sollte angenommen werden. Unter der in der Regel vorherrschenden Bedingung von nur begrenzt zur Verfügung stehenden Kapazitäten (oder anderer Engpassfaktoren bzw. Restriktionen) kann jedoch allein auf Basis des Deckungsbeitrages noch keine Aussage darüber getroffen werden, mit welchem Produktionsprogramm der größtmögliche Gesamtdeckungsbeitrag erwirtschaftet wird.

3.1.3.2.2 Beschränkung der (Maschinen-)Kapazitäten

In die Programmentscheidung kann auch die Wirkung kapazitiver Restriktionen einbezogen werden:

$$\sum_{i=1}^{m} b_{ij} x_i \le N_j \,. \tag{3.4}$$

b_{ij} Kapazitätsbedarf einer Einheit des Auftrages i auf einer Kapazitätseinheit j;
er beschreibt die zeitliche Inanspruchnahme der Kapazitätseinheit j durch eine Einheit des Auftrages i (allgemeiner: Bedarf einer Einheit des Auftrages i an Engpassfaktor j)

N_j Gesamtkapazität der Kapazitätseinheit j;
für jede Kapazitätseinheit j wird eine obere Begrenzung festgelegt (allgemeiner: insgesamt verfügbare Menge des Engpassfaktors j)

Mit den Formeln (3.1) bis (3.4), dem *Grundmodell der Produktionsprogrammplanung* (vgl. Kistner/Steven 2001, S. 192 ff.), wurde ein relativ einfaches Modell der linearen Programmierung zur Bestimmung des Produktionsprogramms einer Planungsperiode unter Berücksichtigung kapazitiver Restriktionen formuliert, das sich mit Hilfe des *Simplex-Algorithmus* (siehe dazu u. a. Homburg 1998, S. 517 ff.; Neumann/Morlock 2002, S. 35 ff.; Corsten 2004, S. 239 ff.) lösen lässt. Unter Einbeziehung weiterer Restriktionen (Verfügbarkeit von Rohstoffen und Fremdbezugskomponenten, Beachtung von Rüstfolgen, Maschinenbelegung, Lagerhaltung, Schadstoffausstoß usw.) kann das lineare Programm erweitert werden (vgl. Kistner/Steven 2001, S. 193 ff.).

Um das Prinzip zu verdeutlichen, soll im Folgenden die für zwei Produkte und wenige Nebenbedingungen mögliche grafische Lösung des Problems gezeigt werden.

Beispiel

Gegeben seien die folgenden Daten für zwei Produkte P1 und P2 mit den Stückdeckungsbeiträgen $db_1 = 40,-$ € und $db_2 = 25,-$ €:

Fertigungsanlage	Kapazitätsbedarf der Produkte (Std./Stck.)		Anlagenkapazität (Std./Monat)
	P1	P2	
K1	15	10	300
K2	25	5	290
K3	5	7	136

Tab. 3-1: Daten für die Produktionsprogrammoptimierung

Daraus ergeben sich die Zielfunktion

$$DB(X) = 40x_1 + 25x_2 \rightarrow \text{Max.!}$$

und die Nebenbedingungen sowie Nichtnegativitätsbedingungen

$$15x_1 + 10x_2 \leq 300$$
$$25x_1 + 5x_2 \leq 290$$
$$5x_1 + 7x_2 \leq 136$$
$$x_1 \geq 0$$
$$x_2 \geq 0$$

Damit lässt sich, wie in Abb. 3-2 gezeigt, der Lösungsraum konstruieren, der im Falle dieses Beispiels durch die Kapazität der Fertigungsanlagen K2 und K3 begrenzt wird.

Wird in die oben angegebene Zielfunktion ein beliebiger positiver Betrag eingesetzt, z. B. 1.000,– €, so erhält man eine Zielfunktionsgerade, die nun parallel soweit verschoben wird, bis sie den zulässigen Lösungsraum in dem vom Koordinatenursprung am weitesten entfernten Punkt tangiert. In diesem Punkt liegen die Koordinaten der optimalen Lösung, hier die Stückzahlen

$$x_1 = 9 \text{ und}$$
$$x_2 = 13,$$

mit denen der maximale Deckungsbeitrag des ermittelten optimalen Produktionsprogrammes

$$DB(X) = 685,- €$$

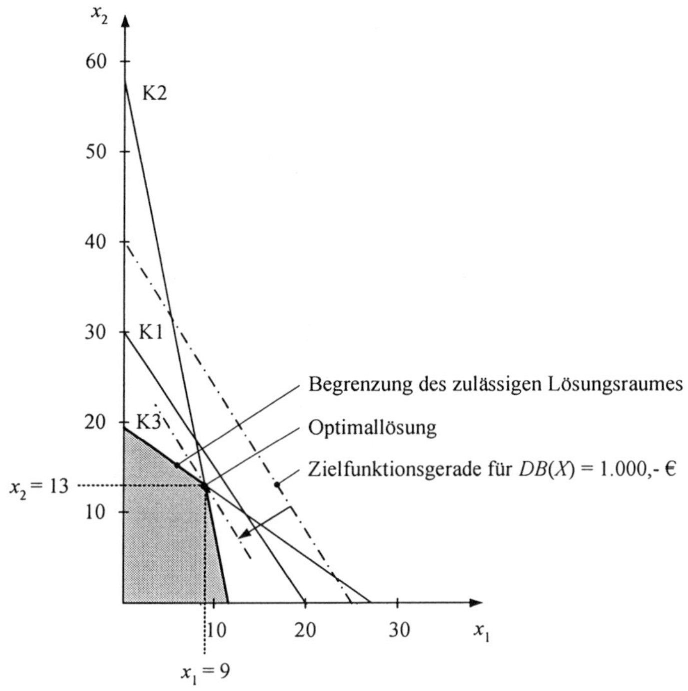

Abb. 3-2: Grafische Lösung des Optimierungsproblems der Produktionsprogrammplanung

errechnet werden kann.

Eine Probe ergibt mit den ermittelten Stückzahlen die volle Kapazitätsauslastung für K2 und K3.

3.1.3.2.3 Weitere Engpassbetrachtungen

Ausgehend von dem Grundgedanken der *Theory of Constraints* (vgl. Goldratt 1990) ist das Produktionsprogramm so zu gestalten, dass die optimale Belegung einer als Engpass des Produktionssystems identifizierten Kapazitätseinheit gewährleistet wird.

Besteht die Zielfunktion wiederum in der Maximierung des *Gesamtdeckungsbeitrages*, so kann ein *relativer Stückdeckungsbeitrag* db_{rel} als Quotient aus dem Stückdeckungsbeitrag und der durch eine Einheit des Auftrages in Anspruch genommenen Engpasskapazität gebildet werden.

Die in die Betrachtung einzubeziehenden Aufträge werden in der Reihenfolge der Höhe der relativen Stückdeckungsbeiträge solange in das Produktionsprogramm aufgenommen, bis die im Engpass zur Verfügung stehende Kapazität durch die Aufträge ausgelastet ist. Andere Engpassfaktoren, wie z. B. das verfügbare Material oder der zulässige Schadstoffausstoß können in gleicher Weise in die Berechnung eingeführt werden.

Die Berechnung des Produktionsprogramms mittels relativer Deckungsspannen wurde für spezifische Anwendungsfälle weiter modifiziert (siehe u. a. Adam 1998, S. 227 ff.).

3.1.3.2.4 Zusammenhang von Kapazitätsbelastung und Durchlaufzeit

Die *monetären* Auswirkungen kapazitiver Restriktionen auf die Gestaltung des Produktionsprogramms können durch die oben beschriebenen Berechnungsverfahren zumindest abgeschätzt werden. Es besteht jedoch ein direkter Zusammenhang zwischen der Durchlaufzeit des einzelnen Auftrages und der Gesamtbelastung des Produktionssystems, der durch die o. g. Berechnungsmodelle nicht berücksichtigt wird. Durch jeden neu in das Produktionsprogramm aufgenommenen Auftrag ändern sich auch die *zeitlichen* Realisierungsbedingungen aller bereits im Produktionsprogramm befindlichen Aufträge. Dies wirkt sich besonders im Fall einer kundenorientierten Auftragsfertigung mit vorgegebenen Lieferterminen negativ aus.

Die für die Produktionsplanung meist zugrunde gelegten mittleren Durchlaufzeiten können nur unter der Bedingung einer relativ konstanten Auslastung des Produktionssystems zu befriedigenden Lösungen führen. Da sie zudem die Übergangszeiten zwischen den einzelnen Bearbeitungsstationen einschließen, sind sie in hohem Maße von den situativen Bedingungen im Produktionssystem zum jeweiligen Zeitpunkt abhängig.

Exakter und zugleich allgemein gültig formuliert wurde der Zusammenhang von Little (Little 1961, S. 383 ff.) mit der folgenden Formel, die wegen ihrer grundlegenden Bedeutung als *Little's Law* in die Literatur eingegangen ist:

$$L = \lambda W. \tag{3.5}$$

L expected number of units in the system[7] (mittlerer Bestand im System; gemessen in Einheiten, z. B. Stück)

W expected time spent by a unit in the system (mittlere Verweildauer einer Einheit im System)

---

[7] Little verweist ausdrücklich auf den flexiblen Gebrauch des Begriffs „System“ (Little 1961, S. 387 ff.), der sich sowohl auf das Konstrukt Warteschlange *und* Bearbeitungsstation oder nur auf die Warteschlange beziehen kann, solange die Variablen Bestand, Verweildauer und Ankunftsrate konsistent definiert werden.

λ^{-1} expected time between two consecutive arrivals to the system (mittlere Zeitdauer zwischen der Ankunft zweier aufeinander folgender Einheiten im System bzw. λ = Ankunftsrate)

Der durch Little's Law beschriebene Sachverhalt bildet auch die Grundlage des von Kettner, Bechte und Wiendahl entwickelten Verfahrens der *Belastungsorientierten Auftragsfreigabe BOA* (Kettner 1976; Bechte 1980; Wiendahl 1987; siehe auch Abschnitt 4.5.4).

3.1.3.2.5 Einführung von Absatzschranken

Obere und untere Absatzschranken beziehen gegebenenfalls maximale und minimale Mengenbegrenzungen des Absatzprogramms in die Optimierung des Produktionsprogramms ein:

$$x_i \leq AS_i^o \text{ und } x_i \geq AS_i^u. \tag{3.6}$$

AS_i^o obere Absatzschranke des Auftrages *i*, sie beschreibt die maximal absetzbare Menge

AS_i^u untere Absatzschranke des Auftrages *i*, sie beschreibt die Mindestmenge, die abgesetzt werden muss, z. B. aufgrund vertraglicher Vereinbarungen ($AS_i^u \geq 0$; Nichtnegativitätsbedingung)

Absatzschranken erscheinen bei der grafischen Lösung des Optimierungsproblems (vgl. Abb. 3-2) als vertikal auf den jeweiligen Produktkoordinaten zu errichtende Begrenzungen des zulässigen Lösungsraums.

3.1.3.3 Ergebnisse und Probleme der Programmplanung

Trotz (bzw. wegen) der Einfachheit der beschriebenen Verfahren zur Produktionsprogrammplanung ist deren Anwendung mit praktischen Problemen behaftet. Insbesondere unter den Bedingungen der kundenauftragsorientierten Produktion stehen mitunter nicht alle Informationen, die für eine Programmentscheidung notwendig sind (z. B. die detaillierten Bearbeitungszeiten), bereits zum Zeitpunkt der Programmplanung zur Verfügung. Dann ist eine Programmentscheidung häufig auf der Basis aggregierter Auftragsdaten zu treffen. Dadurch wird einerseits die mit der Schätzung der Auftragsdaten verbundene Unsicherheit durch ein gröberes *Planungsraster* scheinbar reduziert, andererseits verringert sich auch die Komplexität, die mit der Planung einer sehr großen Anzahl von Aufträgen verbunden ist, erheblich. Ebenso werden häufig als Voraussetzung für konstante Deckungsspannen vereinfachende Annahmen für die Beziehungen zwischen Absatz- und Produktionsprogramm getroffen, wie konstante Preise für Zulieferungen und Enderzeugnisse sowie konstante Kosten in der Herstellung.

Das Grundmodell, das hier für eine *einstufige Mehrproduktproduktion* beschrieben wurde, lässt sich prinzipiell auf eine *mehrstufige, mehrteilige Mehrproduktproduktion* (vgl. Zäpfel 1982, S. 130 ff.; Corsten 2004, S. 247 ff.), sowie um Probleme des *Umweltschutzes* und des *Recycling* (vgl. Zäpfel 1982, S. 118 ff.; Corsten 2004, S. 252 ff.) u. v. a. m. erweitern, um zumindest die wichtigsten Kapazitätsbeschränkungen und sonstigen Restriktionen in diesem Planungsstadium berücksichtigen zu können. Allerdings überschreitet dann das Modell bei Produktionsprogrammen in realistischer Größenordnung rasch überschaubare Dimensionen. Das in vielen kommerziellen PPS-Systemen praktizierte Verfahren, gegen infinite Kapazitäten zu planen, führt dagegen häufig zur Überbelastung der verfügbaren Kapazitäten und provoziert Verzögerungen der Produktionstermine. Als *Dilemma der Ablaufplanung* findet sich dieses Problem in der Termin- und Kapazitätsplanung wieder. Aggregierte Kapazitätsbetrachtungen sollten deshalb in jedem Falle Bestandteil der Programmplanung sein.

Ob in der praktischen Anwendung mit umfangreichen Modellen oder mit einfacheren Ansätzen und Approximationen gearbeitet wird, ist letztlich von den verfügbaren Rechnerprogrammen und personellen Ressourcen abhängig. Allein die analytische Problemdurchdringung und eine näherungsweise Rechnung ist bereits, wie in vielen anderen Fällen auch, geeignet, Planungen mit einer höheren Qualität auszustatten.

Im Ergebnis der Produktionsprogrammplanung wird den nachfolgenden Planungsstufen ein innerhalb der kommenden Planungsperiode(n) realisierbares Produktionsprogramm (Netto-Primärbedarf) mit (ggf. groben) Fertigstellungsterminen der Aufträge und unter Einbeziehung der vorgegebenen Restriktionen (z. B. der Kapazitätsschranken) übergeben.

3.2 Materialbedarfsplanung (Mengenplanung)

3.2.1 Aufgaben, Ziele und Ablauf der Materialbedarfsplanung

Einen zentralen Bestandteil rechnergestützter Systeme zur Produktionsplanung und -steuerung (PPS-Systeme) bildet die Materialbedarfsplanung (Mengenplanung). Dies ist nicht zuletzt auf die historische Entwicklung dieser Systeme zurückzuführen, die in den frühen 60er Jahren des vergangenen Jahrhunderts mit der Einführung der Computertechnologie in (amerikanischen) Unternehmen begann. So genannte MRP-(Material Requirements Planning-)Konzepte konzentrierten sich in erster Linie auf die Unterstützung der Handhabung komplexer und umfangreicher Stücklisten. Das MRP-Konzept wurde Anfang der 60er Jahre des vergangenen Jahrhunderts von Joseph Orlicky beschrieben (vgl. Hatch/Rice 1997, S. 11.2) und Oliver Wight (1984) entwickelte daraus das so genannte MRP II-(Manufacturing Resource Planning-)Konzept, welches zur Basis heute eingesetzter PPS-Systeme wurde.

Die Aufgabe der Materialbedarfsplanung, in der Praxis häufig als „MRP-Lauf" bezeichnet, besteht in der Ermittlung der zur Realisierung des Produktionsprogramms notwendigen Mengen an Rohmaterialien, Einzelteilen und Baugruppen (siehe Abb. 3-3).

Den Ausgangspunkt der Materialbedarfsplanung bilden das Produktionsprogramm und der aus ihm abgeleitete (Netto-)*Primärbedarf* an Enderzeugnissen sowie ein eventuell gegebener Zusatzbedarf (z. B. Ersatzteilbedarf). Mit Hilfe der jeweiligen Erzeugnisstrukturen (gegeben in Stücklisten, Rezepturen oder ähnlichen Produktdarstellungen) wird der Primärbedarf in den *Bruttosekundärbedarf* überführt. Durch Abgleich mit den innerbetrieblichen undisponierten Beständen an Rohmaterialien, Einzelteilen und Baugruppen sowie bereits erfolgten Bestellungen und unter Berücksichtigung eines eventuell erwarteten Ausschusses kann der *Nettosekundärbedarf* für jede Produktionsstufe errechnet werden.

Der so ermittelte Nettosekundärbedarf untergliedert sich in den *eigenzufertigenden* und *fremdzubeziehenden* Nettosekundärbedarf.[8]

In Abb. 3-3 ist auch ein so genannter *Tertiärbedarf* angeführt. Das ist der Bedarf an Hilfs- und Betriebsstoffen, der i. d. R. verbrauchsorientiert ermittelt wird.

Da der hohe Planungsaufwand für die Ermittlung des Nettosekundärbedarfs aus dem periodenbezogenen Primärbedarf eine Anwendung dieses Verfahrens auf geringwertige Einsatzgüter verbietet, kommen unterschiedliche *Dispositionsarten* zur Anwendung. Dies erfordert eine Klassifizierung der Einsatzgüter und führt zu differenzierten *Bestell- und Lagerhaltungspolitiken.* Schließlich erfordert ein zum Teil gegensätzlicher Verlauf der Kostenfunktionen für solche Kosten, deren Höhe sich mit der Bestellmenge bzw. mit der Fertigungslosgröße ändert, die *Ermittlung wirtschaftlicher Bestellmengen* und *Losgrößen.* Die wichtigsten Verfahren sollen im Folgenden behandelt werden.

---

[8] Die Entscheidung über Eigenfertigung oder Fremdbezug wird hier nur aus operativer Sicht behandelt. Sie hat jedoch auch eine strategisch-taktische Dimension, z. B. bei der Gestaltung der Fertigungstiefe und -breite eines Unternehmens und hängt dann von den Entscheidungen hinsichtlich der zu entwickelnden Kernkompetenzen, den logistischen Bedingungen und verfügbaren Ressourcen ab.

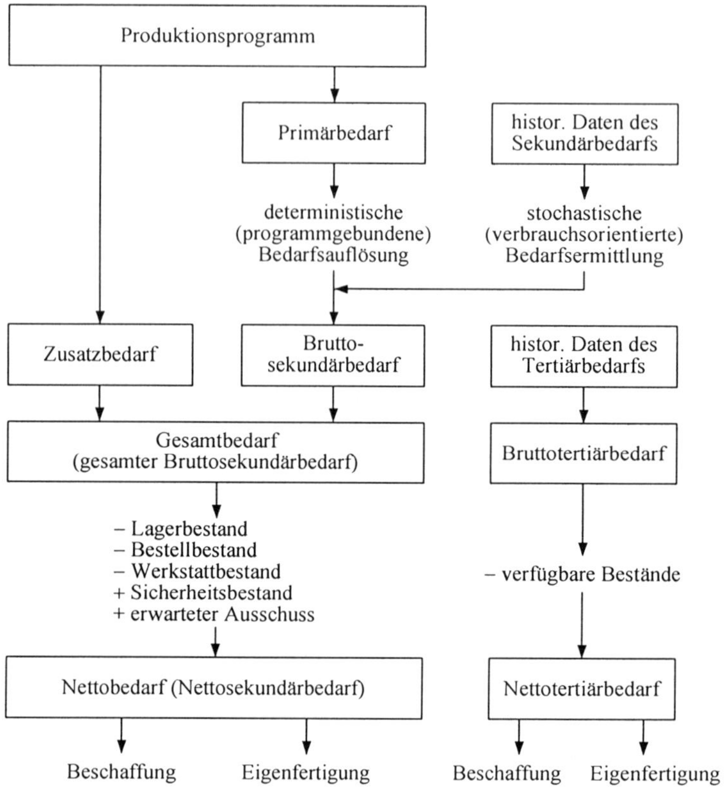

Abb. 3-3: Ablauf der Bedarfsermittlung

3.2.2 Klassifizierung der Einsatzgüter

Der zukünftige Bedarf an Einsatzgütern (Rohmaterialien, Einzelteilen und Baugruppen, die in das Endprodukt einfließen) kann auf Basis ihres vergangenen Verbrauchs – *verbrauchsorientierte* bzw. *stochastische Disposition* – oder anhand der für das konkret geplante Produktionsprogramm benötigten Materialien – *programmbezogene* bzw. *deterministische Disposition* – ermittelt werden.

Die Zuordnung der einzelnen Materialpositionen zu diesen Dispositionsarten erfolgt innerhalb der Materialbedarfsplanung mittels ABC- und RSU-(XYZ-)Analyse.

3.2.2.1 ABC-Analyse

Die *ABC-Analyse* ist ein Verfahren zur Konzentrationsmessung von Objekten (vgl. Reichwald/Dietel 1991, S. 500). Mit ihrer Hilfe kann eine gegebene Menge von Objekten, hier die einzelnen Materialarten, in Bezug auf eine messbare Größe, hier der Wert der eingesetzten Materialarten, in Gruppen gegliedert werden.[9] Es wird im Allgemeinen davon ausgegangen, dass 10 bis 20% der eingesetzten Materialarten 60 bis 80% des Materialwertes ausmachen. Aufgrund ihres hohen Wertes sollten diese als *A-Teile* klassifizierten Materialarten *programmorientiert* disponiert werden. Weitere 20 bis 40% der Materialarten machen einen Wertanteil von 10 bis 30% aus. Diesen *B-Teilen* wird eine Zwischenstellung zugeordnet. Sie können sowohl *programmorientiert* (bei höherer Wertnähe zu A-Teilen) oder *verbrauchsorientiert* (bei höherer Wertnähe zu C-Teilen) disponiert werden. Die Wahl angemessener Planungsmethoden für B-Güter bedarf zusätzlicher Kriterien. Hier können der zeitliche Bedarfsverlauf, Haltbarkeitsdauern, Volumina, Gewichte usw. berücksichtigt werden. *C-Teile* (30 bis 60% der Materialarten) sind durch einen relativ geringen Anteil (5 bis 10%) am Gesamtwert des eingesetzten Materials gekennzeichnet. Sie sind i. d. R. *verbrauchsorientiert* zu disponieren.

Eine theoretisch begründete Abgrenzung, die die Konsequenzen einer Zuordnung der Objektarten zu den drei Klassen in die Betrachtung einbezieht, bereitet Schwierigkeiten (vgl. Tempelmeier 2003, S. 14 ff.). Die Aufteilung wird daher, ebenso wie die Bestimmung der Grenzen, meist willkürlich vorgenommen.

Die im Ergebnis der ABC-Analyse ermittelte wertmäßige Konzentrationsverteilung der benötigten Materialarten kann in Form eines so genannten *Lorenz-Diagramms* anschaulich dargestellt werden (siehe Abb. 3-4). Liegt eine Gleichverteilung aller Materialarten hinsichtlich ihres Wertes vor, so entsteht im Lorenz-Diagramm eine Diagonale.

Die zweckmäßige Durchführung der ABC-Analyse wird im Folgenden kurz erläutert.

---

9 Das Verfahren kann ebenso zur Klassifizierung von Kundengruppen, Auftragsarten, Lagerbeständen, Lieferanten und für viele weitere Fälle, bei denen eine Klassifizierung nach bestimmten Kriterien, z. B. wichtig/weniger wichtig/unwichtig, erwünscht ist, eingesetzt werden. Ebenso können neben dem dargestellten Fall zur Materialklassifikation in Bezug auf den wertmäßigen Verbrauch weitere materialwirtschaftliche Aspekte berücksichtigt werden, die dann auch andere zu messende bzw. zu bewertende Größen zur Bestimmung der Rangziffern erfordern. So werden beispielsweise Volumenanteile der Materialien herangezogen, wenn eine optimale Belegung einer (begrenzten) Lagerkapazität angestrebt wird oder die Umschlagshäufigkeit der Materialarten, wenn es um die Bestimmung von Lagerplätzen mit dem Ziel möglichst kurzer Zugriffszeiten geht (vgl. Grün 1994, S. 559).

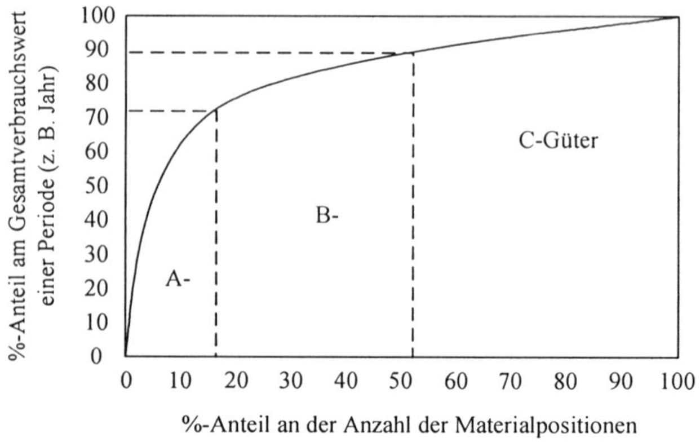

Abb. 3-4: Lorenzdiagramm (Konzentrationskurve)

(1) Erstellung eines Grundtableaus für den Materialgesamtverbrauch

In einem ersten Schritt wird die Gesamtverbrauchsmenge der zu beschaffenden Materialien für die betrachtete Periode ermittelt. Diese Periodenverbrauchsmenge wird sodann mit geeigneten monetären Größen (Ist-Preise, Durchschnittspreise, Planpreise) bewertet, d. h. es wird der Gesamtverbrauchswert je Position bestimmt. Entsprechend ihrem Wertanteil am Periodenverbrauch des gesamten Materials erhalten die Materialpositionen eine Rangziffer in absteigender Reihenfolge der Gesamtverbrauchswerte (siehe Tab. 3-2).

Material-position	Bezeich-nung	Verbrauch pro Periode (ME)	Preis je Mengen-einheit (GE/ME)	Gesamtver-brauchswert je Periode (GE)	Wertmäßige Rangziffer
1 ... n					
-	-	-	-	-	-

Tab. 3-2: Grundtableau für die ABC-Analyse

(2) Anordnung der Materialarten nach ihrem Wertanteil

In einem zweiten Schritt erfolgt zunächst die Anordnung der Materialien gemäß ihrer Rangziffer, danach werden die kumulierten Prozentsätze des Gesamtverbrauchswertes festgestellt (siehe Tab. 3-3). Die kumulierten Werte sind Entscheidungsgrundlage für die Bestimmung der Grenzen zwischen den einzelnen Klassen A, B und C im Bereich der o. g. Prozentwerte. Wenngleich die Grenzen, wie bereits erwähnt, willkürlich sind, ergeben sich doch in der praktischen Anwendung zumeist charakteristische Sprünge zwischen hochwertigen Materialpositionen einerseits und den geringwertigen Verbrauchsmaterialien andererseits mit einer immer noch relativ großen Anzahl von Materialpositionen im mittleren Wertbereich.

Wertmäßige Rangziffer	Anteil am Gesamtverbrauchswert (%)	Anteil am Gesamtverbrauchswert (% kumuliert)	Anteil an der Anzahl der Materialpositionen (%)	Klasse
1	60 ... 80		10 ... 20	A
...	10 ... 30		20 ... 40	B
m	5 ... 10		30 ... 60	C
	100		100	

Tab. 3-3: Anordnung der Materialien nach den Rangziffern ihres Wertanteils

3.2.2.2 RSU-(XYZ-)Analyse

Der Verbrauch einzelner Materialarten zeigt, über längere Zeiträume betrachtet, häufig typische Verlaufsstrukturen, deren Berücksichtigung für die Materialbedarfsplanung zweckmäßig ist. Die *RSU-Analyse* (auch XYZ-Analyse) systematisiert die einzelnen Materialarten anhand ihrer jeweiligen Verbrauchsverläufe wiederum in drei Klassen (vgl. Reichwald/Dietel 1991, S. 515):

- R-(oder X-)Güter: weitgehend *regelmäßiger* (schwankungsloser, gleichförmiger) Bedarf mit hoher Prognosegenauigkeit;
- S-(oder Y-)Güter: *saisonal schwankender* Bedarf mit eingeschränkter Prognosegenauigkeit;
- U-(oder Z-)Güter: *unregelmäßiger* Bedarf mit sehr geringer Prognosegenauigkeit.

Für die in ihrem Bedarf exakt terminierbaren R-Güter eignet sich eine *bedarfssynchrone Beschaffung* (Just-in-time). Im Gegensatz dazu wird für S-Güter im Regelfall eine *Lagerhaltung* gewählt.

Eine Vorratsbeschaffung (Lagerhaltung) ist für U-Güter aufgrund der ungenauen Bedarfsprognose dagegen nur selten sinnvoll. Für diese Güterarten empfiehlt sich eine *fallweise Beschaffung.*

3.2.2.3 Kombination von ABC- und RSU-Analyse

Die RSU-Analyse kann mit der ABC-Analyse kombiniert werden (siehe Tab. 3-4), um eine sinnvolle Zuordnung der nach wertmäßigen Anteilen und zeitlichen Bedarfsverläufen klassifizierten Materialpositionen zu spezifischen Dispositionsformen vornehmen zu können (vgl. Hoitsch 1993, S. 358 f.).

		Bedarfsermittlung	RSU-Analyse		
			Bereitstellung (Disposition)		
			R	S	U
ABC-Analyse	A	programmorientiert	produktionssynchron	produktionssynchron	fallweise
	B	programm- oder verbrauchsorientiert	produktionssynchron oder Bevorratung	produktionssynchron oder Bevorratung	fallweise oder Bevorratung
	C	verbrauchsorientiert	Bevorratung	Bevorratung	fallweise oder Bevorratung

Tab. 3-4: Kombination der Ergebnisse von ABC- und RSU-Analyse

3.2.3 Ermittlung des Materialbedarfs

3.2.3.1 Programmbezogene (deterministische) Bedarfsermittlung

Ist im Ergebnis der operativen Produktionsprogrammplanung der Primärbedarf festgelegt, erfolgt durch *Bedarfsauflösung* auf der Grundlage von Stücklisten, Rezepturen oder ähnlichen Darstellungen der Erzeugnisstruktur die Ermittlung des Sekundärbedarfs für jede Fertigungsstufe.

3.2.3.1.1 Erzeugnisstruktur

Einfache Erzeugnisstrukturen können durch einen Erzeugnisbaum oder einen Gozintographen dargestellt werden. Der *Erzeugnisbaum* ordnet die einzelnen Komponenten eines Erzeugnisses entweder den *Fertigungsstufen* (siehe Abb. 3-5), d. h. den jeweiligen Stufen ihrer Verwendung, oder den *Dispositionsstufen* (siehe Abb. 3-6), d. h. den Stufen ihrer Herstellung, zu. Dies führt dazu, dass mehrfach verwendete Komponenten auch mehrfach aufgeführt werden, die Verwendungs- bzw. die Dispositionsstruktur allerdings exakt abgebildet wird.

Eine redundanzfreie Darstellung ermöglicht dagegen der *Gozintograph*, bei dem jede Komponente nur einmal erscheint (siehe Abb. 3-7).

An den Kanten des Erzeugnisbaums und des Gozintographen sind die *Produktionskoeffizienten* a_{ij}, d. h. der Bedarf einer Einheit der Komponente j an den untergeordneten Komponenten i, angegeben.

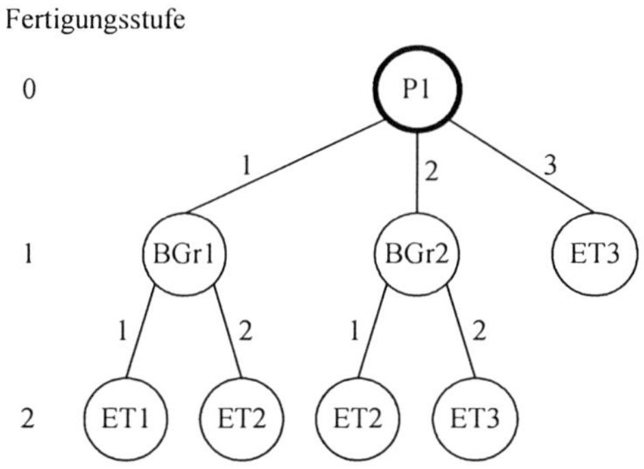

Abb. 3-5: Erzeugnisbaum (Fertigungsstufen)

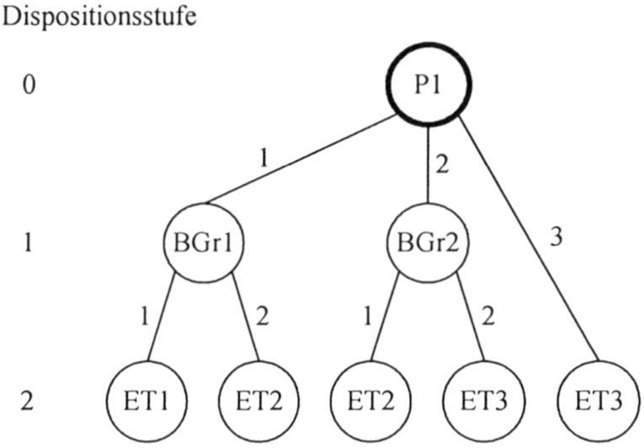

Abb. 3-6: Erzeugnisbaum (Dispositionsstufen)

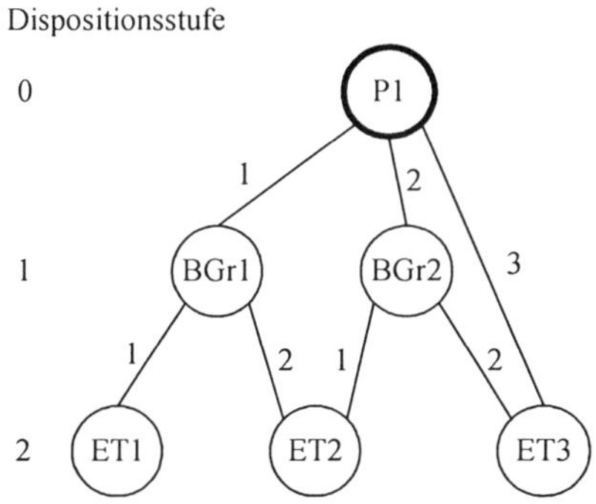

Abb. 3-7: Gozintograph (Dispositionsstufen)

Die Zusammensetzung umfangreicherer Erzeugnisse wird dagegen in Listenform erfasst. In der Stückgüterproduktion sind das meist Stücklisten und Verwendungsnachweise (siehe Abb. 3-8).

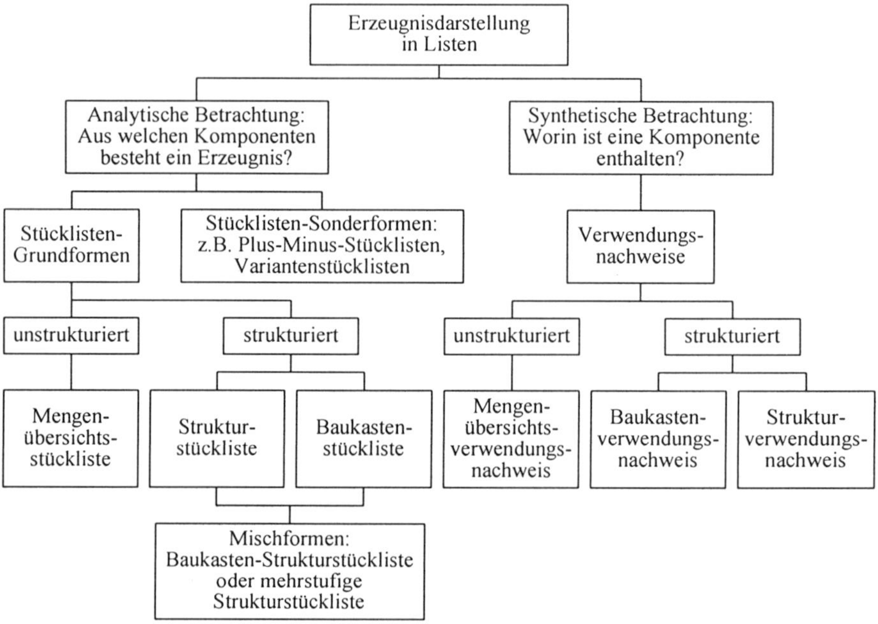

Abb. 3-8: Erzeugnisdarstellung in Listenform – Stücklisten und Verwendungsnachweise (in Anlehnung an Zäpfel 1982, S. 76)

Eine *Stückliste* enthält alle für eine Einheit Endprodukt erforderlichen Komponenten (Baugruppen, Einzelteile). Die in diesem Zusammenhang wichtigen Stücklistenformen sind

- Strukturstückliste,
- Mengenübersichtsstückliste.

Die *Strukturstückliste* spiegelt die Zusammensetzung eines Erzeugnisses in seiner Struktur nach Baugruppen und Einzelteilen wider. Die Mengenangaben (Produktionskoeffizienten) in der Strukturstückliste stellen den Bedarf einer Einheit der jeweils übergeordneten Komponente an den untergeordneten Komponenten dar (siehe Tab. 3-5). Wie beim Erzeugnisbaum tauchen folglich mehrfach verwendete Komponenten in der Strukturstückliste auch mehrfach auf.

Die *Mengenübersichtsstückliste* enthält dagegen, wie der Gozintograph, jede Komponente nur einmal mit der Gesamtmengenangabe für eine Einheit Endprodukt (siehe Tab. 3-6).

Positions-nummer	Fertigungsstufe	Sachnummer	Benennung	Einheit	Menge
1	1	BGr1	Baugruppe 1	Stck.	1
2	2	ET1	Einzelteil 1	Stck.	1
3	2	ET2	Einzelteil 2	Stck.	2
4	1	BGr2	Baugruppe 2	Stck.	2
5	2	ET2	Einzelteil 2	Stck.	1
6	2	ET3	Einzelteil 3	m	2
7	1	ET3	Einzelteil 3	m	3

Tab. 3-5: Strukturstückliste für Erzeugnis P1 (Prinzipdarstellung)

Positions-nummer	Sach-nummer	Benennung	Einheit	Menge
1	BGr1	Baugruppe 1	Stck.	1
2	BGr2	Baugruppe 2	Stck.	2
3	ET1	Einzelteil 1	Stck.	1
4	ET2	Einzelteil 2	Stck.	4
5	ET3	Einzelteil 3	m	7

Tab. 3-6: Mengenübersichtsstückliste für Erzeugnis P1 (Prinzipdarstellung)

Verwendungsnachweise enthalten für jede Komponente die Angabe, in welche übergeordnete Komponente bzw. in welches Erzeugnis sie in welcher Menge eingeht (siehe Tab. 3-7 und Tab. 3-8).

Einzelteil ET3:				
Fertigungs-stufe	Sach-nummer	Benennung	Einheit	Menge
0	P1	Erzeugnis 1	m	3
1	BGr2	Baugruppe 2	m	2

Tab. 3-7: Strukturverwendungsnachweis für Einzelteil ET3 (Prinzipdarstellung)

Einzelteil ET3:			
Sach-nummer	Benennung	Einheit	Menge
P1	Erzeugnis 1	m	7
BGr2	Baugruppe 2	m	2

Tab. 3-8: Mengenübersichtsverwendungsnachweis für Einzelteil ET3 (Prinzipdarstellung)

3.2.3.1.2 Bedarfsermittlung mittels Matrizenrechnung

Unmittelbar aus einem Gozintograph oder einer Strukturstückliste kann eine *Direktbedarfsmatrix* **A** erzeugt werden, die es erlaubt, in der Horizontalen die Verwendung einer Komponente i für die direkt übergeordneten Strukturkomponenten j und in der Vertikalen den Bedarf einer Komponente j an den direkt untergeordnetenen Strukturkomponenten i abzulesen. Der Gesamtbedarf r_i der Komponente i für den Primärbedarf (einschließlich Zusatzbedarf) lässt sich ermitteln aus

$$r_i = \sum_{j=1}^{n} a_{ij} \cdot r_j + x_i . \tag{3.7}$$

a_{ij} Produktionskoeffizient, Bedarf der Komponente j an der untergeordneten Komponente i

In Matrizenschreibweise überführt ergibt sich

$$\mathbf{r} = \mathbf{A} \bullet \mathbf{r} + \mathbf{x} . \tag{3.8}$$

Durch Auflösung nach dem Gesamtbedarfsvektor **r** und Umformung durch Subtraktion der Direktbedarfsmatrix **A** von einer Einheitsmatrix **E** erhält man die so genannte Technologiematrix **E** – **A**. Eine Inversion der Technologiematrix führt zur Verflechtungsmatrix **V**, die der Mengenübersichtsstückliste bzw. dem Mengenübersichtsverwendungsnachweis entspricht, und die durch zeilenweise Multiplikation mit dem Primärbedarfsvektor die Berechnung des Gesamtbedarfsvektors **r** erlaubt (vgl. auch Küpper 1989, S. 214 ff. sowie Corsten 2004, S. 439 ff.):

$$\mathbf{r} = (\mathbf{E} - \mathbf{A})^{-1} \bullet \mathbf{x} \tag{3.9}$$

bzw.

$$\mathbf{r} = \mathbf{V} \bullet \mathbf{x} . \tag{3.10}$$

Beispiel

Gegeben sei der Gozintograph gemäß Abb. 3-9, aus dem sich die Direktbedarfsmatrix **A** (siehe Tab. 3-9) ablesen lässt. Mit dem beschriebenen Berechnungsverfahren erhält man den Gesamtbedarfsvektor **r** (siehe Tab. 3-10).

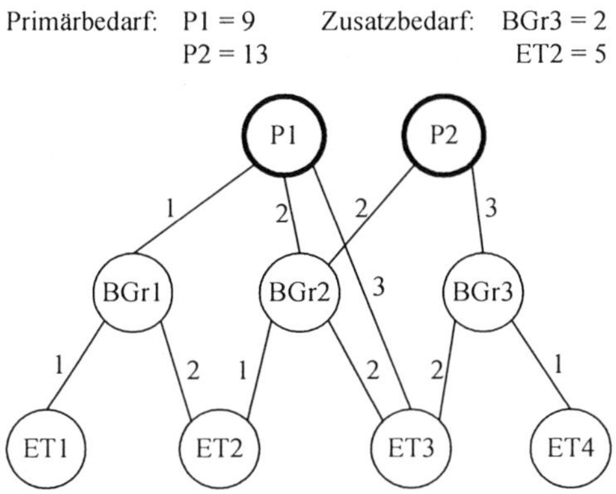

Abb. 3-9: Gozintograph für die Erzeugnisse P1 und P2

Erzeugnis, Komponente *i* / *j*	ET1	ET2	ET3	ET4	BGr1	BGr2	BGr3	P1	P2
ET1	0	0	0	0	1	0	0	0	0
ET2	0	0	0	0	2	1	0	0	0
ET3	0	0	0	0	0	2	2	3	0
ET4	0	0	0	0	0	0	1	0	0
BGr1	0	0	0	0	0	0	0	1	0
BGr2	0	0	0	0	0	0	0	2	2
BGr3	0	0	0	0	0	0	0	0	3
P1	0	0	0	0	0	0	0	0	0
P2	0	0	0	0	0	0	0	0	0

→ direkte Teileverwendung

↓ direkter Teilebedarf

Tab. 3-9: Direktbedarfsmatrix für die Erzeugnisse P1 und P2 in der Struktur des Gozintographen gemäß Abb. 3-9

3.2.3.1.3 Vorlaufverschiebung

Die so ermittelten Gesamtbedarfsmengen an Komponenten für den vorgegebenen Primärbedarf berücksichtigen nicht den zeitlichen Ablauf der Fertigung. Dies ist im Detail der Durchlaufterminierung vorbehalten. Die termingerechte Realisierung des Primärbedarfs in einer bestimmten Periode erfordert jedoch die Bereitstellung der einzelnen Komponenten mit einem gewissen zeitlichen Vorlauf, der entweder als *Wiederbeschaffungszeit* explizit angegeben ist oder häufig in konstanten Zeitdauern je Fertigungsstufe angenommen wird (vgl. auch Küpper 1989, S. 216). Dieses als

Vorlaufverschiebung (um die *Vorlaufzeit l*) bezeichnete Verfahren soll anhand des Beispiels aus Abb. 3-9 und Tab. 3-10 illustriert werden.

Erzeugnis, Komponente *i* \ *j*	Verflechtungsmatrix **V** ET1	ET2	ET3	ET4	BGr1	BGr2	BGr3	P1	P2	Primär- und Zusatz-bedarf **x**	Gesamt-bedarf **r**
ET1	1	0	0	0	1	0	0	1	0	0	9
ET2		1	0	0	2	1	0	4	2	5	67
ET3			1	0	0	2	2	7	10	0	197
ET4				1	0	0	1	0	3	0	41
BGr1					1	0	0	1	0	0	9
BGr2						1	0	2	2	0	44
BGr3							1	0	3	2	41
P1								1	0	9	9
P2									1	13	13

Tab. 3-10: Gesamtbedarf aller Komponenten der Erzeugnisse P1 und P2 für den Primär- und Zusatzbedarf nach Abb. 3-9

Beispiel

Die Ermittlung der Vorlaufverschiebung wird zur Vereinfachung auf die Komponenten von Erzeugnis P1 mit einem Primärbedarf von 9 Stück und den Zusatzbedarf für Einzelteil ET2 von 5 Stück in der 4. Teilperiode beschränkt. Angenommen wird eine Vorlaufzeit für die Baugruppen BGr1 und BGr2 gegenüber dem Endprodukt P1 sowie für die Einzelteile ET1 und ET2 gegenüber den Baugruppen BGr1 und BGr2 von jeweils einer Teilperiode. Die Vorlaufzeit von Einzelteil ET3 gegenüber Baugruppe BGr2 und Endprodukt P1 soll jeweils 2 Teilperioden betragen. Es ergeben sich die in Tab. 3-11 ermittelten Vorlaufverschiebungen für die einzelnen Komponenten.

Dispositionsstufe	Bedarfsart	Einsatzgut i	Ausbringungsgut j	Produktionskoeffizient a_{ij}	Teilperioden 1	2	3	4
0	Primärbedarf	-	P1	-				**9**
1	Sekundärbedarf	BGr1	P1	1			9	
	Gesamtbedarf	**BGr1**					**9**	
	Sekundärbedarf	BGr2	P1	2			18	
	Gesamtbedarf	**BGr2**					**18**	
2	Sekundärbedarf	ET1	BGr1	1		9		
	Gesamtbedarf	**ET1**				**9**		
	Sekundärbedarf	ET2	BGr1	2		18		
	Sekundärbedarf	ET2	BGr2	1		18		
	Zusatzbedarf	ET2						5
	Gesamtbedarf	**ET2**				**36**		**5**
	Sekundärbedarf	ET3	P1	3		27		
	Sekundärbedarf	ET3	BGr2	2	36			
	Gesamtbedarf	**ET3**			**36**	**27**		

Tab. 3-11: Ermittlung der Vorlaufverschiebung für die Komponenten von Erzeugnis P1

3.2.3.1.4 Weiterführende MRP-Berechnungen

Auf die Ermittlung des Gesamtbedarfs (gesamter Sekundärbedarf einer Komponente zur Erfüllung des Primärbedarfs, einschließlich eventueller Zusatzbedarfe) der jeweiligen (Teil-)Periode folgt die Bestandsrechnung (siehe Abb. 3-3) sowie die Berücksichtigung von Losbildungsregeln (siehe Abschnitt 3.2.5).

Diese Berechnungen beginnen für jede Komponente mit einer Prognose des Lagerbestandes am Ende jeder (Teil-)Periode, wobei die folgende Beziehung verwendet wird:

$$\begin{aligned} &\text{Lagerbestand am Ende der (Teil-)Periode } t \\ &\quad = \text{Lagerbestand am Ende der (Teil-)Periode } t-1 \\ &\quad + \text{Zugänge in } t \\ &\quad - \text{Lieferungen in } t \end{aligned} \qquad (3.11)$$

Wird eine Unterschreitung des definierten *Sicherheitsbestandes z* durch den prognostizierten Lagerbestand festgestellt, so ist der Zugang von Komponenten (im Umfang eines Loses) in der betrachteten (Teil-)Periode notwendig und entsprechend zu planen, um keine Fehlmengen entstehen zu lassen. Diese Überlegungen werden in Abschnitt 4.4.1.1 wieder aufgegriffen.

3.2.3.2 Verbrauchsorientierte (stochastische) Bedarfsermittlung

Eine verbrauchsorientierte Bedarfsermittlung erfolgt ohne direkten Bezug zum Produktionsprogramm auf der Grundlage von Vergangenheitsdaten bzw. durch Schätzung. Einer verbrauchsorientierten Bedarfsermittlung sollte eine RSU-(XYZ-)Analyse vorausgehen, um den grundsätzlichen Bedarfsverlauf zu ermitteln, der vor allem folgende für die betriebliche Praxis bedeutsame Formen annehmen kann:

- konstanter Bedarf im Zeitablauf,
- linear-trendförmiger (steigender oder fallender) Bedarf im Zeitablauf,
- saisonal schwankender Bedarf im Zeitablauf (gegebenenfalls überlagert durch steigenden oder fallenden Trend),
- unregelmäßiger Bedarf, zufällige Schwankungen im Zeitablauf.

Die Genauigkeit der Bedarfsprognose hängt folglich wesentlich von der exakten Erfassung und Verarbeitung der Bedarfswerte der Vergangenheit ab.

Zur Verarbeitung der Vergangenheitsdaten und zur Projektion der Verbrauchsverläufe in die Zukunft sind eine Reihe von Prognoseverfahren gebräuchlich (vgl. Mertens 2004). Für die Anwendung in der betrieblichen Praxis sind vor allem wichtig

- die *einfache Mittelwertbildung*,
- die *gleitende Mittelwertbildung*,
- Verfahren der *exponentiellen Glättung*.

3.2.4 Bestell- und Lagerhaltungspolitiken

Die Klassifizierung der Einsatzgüter und deren Verknüpfung mit der verbrauchsorientierten Disposition ist eng mit der Fragestellung verknüpft, wann und in welchen Mengen eine Bestellung erfolgen soll bzw. ein entsprechender Fertigungsauftrag auszulösen ist.

Für die Entscheidung stehen sowohl für die Bestell- bzw. Auftragsmenge als auch für den Bestell- bzw. Fertigungszeitpunkt zwei Freiheitsgrade zur Verfügung, durch die das in Tab. 3-12 dargestellte Portfolio der entsprechenden Bestellpolitiken entsteht (vgl. Corsten 2004, S. 463 ff.).

Die *t,x-Politik* ist durch eine jeweils konstante Bestell- bzw. Fertigungsmenge sowie durch konstante Bestellintervalle gekennzeichnet. Die Anwendung dieser Bestellpolitik ist mit der Forderung eines weitgehend konstanten Bedarfsverlaufs ohne größere Schwankungen verbunden. Bei Auftreten größerer Bedarfsschwankungen kön-

		Bestelltermin t	
		fix	variabel
Bestellmenge x	fix	t,x-Politik	s,x-Politik
	variabel	t,S-Politik	s,S-Politik
s = Meldebestand S = Sollbestand			

Tab. 3-12: Bestell- und Lagerhaltungspolitiken

nen Nachfragen nicht mehr befriedigt werden bzw. es bauen sich Bestände auf, die unter wirtschaftlichen Aspekten nicht mehr sinnvoll sind.

Im Falle der *s,x-Politik* ist für jede einzelne Materialart ein Meldebestand s zu definieren. Bei jeder Materialentnahme wird der verbleibende Restbestand überprüft und bei Unterschreiten des Meldebestandes ein Bestell- oder Fertigungsauftrag in konstanter Menge ausgelöst. Somit wird eine unkontrollierte Erhöhung des Lagerbestandes vermieden. Die Festlegung des Meldebestandes ist u. a. vom durchschnittlichen Verbrauch und der durchschnittlichen Wiederbeschaffungszeit abhängig.

Bei der *t,S-Politik* wird in konstanten Zeitintervallen der Lagerbestand auf einen definierten Sollbestand S aufgefüllt. Die Bestellmenge ist demnach von der Restbestandsmenge zum jeweiligen Bestellzeitpunkt abhängig. Die Höhe des Sollbestandes wird in Abhängigkeit vom durchschnittlichen Bedarf bestimmt.

Die *s,S-Politik* zeichnet sich sowohl durch variable Bestellmengen als auch variable Bestellintervalle aus. Bei Unterschreitung des Meldebestandes wird die Differenz zwischen Lagerbestand und Sollbestand bestellt. Diese Bestellpolitik bietet die größte Reaktionsfähigkeit auf unvorhersehbare Bedarfsschwankungen, setzt allerdings auch beim Vorproduzenten eine entsprechende Lieferfähigkeit oder Produktionsflexibilität voraus.

Der Vorteil der genannten Verfahren besteht in ihrer relativ einfachen Handhabung. Starke Bedarfsschwankungen erfordern jedoch eine detailliertere Planung.

3.2.5 Verfahren zur Ermittlung wirtschaftlicher Bestellmengen und Losgrößen

3.2.5.1 Aufgaben der Bestellmengen- und Losgrößenberechnung

Als *Bestellmenge* wird die durch einen Bestellvorgang gegenüber einem Zulieferer angeforderte Menge einer Materialposition (Rohmaterial, Zukaufteil oder -baugruppe etc.) verstanden. In die Ermittlung der Bestellmengen gehen neben den Kostengrößen (siehe Abschnitt 3.2.5.2) weitere Einflussfaktoren wie Lieferbereitschaft des Herstellers, Transportmengen und -zeiten, Verderblichkeit der Waren, Lagermöglichkeiten usw. ein, die hier nicht näher betrachtet werden sollen.

Die *Losgröße* bezeichnet die Menge eines Erzeugnisses, die in Eigenfertigung ohne Unterbrechung durch die Bearbeitung anderer Erzeugnisse auf einer Produktionsanlage hergestellt wird. Die für die Fertigung eines bestimmten Erzeugnisses erforderliche Vorbereitung der Anlage wird allgemein als *Rüsten* bezeichnet.

Bestellmengen- und Losgrößenplanung werden wegen ihrer ähnlichen Problem- und Modellstruktur häufig unter dem Begriff *Auftragsplanung* subsumiert (vgl. Adam 1998, S. 475; Corsten 2004, S. 445 ff.). Im Folgenden wollen wir uns auf die Losgrößenbildung konzentrieren. Um auf die Analogien zwischen Bestellmengen- und Losgrößenplanung aufmerksam zu machen, werden die äquivalenten Begriffe und Variablen der Bestellmengenbildung in einigen Fällen in Klammern angeführt.

Die Losgrößenberechnung und -optimierung ist eine Teilaufgabe der Materialbedarfsplanung (Mengenplanung) für die in Eigenfertigung hergestellten Erzeugnisse (Einzelteile, Baugruppen oder Endprodukte). Sie schließt sich für programmorientiert disponierte Zwischen- und Endprodukte an die Nettobedarfsrechnung an, während sie für verbrauchsorientiert disponierte Zwischen- und Endprodukte meist im Rahmen der Festlegung einer Lagerhaltungspolitik durchgeführt wird.

Eine losweise Produktion ist vor allem mit den Produktionstypen Serien- und Sortenfertigung sowie mit den Organisationstypen Werkstatt- und Gruppenfertigung verknüpft, für die eine mehrstufige Mehrproduktfertigung charakteristisch ist (vgl. Adam 1998, S. 23).

Die Losbildung erfolgt nach bestimmten Regeln:

- *Lot-for-lot (LFL):* Die Losgröße eines Produktes entspricht dem über MRP-Berechnungen bestimmten Periodenbedarf.
- *Fixed order quantity (FOQ):* Die Losgröße eines Produktes in einer gegebenen Fertigungszelle ist eine feste Größe.

- *Periodic order quantity (POQ):* Die Losgröße eines Produktes in einer gegebenen Fertigungszelle deckt den Bedarf einer festgelegten Anzahl von Perioden.
- *Economic order quantity (EOQ):* Die Losgröße eines Produktes ist die kostenminimale Teilmenge eines über mehrere Perioden bekannten Gesamtbedarfs.

3.2.5.2 Entscheidungsrelevante Kosten für die Losgrößenberechnung und -optimierung

Zur Bestimmung der optimalen (d. h. kostenminimalen) Losgröße ist es notwendig, die Summe aller bei der Produktion eines Erzeugnisses anfallenden entscheidungsrelevanten Kostenarten zu erfassen und zu minimieren. Diese sind

- (beschäftigungs-)variable Produktionskosten (resp. unmittelbare Beschaffungskosten, d. h. die Einstandskosten des zugekauften Materials);
- Rüstkosten (resp. mittelbare Beschaffungskosten; die mit einem Bestellvorgang verbundenen Kosten, d. h. bewertete Arbeitszeit des Disponenten, Transportkosten etc.);
- Lagerkosten und
- Fehlmengenkosten.

Die *variablen Produktionskosten*, welche den unmittelbar mit dem Produktionsvorgang verbundenen Faktorverbrauch (Arbeit, Material) repräsentieren, sollten bei der Losgrößenplanung berücksichtigt werden, sofern sie sich im Betrachtungszeitraum ändern oder von der Losgröße abhängig sind (vgl. Tempelmeier 2003, S. 136, Fußnote 20). Für den in der Praxis häufig angenommenen Fall zeitinvarianter und losgrößenunabhängiger variabler Produktionskosten hat diese Kostenart keinen Einfluss auf die Lage des Optimums, ist somit entscheidungsirrelevant und kann vernachlässigt werden.

Die *Rüstkosten* lassen sich in direkte und indirekte Rüstkosten aufspalten. Während sich die direkten Rüstkosten auf den unmittelbar mit dem Rüstvorgang verbundenen Faktorverbrauch (z. B. Arbeitszeit des Rüstpersonals, Ausschuss im Anlaufbetrieb) beziehen, handelt es sich bei den indirekten Rüstkosten um Opportunitätskosten für die durch den Rüstvorgang verloren gehende Kapazität, mit der ein zusätzlicher Deckungsbeitrag erzielt werden könnte.

Die *Lagerkosten* beinhalten sowohl Kosten, die durch das in den Lagerbeständen gebundene Kapital entstehen (Zins- und Opportunitätskosten), als auch Kosten, die zur Lagerung, Pflege und Handhabung des Materials anfallen (Lagerraum- und -ausrüstungskosten, Kosten für Ein- und Auslagerungsvorgänge, Schwund und Verderb).

Fehlmengenkosten entstehen dann, wenn der Bedarf an Zwischen- oder Enderzeugnissen nicht zum erforderlichen Zeitpunkt gedeckt werden kann. Als Beispiele lassen sich Stillstandskosten infolge von Produktionsunterbrechungen, Vertragsstrafen bei Nichteinhaltung von Lieferterminen oder entgangene Gewinne bei Absatzeinbußen anführen. Ihre Bestimmung stößt in der Praxis zumeist auf erhebliche Schwierigkeiten. Wird das Auftreten von Fehlmengen per definitionem ausgeschlossen, wie es bei den meisten Modellen zur Losgrößenoptimierung der Fall ist, kann diese Kostenart unberücksichtigt bleiben.

3.2.5.3 Grundlegende Ansätze zur Losgrößenberechnung und -optimierung

Die Lage des Optimums der Losgröße wird durch die einander entgegengesetzten Verläufe der Rüst- und Lagerkostenfunktionen in Abhängigkeit von der Losgröße bestimmt (siehe Abb. 3-10). Während die Rüstgesamtkosten K_r mit steigender Losgröße durch die geringer werdende Anzahl der Umrüstvorgänge hyperbolisch abnehmen (Rüstkostendegression), steigen die Lagerkosten K_l aufgrund der größeren Menge der durchschnittlich zu lagernden Güter proportional zur Losgröße an. Werden beide Kostenverläufe addiert, ergibt sich eine Gesamtkostenfunktion K_g (der entscheidungsrelevanten Kostenarten), deren Minimum die Lage der optimalen Losgröße bestimmt.

Das hier lediglich qualitativ dargestellte Prinzip der Kostenminimierung bei gegenläufigen Kostenfunktionen, das die Grundlage aller Verfahren zur Losgrößenberechnung bildet, wird anhand des Grundmodells von Harris (1913) bzw. Andler (1929) in Abschnitt 3.2.5.4.1 quantitativ erläutert.

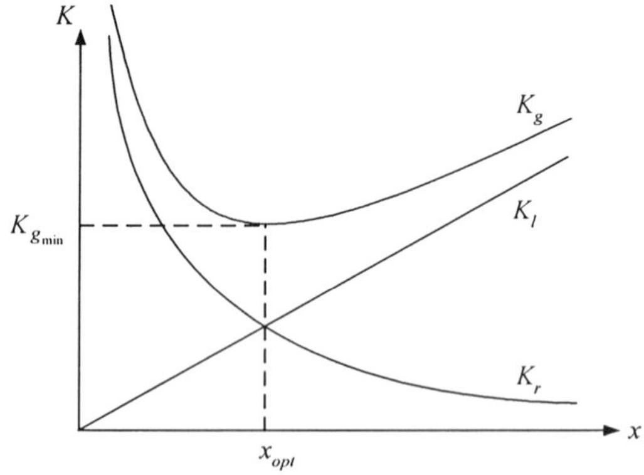

Abb. 3-10: Prinzip der Bestimmung optimaler Losgrößen

Zur Ermittlung wirtschaftlicher Losgrößen wurden zahlreiche mathematische Modelle und darauf aufbauende Lösungsverfahren entwickelt (vgl. Domschke/Scholl/Voß 1997, S. 40 und S. 70 f.). Die wichtigsten Kriterien zur Unterscheidung dieser Verfahren sind

- der zeitliche Verlauf der Nachfrage,
- die Anzahl der in die Berechnung einbezogenen Produkte,
- die Anzahl der im Berechnungsmodell abgebildeten Fertigungsstufen und
- die Lösungseigenschaften des Berechnungsverfahrens.

Nach dem *zeitlichen Verlauf der Nachfrage* kann zwischen statischen und dynamischen Modellen unterschieden werden. *Statische Modelle zur Losgrößenberechnung* sind dadurch gekennzeichnet, dass eine kontinuierlich auftretende, stets gleich große Nachfrage pro Zeiteinheit für den gesamten Planungszeitraum unterstellt wird. Dagegen wird bei *dynamischen Modellen* der Planungszeitraum in gleichlange Teilperioden unterteilt, in denen unterschiedliche Bedarfe auftreten können. Weiterhin wird für statische Modelle die Annahme getroffen, dass Losauflagen zu beliebigen (sich aus der Berechnung ergebenden, reellwertigen) Zeitpunkten erfolgen können, während sie bei dynamischen Modellen zu diskreten Zeitpunkten (in der Regel jeweils am Anfang der Teilperioden) angenommen werden.

Betrachtet man die *Anzahl der in die Berechnung einbezogenen Produkte*, können Einproduktmodelle von Mehrproduktmodellen unterschieden werden. In Einproduktmodellen wird ein einzelnes Produkt ohne gegebenenfalls vorhandene Wechselwirkungen zu anderen Produkten, die im gleichen Zeitraum gefertigt werden sollen, abgebildet. Mehrproduktmodelle berücksichtigen dagegen die Interdependenzen zwischen mehreren Produkten, die z. B. durch eine teilweise gemeinsame Produktstruktur oder durch die Fertigung auf demselben Aggregat bedingt sein können.

Hinsichtlich der *Anzahl der im Berechnungsmodell abgebildeten Fertigungsstufen* lassen sich einstufige Modelle, bei denen die der jeweils betrachteten Fertigungsstufe vorangehenden bzw. folgenden Bearbeitungsschritte eines Erzeugnisses unberücksichtigt bleiben, von mehrstufigen Modellen, bei denen simultan für alle Fertigungsstufen und Zwischenprodukte eines Erzeugnisses Losgrößen ermittelt werden, unterscheiden.

Die Berechnungsverfahren sind hinsichtlich ihrer *Lösungseigenschaften* in exakte Verfahren, welche unter den gegebenen Annahmen die optimale Lösung eines Problems liefern, und heuristische Verfahren (Heuristiken), also Näherungsverfahren, die in der Regel zu suboptimalen Lösungen führen, zu unterscheiden.

3.2.5.4 Statische Verfahren der Losgrößenberechnung

Auch wenn das *Verfahren zur Bestellmengen- und Losgrößenrechnung nach Harris/Andler* im strengen Sinne nur unter sehr restriktiven Annahmen zutreffende Ergebnisse liefert, so können mit seiner Hilfe die Grundprinzipien der Bestellmengen- und Losgrößenberechnung einfach dargestellt werden.

Für die Anwendung des Modells sind folgende Grundannahmen zu treffen:

- Es handelt sich um ein einstufiges Einproduktmodell ohne Berücksichtigung knapper Produktions- und Lagerkapazitäten.
- Fehlmengen sind unzulässig.
- Es werden ausschließlich Rüst- und Lagerkosten berücksichtigt.
- Die Lagerauffüllgeschwindigkeit (Produktionsgeschwindigkeit) wird unendlich groß angenommen.
- Im Zeitablauf werden konstante, von der Losgröße unabhängige variable Produktionskosten unterstellt.

3.2.5.4.1 Das Grundmodell nach Harris/Andler

Bei der Bestimmung der optimalen Lösung wirken zwei gegenläufige Kostenfunktionen, die in Abb. 3-10 dargestellt sind. Mit zunehmender Losgröße x steigen die Lagerkosten K_l, während die Rüstkosten K_r sinken. Zu ermitteln ist die Losgröße, die unter Berücksichtigung dieser beiden Kostenbestandteile die niedrigsten Gesamtkosten K_g verursacht:

$$K_g = K_v + K_r + K_l \rightarrow \text{Min.!} \tag{3.12}$$

Die gesamten variablen Produktionskosten der Betrachtungsperiode werden berechnet aus

$$K_v = k_v \cdot B\,. \tag{3.13}$$

Sie können allerdings zur Ermittlung der optimalen Losgröße vernachlässigt werden, da sie wegen o. g. Prämissen einen zur x-Achse parallelen Verlauf aufweisen und somit keinen Einfluss auf die Lage des Optimums x_{opt} haben.

Die gesamten Lagerkosten der Betrachtungsperiode ergeben sich aus

$$K_l = \frac{x}{2} \cdot k_l \tag{3.14}$$

und die gesamten Rüstkosten aus

$$K_r = \frac{B}{x} \cdot k_r. \tag{3.15}$$

k_v variable Produktionskosten je Stück bzw. ME
k_l Lagerkosten je Stück bzw. ME und Periode
k_r Rüstkosten je Losauflage
B Gesamtbedarf der Periode
x Losgröße

Die Kostenfunktion K_g wird nach der Entscheidungsgröße x differenziert und $K_g'(x)$ gleich 0 gesetzt (notwendige Bedingung zur Ermittlung eines Optimums) sowie nach x aufgelöst. Da $K_g''(x_{opt})$ größer ist als 0 (hinreichende Bedingung für ein Minimum), liegt die ermittelte Losgröße x_{opt} im Minimum der Gesamtkostenfunktion. Die abgeleitete Gleichung ist die so genannte Andlersche Losgrößenformel:

$$x_{opt} = \sqrt{\frac{2 \cdot B \cdot k_r}{k_l}}. \tag{3.16}$$

Graphisch kann die optimale Losgröße als Schnittpunkt von Rüst- und Lagerkosten bestimmt werden (siehe Abb. 3-10). In diesem Punkt entspricht der marginale Zuwachs der Lagerkosten gerade der marginalen Abnahme der Rüstkosten, d. h. Grenzlagerkosten $K_l'(x)$ und Grenzrüstkosten $K_r'(x)$ sind gleich groß.

3.2.5.4.2 Erweiterung des Grundmodells für endliche Produktionsgeschwindigkeit

In diesem Modell wird die realitätsferne Annahme einer unendlichen Produktionsgeschwindigkeit aufgegeben. Dazu müssen neben den im Grundmodell angeführten Größen die Variablen *Produktionsrate* σ (Lagerzugang)

$$\sigma = \frac{x}{t_1} \tag{3.17}$$

und *Verbrauchsrate* ψ (Lagerabgang) eingeführt werden:

$$\psi = \frac{x}{t_2}. \tag{3.18}$$

Unter der Bedingung $t_1 < t_2$ mit

t_1 Zeit für die Produktion der Losgröße x und
t_2 Zeit für den Verbrauch der Losgröße x

sowie konstantem Lagerzu- und -abgang ergeben sich die in Abb. 3-11 als Ursprungsgeraden gezeichneten Zu- und Abgangsverläufe.

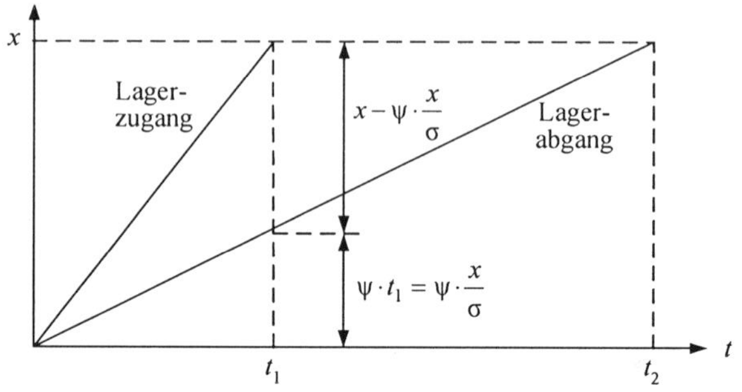

Abb. 3-11: Ableitung des Korrekturfaktors anhand der zeitabhängigen Bestandsentwicklung bei endlicher Produktionsgeschwindigkeit

Anhand Abb. 3-11 und Abb. 3-12 lässt sich leicht nachvollziehen, dass der maximale Lagerbestand gegenüber dem Grundmodell um den in der Produktionsdauer t_1 bereits angefallenen Verbrauch des Loses x, d. h. um

$$\psi \cdot t_1 = \psi \cdot \frac{x}{\sigma} \tag{3.19}$$

reduziert ist. Der sich maximal einstellende Lagerbestand $x_{l_{max}}$ beträgt somit nur noch

$$x_{l_{max}} = x - \psi \cdot t_1 = x - x \cdot \frac{\psi}{\sigma} = x \cdot \left(1 - \frac{\psi}{\sigma}\right). \tag{3.20}$$

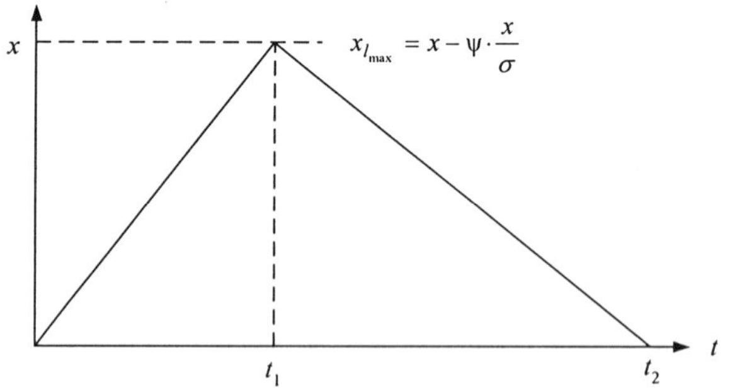

Abb. 3-12: Entwicklung des effektiven Lagerbestandes bei endlicher Produktionsgeschwindigkeit

Wenn bei der Ableitung der optimalen Losgröße in Abschnitt 3.2.5.4.1 dem Term für die Lagerkosten aus Gleichung (3.14) der maximale Lagerbestand $x_{l_{max}}$ zugrunde gelegt wird, ergibt sich für die optimale Losgröße folgende Beziehung:

$$x_{opt} = \sqrt{\frac{2 \cdot B \cdot k_r}{k_l \cdot \left(1 - \frac{\Psi}{\sigma}\right)}} . \tag{3.21}$$

3.2.5.5 Dynamische Verfahren der Losgrößenberechnung

Das Prinzip der Kostenminimierung bei gegenläufigen Kostenfunktionen ist auch Grundlage der dynamischen Verfahren, die allerdings die im Planungszeitraum ggf. variierenden (Teil-)Periodenbedarfe berücksichtigen.

Für die dynamische Losgrößenoptimierung sind eine Vielzahl verschiedener Modellansätze entwickelt worden. Im Folgenden wird das Grundmodell der dynamischen Losgrößenoptimierung erläutert, auf dem zahlreiche exakte und heuristische Lösungsverfahren basieren und deren Prämissen sich folgendermaßen charakterisieren lassen (vgl. Hoitsch 1993, S. 398):

- Der gesamte Planungszeitraum wird in T Perioden unterteilt.
- Die Bedarfe der einzelnen Perioden werden zwar als variabel angenommen, sind jedoch für den gesamten Planungszeitraum bekannt.
- Bei dem betrachteten Grundmodell handelt es sich um ein einstufiges Einproduktmodell.
- Im Falle einer Losauflage wird eine gegebene Rüstkostengröße berücksichtigt.
- Die Lagerkosten für Mengeneinheiten, die nicht in der Periode der Losauflage verbraucht werden, sind proportional zur Lagerdauer zu berechnen.
- Fehlmengen sind unzulässig.
- Variable Produktionskosten werden nicht berücksichtigt.
- Es werden keine Kapazitätsbeschränkungen im Produktions- und Lagerbereich angenommen.
- Die Losauflage ebenso wie die Entnahme des Periodenbedarfs erfolgen stets zu Beginn einer Periode.

Für jede Teilperiode ist die Entscheidung zu treffen, ob und in welcher Höhe eine Losauflage erfolgen soll. Dabei entspricht die Höhe der Losauflage immer dem Periodenbedarf bzw. einer Bündelung mehrerer Periodenbedarfe.

In den folgenden Abschnitten werden einige ausgewählte Lösungsverfahren für das Grundmodell vorgestellt.

3.2.5.5.1 Exaktes Verfahren nach Wagner/Whitin

Das Ziel des Rekursionsverfahrens nach Wagner/Whitin, das auf dem Prinzip der dynamischen Optimierung basiert, besteht in der Ermittlung einer kostenminimalen Bestell- bzw. Losauflagenpolitik für einen festen Zeitraum ($t_1 ... T$). Die Kosten alternativer Losauflagen können entsprechend der nachstehenden Rekursionsbeziehung ermittelt werden (vgl. Hoitsch 1993, S. 398 ff.):

$$K_t = \text{Min.}\left\{ \underset{1 \le j < t}{\text{Min.}} \left[k_r + k_l \cdot \sum_{i=j+1}^{t} b_i(i-j) + K_{j-1} \right]; k_r + K_{t-1} \right\} \forall t; \tag{3.22}$$

mit $t_0 < t \le T$.

t aktuelle Periode
T letzte Periode des Planungszeitraumes
j Periode der letzten Losauflage
i laufender Zählindex für die Perioden
K_t Optimum der Gesamtkosten der Losauflagen bis Periode t
k_r Rüstkosten je Losauflage
k_l Lagerkosten je Stück und Periode
b_t Bedarf der Periode t

Die Berechnung beginnt mit Periode 1 und wird sukzessive für alle weiteren Perioden bis zur Periode T durchgeführt.

Ein Los, das den Bedarf einer aktuell betrachteten Periode t deckt, kann

(1) in einer davor liegenden Periode j produziert werden, was durch den Term in den eckigen Klammern ausgedrückt wird, oder

(2) in der Periode t selbst produziert werden, was durch den zweiten Term innerhalb der geschweiften Klammer zum Ausdruck kommt.

Erfolgt die Losauflage gemäß (1) in einer Vorperiode j mit $1 \le j < t$, so entstehen für die vor der Periode j liegenden Perioden von 1 bis $j - 1$ Kosten in der Höhe K_{j-1}. Zusätzlich fallen für die Periode j Rüstkosten k_r sowie für die Perioden $j + 1$ bis t, deren Bedarfe zu einem Los gebündelt werden, Lagerkosten im Umfang

$$K_l = k_l \sum_{i=j+1}^{t} b_i(i-j) \tag{3.23}$$

an. Dabei hängen die Lagerkosten von der gelagerten Bedarfsmenge b_i, den Lagerdauern $i-j$ und den Stücklagerkosten k_l ab.

Wird das Los gemäß (2) in der betrachteten Periode t produziert, fallen zusätzlich zu den Kosten K_{t-1} für die optimale(n) Losauflage(n) zur Bedarfsdeckung der Vorperioden 1 bis $t-1$ lediglich Rüstkosten in der Höhe k_r an. Bei jeder Erhöhung des Zählers für t um 1 ist erneut die Entscheidung zur Losauflage nach den Fällen (1) oder (2) zu treffen. Im Rahmen der geschilderten Vorgehensweise sind beim Schritt von der Periode $t-1$ zur Betrachtungsperiode t zusätzliche, mögliche (Teil-)Lösungen zu betrachten. So müssen bei einem Optimierungsproblem mit T Teilperioden insgesamt

$$\sum_{i=1}^{T} i = \frac{T \cdot (T+1)}{2} \qquad (3.24)$$

(Teil-)Lösungen evaluiert werden.

Beispiel: Wagner-Whitin-Rekursionsverfahren

Es seien die folgenden Daten gegeben:

$k_r = 5000,-€$

$k_l = 10,-€$

$K_{t_0} = 0,-€$

Bedarfe der Perioden						
T	1	2	3	4	5	6
b_t	200	120	460	440	80	200

Die Kosten in Spalte 3 entstehen, wenn der Bedarf der jeweils aktuellen Periode auch durch Produktion (oder Beschaffung) in dieser Periode t befriedigt wird. Spalte 2 umfasst die Kosten für die unterschiedlichen Möglichkeiten der Losauflage (oder Beschaffung) in den Vorperioden von t für den Fall, dass in der aktuellen Periode t keine Losauflage (oder Beschaffung) erfolgt. Die Periode der letzten Losauflage ist dann j; hier fallen Rüstkosten k_r an sowie Lagerkosten für die Periodenbedarfe $b_{j+1}, \ldots, b_t$.

Je nach Lage des lokalen Minimums erfolgt eine Losauflage in Periode t (Minimum in Spalte 3) bzw. wird der Bedarf der Periode t aus einer Losauflage der Vorperioden gedeckt (Minimum in Spalte 2).

Für das Beispiel ergibt sich die optimale Lösung mit den minimalen Kosten in Spalte 4 und den folgenden Losauflagen:

Berechnung der Losauflagen				
1	2		3	4
	$k_r + k_l \cdot \sum_{i=j+1}^{t} b_i(i-j) + K_{j-1}$		$k_r + K_{t-1}$	K_t Min (2; 3)
K_1	Ausdruck für $t = 1$ nicht definiert		5.000 €	5.000 €
K_2	$j = 1$	6.200 €	10.000 €	6.200 €
K_3	$j = 1$	15.400 €	11.200 €	11.2000 €
	$j = 2$	14.600 €		
K_4	$j = 1$	28.600 €	16.200 €	15.600 €
	$j = 2$	23.400 €		
	$j = 3$	15.600 €		
K_5	$j = 1$	31.800 €	20.600 €	17.000 €
	$j = 2$	25.800 €		
	$j = 3$	17.200 €		
	$j = 4$	17.000 €		
K_6	$j = 1$	41.800 €	22.000 €	21.000 €
	$j = 2$	33.800 €		
	$j = 3$	23.200 €		
	$j = 4$	21.000 €		
	$j = 5$	22.600 €		

Bedarfe, Losauflagen und losauflagenabhängige Gesamtkosten						
T	1	2	3	4	5	6
b_t	200	120	460	440	80	200
Losauf-lagen	320	-	460	720	-	-
K_t	$3 \cdot 5.000\ € + 10\ € (120 + 80 + 2 \cdot 200) = 21.000\ €$					

Obwohl dieser Algorithmus zu einer exakten, d. h. optimalen Lösung führt, findet er in der betrieblichen Praxis bislang wenig Anwendung. Begründet wird dies mit dem hohen Rechenaufwand, insbesondere unter den Bedingungen einer hohen Anzahl von Materialarten (vgl. Kistner/Steven 2001, S. 62 f.), sowie mit der fehlenden Rechnerunterstützung einer in der Praxis üblichen rollierenden Planung (vgl. Hoitsch 1993, S. 401). In jüngster Zeit werden in so genannten Advanced Planning Systems (APS) entsprechende Lösungsalgorithmen angeboten, obwohl sich die bekannten Systeme eher auf die Implementierung der nachfolgend beschriebenen Heuristiken konzentrieren (vgl. Knolmayer/Mertens/Zeier 2000, S. 77).

3.2.5.5.2 Heuristische Verfahren der dynamischen Losgrößenberechnung

(1) Verfahren der gleitenden wirtschaftlichen Losgröße

Bei diesem Verfahren besteht das Ziel in der Minimierung der durchschnittlichen (losabhängigen) Stückkosten (vgl. Hoitsch 1993, S. 403). Ausgehend von der Periode j der letzten Losauflage werden solange deren Bedarfe mit den Bedarfen der folgenden Perioden $t \geq j$ gebündelt, bis die durchschnittlichen Stückkosten für die Losauflage in der aktuellen Periode ein Minimum erreichen. Dies ist der Fall, wenn die Stückkosten einer Losauflage von der Periode j bis zur Periode t geringer sind als bei Hinzunahme eines weiteren Periodenbedarfs b_{t+1}. Das Abbruchkriterium lautet daher

$$K_{j,t} < K_{j,t+1} \,. \tag{3.25}$$

Die Stückkosten in der jeweils aktuellen Periode t lassen sich nach folgender Beziehung ermitteln:

$$K_{j,t} = \frac{k_r + k_l \cdot \sum_{i=j}^{t} b_i(i-j)}{\sum_{i=j}^{t} b_i} \,. \tag{3.26}$$

k_r Rüstkosten je Losauflage
k_l Lagerkosten je Stück und Periode
b_t Bedarf an Erzeugnissen in der Periode t

Wenn das Abbruchkriterium $K_{j,t} < K_{j,t+1}$ für Periode t erfüllt ist, wird der Bedarf für das Intervall $[j;t]$ in Periode j durch Produktion befriedigt. Daraufhin wird der Periodenindex j auf $t + 1$ gesetzt, und es hat, falls der Bedarf dieser Periode größer 0 ist, die Auflage eines neuen Loses zu erfolgen und der Algorithmus startet mit einer neuen Iteration.

Die Qualität der erzielbaren Lösungen ist, wie auch die weitere Berechnung mit den Beispieldaten aus Abschnitt 3.2.5.5.1 zeigt, i. d. R. die schlechteste im Vergleich zu den nachfolgend vorgestellten Verfahren (vgl. Hoitsch 1993, S. 407).

Beispiel: Verfahren der gleitenden wirtschaftlichen Losgröße

Es seien die folgenden Daten gegeben:

$$k_r = 5000,-\text{€}$$
$$k_l = 10,-\text{€}$$
$$K_{l_0} = 0,-\text{€}$$

Bedarfe der Perioden						
T	1	2	3	4	5	6
b_t	200	120	460	440	80	200

Berechnung der Losauflagen			
1	2	3	4
	$K_{j,t} = \dfrac{k_r + k_l \cdot \sum_{i=j}^{t} b_i(i-j)}{t-j+1}$	Wert	$K_{j,t-1} < K_{j,t}$
$K_{1\text{-}1}$	$\dfrac{5000€}{200St}$	25,– €/St	-
$K_{1\text{-}2}$	$\dfrac{5000€ + 10€ \cdot 120}{320St}$	19,37 €/St	nein
$K_{1\text{-}3}$	$\dfrac{5000€ + 10€ \cdot (120 + 2 \cdot 460)}{780St}$	19,74 €/St	ja
$K_{3\text{-}3}$	$\dfrac{5000€}{460St}$	10,87 €/St	-
$K_{3\text{-}4}$	$\dfrac{5000€ + 10€ \cdot 440}{900St}$	10,44 €/St	nein
$K_{3\text{-}5}$	$\dfrac{5000€ + 10€ \cdot (440 + 2 \cdot 80)}{980St}$	11,22 €/St	ja
$K_{5\text{-}5}$	$\dfrac{5000€}{80St}$	62,50 €/St	-
$K_{5\text{-}6}$	$\dfrac{5000€ + 10€ \cdot 200}{280St}$	25,– €/St	nein

Bedarfe, Losauflagen und losauflagenabhängige Gesamtkosten						
T	1	2	3	4	5	6
b_t	200	120	460	440	80	200
Losauf-lagen	320	-	900	-	280	-
K_t	3 · 5.000 € + 10 € (120 + 440 + 200) = 22.600 €					

(2) Stückperiodenverfahren (Part Period Algorithm)

Diese Heuristik geht von dem in Abschnitt 3.2.5.4.1 dargestellten Sachverhalt aus, dass im Optimum, d. h. im Schnittpunkt der beiden Kostenkurven, Lager- und Rüstkosten gleich hoch sind. Stellt man die Kosten für einen einperiodigen Lagerbestand den Rüstkosten gegenüber, so lässt sich die kritische Menge x_k ableiten:

$$K_l = k_r \rightarrow k_l\left[\frac{\text{GE}}{\text{St.} \cdot \text{Per.}}\right] \cdot x_k = k_r[\text{GE}] \rightarrow x_k = \frac{k_r}{k_l}[\text{St.} \cdot \text{Per.}] \,. \tag{3.27}$$

k_r Rüstkosten je Losauflage
k_l Stücklagerkosten
K_l Gesamtlagerkosten
GE Geldeinheiten
St. Stück
Per. Periode

Wie anhand der Dimensionsangaben nachvollziehbar ist, wird die kritische Menge in „Stück · Perioden" bemessen (daher auch die Bezeichnung des Verfahrens). Die kritische Menge x_k drückt folglich aus, welche Menge der über eine gewisse Anzahl von Perioden gelagerten Erzeugniseinheiten einen gleich hohen Kostenbetrag erzeugt wie ein Rüstvorgang. Die kritische Menge ist der so genannten Äquivalenzmenge $x_{\in (j,t)}$ gegenüberzustellen:

$$x_{\in (j,t)} = \sum_{i=j}^{t} b_i(i-j) \,. \tag{3.28}$$

$x_{\in (j,t)}$ Äquivalenzmenge [St. · Per.]
b_i Bedarf der Periode i

Ausgehend von der Periode j der Losauflage wird solange deren Bedarf mit den Bedarfen der folgenden Perioden $t \geq j$ gebündelt, bis die Äquivalenzmenge die kritische Menge übersteigt. Das Abbruchkriterium lautet

$$x_{\in (j,t)} > x_k \,. \tag{3.29}$$

Wird das Abbruchkriterium in Periode t erreicht, wird der Bedarf für das Intervall $[j;t-1]$ in der Periode j hergestellt und der Periodenindex j wird t gesetzt. In dieser Periode ist ein neues Los aufzulegen, falls der Bedarf größer 0 ist. Der Algorithmus startet dann eine erneute Iteration.

Dieses sowie das dem Stückperiodenverfahren ähnliche Kostenausgleichsverfahren (vgl. Hoitsch 1993, S. 403 ff.) führen zu Lösungen mittlerer Güte, die zwar i. d. R. besser als die Lösungen nach dem Verfahren der gleitenden wirtschaftlichen Losgröße sind, aber meist hinter der Lösungsgüte der im Folgenden beschriebenen Verfahren nach Silver/Meal und Groff zurückstehen (vgl. Hoitsch 1993, S. 407).

(3) Heuristik nach Silver/Meal

Ziel dieser Heuristik ist es, die durchschnittlichen (losabhängigen) Periodenkosten zu minimieren. Dazu wird, von der Periode j der letzten Losauflage ausgehend, solange deren Bedarf mit den Bedarfen der folgenden Perioden $t \geq j$ zusammengefasst, bis die durchschnittlichen Periodenkosten einer Losauflage ein Minimum erreichen. Das entsprechende Abbruchkriterium ist erreicht, wenn die Kosten einer Losauflage mit der Reichweite von Periode j bis zur aktuellen Periode t geringer sind als bei Hinzunahme eines weiteren Periodenbedarfs b_{t+1}, was als „Durchschreitung" des Minimums interpretiert werden kann:

$$K_{j,t} < K_{j,t+1} \, . \tag{3.30}$$

Die Berechnungsformel für die durchschnittlichen Periodenkosten $K_{j,t}$ in der Betrachtungsperiode t lautet dann

$$K_{j,t} = \frac{k_r + k_l \cdot \sum_{i=j}^{t} b_i(i-j)}{t-j+1} \, . \tag{3.31}$$

k_r Rüstkosten je Losauflage
k_l Lagerkosten je Stück und Periode
b_t Bedarf an Erzeugnissen in der Periode t

Bei Erreichen des Abbruchkriteriums (3.30) in Periode t wird in Periode j der Bedarf für das Intervall $[j, t]$ produziert und der Periodenindex j auf $t+1$ gesetzt. Sofern der Bedarf dieser Periode größer 0 ist, hat eine neue Losauflage zu erfolgen, d. h. der Algorithmus startet von neuem. Das Silver-Meal-Verfahren und das nachfolgend beschriebene Groff-Verfahren erzielen i. d. R. die höchste Lösungsqualität aller hier vorgestellten Verfahren (vgl. Hoitsch 1993, S. 407).

Beispiel: Silver-Meal-Heuristik

Auch für die Berechnung nach dem Silver-Meal-Verfahren werden zum Vergleich die Daten des Beispiels aus Abschnitt 3.2.5.5.1 verwendet.

Es seien die folgenden Daten gegeben:

$k_r = 5000,-$ €

$k_l = 10,-$ €

$K_{t_0} = 0,-$ €

Bedarfe der Perioden						
T	1	2	3	4	5	6
b_t	200	120	460	440	80	200

Berechnung der Losauflagen			
1	2	3	4
	$K_{j,t} = \frac{k_r + k_l \sum_{i=j}^{t} b_i(i-j)}{t-j+1}$	Wert	$K_{j,t-1} < K_{j,t}$
$K_{1\text{-}1}$	5000€	5.000,– €	-
$K_{1\text{-}2}$	$\frac{5000€ + 10€ \cdot 120}{2}$	3.100,– €	nein
$K_{1\text{-}3}$	$\frac{5000€ + 10€ \cdot (120 + 2 \cdot 460)}{2}$	7.700,– €	ja
$K_{3\text{-}3}$	5000€	5.000,– €	-
$K_{3\text{-}4}$	$\frac{5000€ + 10€ \cdot 440}{2}$	4.700,– €	nein
$K_{3\text{-}5}$	$\frac{5000€ + 10€ \cdot (440 + 2 \cdot 80)}{3}$	3.666,67 €	nein
$K_{3\text{-}6}$	$\frac{5000€ + 10€ \cdot (440 + 2 \cdot 80 + 3 \cdot 200)}{4}$	4.250,– €	ja
$K_{6\text{-}6}$	5000€		

Wenn das Abbruchkriterium $K_{j,t-1} < K_{j,t}$ in Periode t erfüllt ist, wird in Periode j der Bedarf für das Intervall $[j;t-1]$ durch Produktion (bzw. Beschaffung) befriedigt. Der Periodenindex von j wird nunmehr auf t gesetzt und sofern der Bedarf dieser Periode größer 0 ist, muss eine neue Losauflage erfolgen. Der Algorithmus startet sodann von neuem. Die Berechnung mit den o. g. Beispieldaten führt zu folgendem Ergebnis:

Bedarfe, Losauflagen und losauflagenabhängige Gesamtkosten						
T	1	2	3	4	5	6
b_t	200	120	460	440	80	200
Losauflagen	320	-	980	-	-	200
K_t	$3 \cdot 5.000$ € + 10 € (120 + 440 + 2 · 80) = 22.200 €					

Die Beispielrechnung zeigt eine weitere Annäherung an das Ergebnis des exakten Verfahrens nach Wagner/Whitin. Die Ergebnisse der Heuristiken weichen um so mehr von dem Ergebnis des exakten Verfahrens ab, je stärker die Schwankungen der Periodenbedarfe ausfallen. Zu bedenken ist schließlich auch, dass die Prognosegüte für den Bedarf nachlässt, je länger der betrachtete Planzeitraum wird.

(4) Heuristik nach Groff

Die Heuristik nach Groff (vgl. Hoitsch 1993, S. 405 ff. und Domschke/Scholl/Voß 1997, S. 128), häufig auch als Grenzkostenverfahren bezeichnet, geht von der Überlegung aus, dass bei der optimalen Losgröße die Grenzrüstkosten den Grenzlagerkosten entsprechen. Betrachtet man eine Losgröße, welche die Bedarfe von der Periode j bis zur Periode $j + \tau - 1$ zusammenfasst, so beläuft sich bei zusätzlicher Einbeziehung des Bedarfs der Periode $j + \tau$ in das gegebene Los die marginale Verringerung der durchschnittlichen periodenbezogenen Rüstkosten auf

$$\Delta\bar{k}_{r,\tau} = \frac{k_r}{\tau} - \frac{k_r}{\tau + 1} = \frac{k_r}{\tau \cdot (\tau + 1)} . \tag{3.32}$$

Gleichzeitig beträgt die approximative marginale Steigerung der durchschnittlichen periodenbezogenen Lagerkosten

$$\Delta\bar{k}_{l,\tau} = \frac{b_{j+\tau}}{2} \cdot k_l . \tag{3.33}$$

$\Delta\bar{k}_{r,\tau}$ marginale Änderung der durchschnittlichen periodenbezogenen Rüstkosten bei Hinzunahme des Bedarfes der Periode $j + \tau$

$\Delta\bar{k}_{l,\tau}$ marginale Änderung der durchschnittlichen periodenbezogenen Lagerkosten bei Hinzunahme des Bedarfes der Periode $j + \tau$

k_r Rüstkosten je Losauflage

k_l Stücklagerkosten

$b_{j+\tau}$ Bedarf der Periode $j + \tau$

Man geht wiederum von der Periode j der letzten Losauflage aus und bündelt deren Bedarf mit den Bedarfen der folgenden Perioden $j + \tau$ mit $\tau \in \{0, 1, \ldots, n\}$ solange, bis die marginale Änderung der durchschnittlichen periodenbezogenen Lagerkosten die marginale Änderung der durchschnittlichen periodenbezogenen Rüstkosten übersteigt:

$$\Delta\bar{k}_{r,\tau} < \Delta\bar{k}_{l,\tau} \rightarrow \frac{k_r}{\tau \cdot (\tau + 1)} < \frac{b_{j+\tau}}{2} \cdot k_l \rightarrow \frac{2 \cdot k_r}{k_l} < b_{j+\tau} \cdot \tau \cdot (\tau + 1)\,. \tag{3.34}$$

Setzt man

$$\omega = \frac{2 \cdot k_r}{k_l} \tag{3.35}$$

und

$$y_{j+\tau} = b_{j+\tau} \cdot \tau \cdot (\tau + 1)\,, \tag{3.36}$$

so lässt sich folgendes Abbruchkriterium formulieren:

$$\omega < y_{j+\tau}\,. \tag{3.37}$$

Wird es in Periode $j + \tau$ erreicht, so wird der Bedarf für das Intervall $[j;j + \tau - 1]$ in der Periode j hergestellt, der Periodenindex j wird auf $j + \tau$ gesetzt, und bei einem Bedarf größer 0 ist in dieser Periode ein neues Los aufzulegen. Der Algorithmus startet dann eine erneute Iteration. Das Groff-Verfahren und das im vorigen Abschnitt beschriebene Silver-Meal-Verfahren erzielen i. d. R. die höchste Lösungsqualität aller hier vorgestellten heuristischen Verfahren (vgl. Hoitsch 1993, S.407).

3.2.5.6 Kritische Betrachtung der Modelle zur Losgrößenberechnung und weiterführende Problemstellungen

Die Prämissen aller in Abschnitt 3.2.5 vorgestellten Losgrößenmodelle abstrahieren mehr oder weniger von den realen Produktionsbedingungen. Im Folgenden soll deshalb auf einige mit den Modellen verknüpfte Probleme und die sich daraus ergebenden Konsequenzen für die Anwendung in der Praxis eingegangen werden. Darüber hinaus wird kurz auf komplexere Modelle mit realistischeren Prämissen verwiesen, bevor eine Diskussion der Bedeutung des Losgrößenproblems unter den Bedingungen einer modernen Produktion erfolgt.

3.2.5.6.1 Kritik der statischen und dynamischen Modellansätze zur Losgrößenberechnung

Ein Hauptproblem der vorgestellten statischen Modelle liegt in der Annahme eines gleich bleibenden, kontinuierlichen Bedarfs begründet. Ein derartiger Bedarfsverlauf ist meist nur bei solchen Komponenten (Baugruppen, Einzelteilen) festzustellen, die in sehr viele übergeordnete Produkte eingehen (vgl. Tempelmeier 2003, S. 138). Für B- und C-Güter bietet es sich dann an, eine Entkopplung des Fertigungsprozesses durch ein Zwischenlager vorzunehmen, um die betreffenden Komponenten verbrauchsorientiert auf Basis einer heuristischen Lagerhaltungspolitik zu disponieren. Unter der Bedingung konstanter Produktionsmengen (*t,x*- bzw. *s,x*-Politik) kann dann auf ein statisches Losgrößenmodell zurückgegriffen werden (vgl. Schlüter/Schneider 2000, S. 246).

In zahlreichen weiteren einstufigen Einproduktmodellen werden Erweiterungen des statischen Grundmodells um die Aspekte sprungfixer Lagerkosten, veränderlicher variabler Produktionskosten, nichtlinearer Bedarfsverläufe, Lerneffekte sowie statischer Ansätze zur Losgrößenrechnung und -optimierung bei ein- und mehrstufiger Mehrproduktproduktion mit beschränkten Kapazitäten entwickelt (vgl. Domschke/Scholl/Voß 1997, S. 83 ff.).

Dynamische Modelle geben die Prämisse konstanter Bedarfsmengen der statischen Modelle auf. Dynamische Modelle sind insbesondere für den Einsatz im Rahmen der Mengenplanung von programmorientiert disponierten Erzeugnissen geeignet. Bei Anwendung der MRP-Logik (siehe Abschnitt 4.4.1) werden in den einzelnen Teilperioden des Planungszeitraumes auf den verschiedenen Produktionsstufen in der Regel variable Nettobedarfe ausgewiesen, die als Input für ein dynamisches Modell verwendet werden können.

Bei dem in Abschnitt 3.2.5.5 vorgestellten dynamischen Grundmodell handelt es sich um ein einstufiges Einproduktmodell ohne Kapazitätsbeschränkungen. Mehrstufige Erzeugnisstrukturen, bei denen die Bedarfe der einzelnen Produkte voneinander abhängig sind, d. h. die Vorprodukte rechtzeitig zum Produktionsbeginn eines übergeordneten Erzeugnisses zur Verfügung stehen müssen, bleiben unberücksichtigt. Auch werden Interdependenzen vernachlässigt, die sich aus der gemeinsamen Nutzung knapper Ressourcen (z. B. Maschinen und Arbeitsplätze) durch mehrere Produkte ergeben. Kapazitive Restriktionen können dazu zwingen, von einer kostenminimalen aber kapazitätsmäßig nicht realisierbaren Losauflagepolitik abzuweichen (vgl. Tempelmeier 2003, S. 137).

3.2.5.6.2 Ansätze für eine Losgrößenberechnung bei mehrstufiger Mehrproduktproduktion

Zur Bestimmung der optimalen Losgröße bei mehrstufiger Mehrproduktproduktion mit variablen Periodenbedarfen lassen sich folgende sinnvolle Vorgehensweisen unterscheiden (vgl. Hoitsch 1993, S. 407 ff.):

- Sukzessive Zerlegung in mehrere einstufige und einteilige Losgrößenprobleme;
- Harmonisierung der Losgrößen auf den einzelnen Fertigungsstufen;
- Anwendung eines komplexen Modells.

Sukzessive Zerlegung in mehrere einstufige und einteilige Losgrößenprobleme

Der Ablauf dieser in der industriellen Praxis weit verbreiteten und in vielen PPS-Systemen implementierten Vorgehensweise lässt sich folgendermaßen skizzieren:

(1) Ermittlung der Nettobedarfe der obersten Erzeugnisebene (Endprodukte);

(2) Zusammenfassung der periodenbezogenen Nettobedarfe unter Zugrundelegung eines dynamischen Berechnungsmodells zu Losen;

(3) Ermittlung der Nettobedarfe der direkten Vorprodukte unter Berücksichtigung der Ergebnisse von (2), der Vorlaufzeit, der Produktionskoeffizienten und der Vorprodukt-Lagerbestände;

(4) Start einer erneuten Iteration mit (2) unter Zugrundelegung der Ergebnisse von (3), falls die unterste Erzeugnisebene noch nicht erreicht ist;

(5) manueller Kapazitätsabgleich.

Dabei erweist sich insbesondere der letzte Teilschritt als schwierig, so dass die mit diesem Verfahren erzielbare Lösungsqualität im Wesentlichen von der Erfahrung und Intuition des Planers abhängt. Auch garantiert die Summe der lokalen Optima der einstufigen Teilprobleme kein Gesamtoptimum über alle Produktionsstufen hinweg. Trotzdem ist diese Vorgehensweise einer Auflage der Periodenbedarfe ohne Losgrößenbildung vorzuziehen.

Harmonisierung der Losgrößen auf den einzelnen Fertigungsstufen

Bei dieser leicht in die Praxis umsetzbaren Vorgehensweise werden auf jeder Produktionsstufe „optimale“ Losgrößen nach einem der oben beschriebenen statischen Verfahren auf Basis der prognostizierten Gesamtbedarfe ermittelt. Daraufhin werden die Zwischenproduktlosgrößen auf ein ganzzahliges Vielfaches der Endproduktlosgrößen gebracht, wobei es wegen des geringeren Anstiegs der Gesamtkostenfunktion rechts vom Optimum zweckmäßiger ist, die jeweilige Losgröße erforderlichenfalls zu erhöhen statt zu verringern (vgl. Abb. 3-10). Die Transportlosgrößen sind gegebenenfalls als ganzzahlige Bruchteile der Produktionslosgrößen zu bestimmen und die Behältergrößen entsprechend anzupassen. Die Harmonisierung der Losgrößen führt tendenziell zu einer Verstetigung des Produktionsablaufes und des Materialflusses und garantiert zumindest eine rudimentäre Berücksichtigung des Losgrößenaspekts bei mehrstufiger Fertigung.

Anwendung komplexerer Modelle

Es ist eine Vielzahl von Modellen vorgeschlagen worden, die eine oder mehrere der unrealistischen Prämissen des Grundmodells durch zusätzliche Nebenbedingungen auflösen (vgl. Domschke/Scholl/Voß 1997, S. 152 ff. sowie Tempelmeier 2003, S. 206 ff.). So sind inzwischen auch mehrstufige Mehrproduktmodelle bekannt, die es erlauben, beschränkte Kapazitäten zu berücksichtigen. Durch die große Anzahl von Randbedingungen in derartigen Modellen sind diese Heuristiken jedoch lediglich bei relativ kleinen Problemdimensionen mit wenigen Teilperioden, Produkten und Kapazitätseinheiten imstande, eine realisierbare Losauflagepolitik in angemessener Zeit zu ermitteln. Für Probleme praktischer Größenordnung sind diese Modelle und Verfahren daher nur in Ausnahmefällen einsetzbar, weshalb an dieser Stelle nicht näher auf sie eingegangen wird.

3.2.5.6.3 Bedeutung des Losgrößenproblems unter den Bedingungen einer modernen Produktion

Alle bisherigen Betrachtungen gingen von der Annahme gegebener Rüstzeiten und -kosten aus. Sind die Rüstzeiten relativ lang, so lohnt es sich zu überlegen, ob durch den Einsatz neuer Technologien die Höhe der Rüstkosten verringert werden kann (vgl. Adam 1998, S. 491), was nach Gleichung (3.16) zu kleineren optimalen Losgrößen führt. Dies kann beispielsweise durch Einsatz automatisierter Produktionsanlagen, flexibler Fertigungssysteme und Bearbeitungszentren, bei denen automatisch wechselbare Werkzeugsätze einen sekundenschnellen Werkzeugwechsel ermöglichen, geschehen. Rüstvorgänge werden dann an Einrichtplätzen hauptzeitparallel, d. h. ohne Unterbrechung des Produktionsvorganges, vorgenommen und die zu bearbeitenden Werkstücke außerhalb der Produktionsanlagen bereits auf Werkstückträgern ausgerichtet, die gleichfalls in raschem Wechsel eingerückt werden können. Auf diese Weise nähert sich, unter entsprechenden Bedingungen, die Praxis der vielfach propagierten „Losgröße 1".

3.3 Termin- und Kapazitätsplanung

3.3.1 Aufgaben und Ziele der Termin- und Kapazitätsplanung

Die *Termin- und Kapazitätsplanung*, einer der sensibelsten Bereiche der Produktionsplanung und -steuerung, hat die Aufgabe der zeitlichen Koordination der Produktionsabläufe. Sie bestimmt die terminliche Lage der einzelnen Fertigungsaufträge zueinander und plant die für die Bearbeitung dieser Fertigungsaufträge notwendigen Kapazitäten und deren zeitliche Beanspruchung. Diese Aufgabe wird mit Methoden der *Durchlaufterminierung* (Vorwärts-, Rückwärts- und Mittelpunkts- bzw. Engpassterminierung) unter Anwendung grundlegender Prinzipien der Netzplantechnik realisiert. Mit der auf die Durchlaufterminierung folgenden *Kapazitätsterminierung* wird zugleich eine zeitliche Abstimmung zwischen den Produktionsaufträgen, die meist um die nur begrenzt verfügbaren Kapazitäten konkurrieren, vorgenommen. Ziel der Planung ist ein (erster) zulässiger Gesamtproduktionsplan für die betreffende Planungsperiode.

Durchlaufterminierung und Kapazitätsterminierung werden in konventionellen PPS-Systemen in der Regel in sukzessiver Abfolge durchgeführt. Dieses Vorgehen berücksichtigt jedoch nicht die Abhängigkeiten zwischen Kapazitätsbelastung auf der einen und deren Auswirkung auf die Durchlaufzeiten der Aufträge auf der anderen Seite, so dass die Ergebnisse einer so durchgeführten Termin- und Kapazitätsplanung lediglich als Richtwerte dienen können, die im Rahmen der Produktionsdurchführungsplanung und Fertigungssteuerung zu detaillieren sind.

3.3.2 Durchlaufterminierung

Aufgabe der *Durchlaufterminierung* ist es, die durch die technologischen Bedingungen vorgegebene Arbeitsgangfolge der im Rahmen der Mengenplanung festgelegten Fertigungsaufträge in eine terminliche Abfolge zu transformieren.

Dazu werden durch Vorwärts- bzw. Rückwärtsterminierung unter Berücksichtigung von Betriebskalender und Schichtplan die Start- und Endtermine für die einzelnen Arbeitsgänge aller Fertigungsaufträge auf den verschiedenen Arbeitsplätzen bzw. Arbeitsplatzgruppen (Arbeitsstationen) festgelegt (vgl. Glaser/Geiger/Rohde 1992, S. 141; Schlüter/Schneider 2000, S. 252).

An diesen Terminen orientieren sich auch die notwendigen Bereitstellungsvorgänge für Materialien, Werkzeuge, Arbeitskräfte und Betriebsmittel (vgl. Adam 1998, S. 601).

3.3.2.1 Komponenten der (Fertigungsauftrags-)Durchlaufzeit

Die Basis für die Ermittlung der *Durchlaufzeit eines Auftrages* bilden die errechneten bzw. geschätzten Durchlaufzeiten der durchzuführenden Arbeitsgänge an den einzelnen Arbeitsstationen, deren Bestandteile im Folgenden erläutert werden.

Bei der Ermittlung der *Auftragsdurchlaufzeit*, die als

> Zeitspanne zwischen dem Auslösen eines Fertigungsauftrages und der Übergabe des betreffenden Erzeugnisses an die nächste Bearbeitungsstufe bzw. an ein Lager

definiert werden kann, sind die in Abb. 3-13 chronologisch dargestellten Zeitbestandteile je Arbeitsstation zu berücksichtigen.

Die *Bearbeitungszeit* sowie die *Rüstzeit* ergeben (ggf. zusammen mit der *Kontrollzeit*) die *Belegungszeit einer Arbeitsstation.*

Die *Übergangszeit* setzt sich aus der *Vor- und Nachliegezeit* (organisatorisch bedingte Wartezeit vor und nach der Bearbeitung), der Reifezeit (technologisch bedingte Wartezeit, z. B. für das Trocknen oder Aushärten bestimmter Materialien oder Verbindungen) sowie der *Transportzeit* zwischen zwei aufeinanderfolgenden Arbeitsstationen zusammen.

Aus der Belegungszeit und der Übergangszeit kann die Durchlaufzeit eines Arbeitsganges (bzw. der Arbeitsgänge an einer Arbeitsstation) berechnet werden. Die Summe der Durchlaufzeiten über alle Arbeitsstationen eines Auftrages ergibt die Auftragsdurchlaufzeit.

Die Eingangsdaten für die Durchlaufterminierung können den betrieblichen Primärdokumenten zur Beschreibung der Produkte und Produktionsprozesse entnommen werden. Dies sind die in Abschnitt 3.2.3.1.1 beschriebenen Produktstrukturdarstellungen (z. B. Strukturstücklisten oder Gozintographen) sowie *Arbeitspläne*, *Arbeitsplatz-* und *Maschinenstammdaten.* Die Kombination dieser Informationen kann als *impliziter Netzplan* zur Beschreibung des Herstellungsprozesses interpretiert werden. Mittels der Durchlaufterminierung werden die für die Bearbeitung im Arbeitsplan bzw. in einem terminneutralen *Fristenplan* angegebenen Zeiten in konkrete Bearbeitungszeitpunkte umgewandelt (vgl. Schlüter/Schneider 2000, S. 252).

Ein kalenderneutraler Fristenplan, der sich dann allerdings nur auf eine Standardlosgröße bezieht, ermöglicht eine Vereinfachung des Planungsprozesses, da er alle o. g. Informationen zusammenführt und für jedes Produkt bei unveränderter Technologie nur einmalig erstellt werden muss.

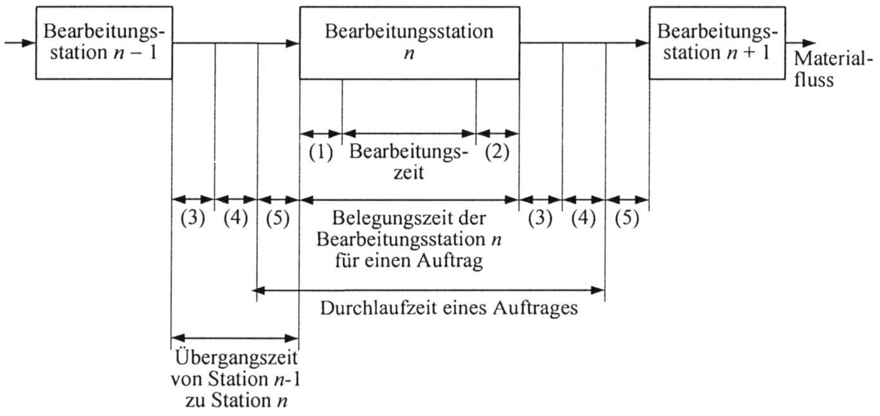

(1) Rüstzeit (ggf. hauptzeitparallel, d. h. ohne Einfluss auf die Durchlaufzeit)
(2) Kontrollzeit (ggf. hauptzeitparallel, d. h. ohne Einfluss auf die Durchlaufzeit)
(3) Liegezeit nach Bearbeitung
(4) Transportzeit
(5) Liegezeit vor Bearbeitung

Abb. 3-13: Zusammensetzung der Auftragsdurchlaufzeit für eine Bearbeitungsstation

3.3.2.2 Verfahren der Durchlaufterminierung

Im Rahmen der Durchlaufterminierung werden die ermittelten bzw. in einem Fristenplan vorgegebenen Durchlaufzeiten auftragsbezogen auf den Betriebskalender übertragen.

Mittels *Vorwärtsterminierung* werden, von einem festgelegten (frühesten) Starttermin der Auftragsbearbeitung ausgehend, die jeweils *frühesten Start- und Endtermine* der einzelnen Arbeitsgänge bestimmt. Ergebnis der Vorwärtsterminierung ist der frühestmögliche Endtermin für die Fertigstellung des Auftrags. Die Differenz zwischen frühestem Endtermin und dem festgelegten Fertigstellungs- bzw. Auslieferungstermin gibt den zeitlichen Puffer bzw. die Terminüberschreitung der Auftragserfüllung an.

Mittels *Rückwärtsterminierung* wird der Fertigstellungstermin des Auftrags mit dem Endtermin des letzten Arbeitsganges innerhalb der Arbeitsgangfolge gleichgesetzt. Durch Rückwärtsrechnung werden die *spätesten Start- und Endtermine* aller Vorgänger-Arbeitsgänge ermittelt und so der späteste Starttermin der Auftragsbearbeitung insgesamt bestimmt. Ein zeitlicher Puffer bzw. ein bereits bestehender Rückstand (d. h. ein in der Vergangenheit liegender spätester Starttermin) ergibt sich aus der Differenz zwischen spätestem Starttermin und dem aktuellen Zeitpunkt.

Die *Mittelpunkts- oder Engpassterminierung* geht von der Festlegung eines Engpassaggregates aus, für das eine möglichst hohe Auslastung angestrebt wird. Nach zeitlicher Fixierung der auf diesem Aggregat durchzuführenden Arbeitsgänge werden die Starttermine aller Aufträge für die dem Engpassaggregat vorgelagerten Fertigungsschritte (*upstream*) mittels Rückwärtsterminierung und die Endtermine aller dem Engpassaggregat folgenden Fertigungsschritte (*downstream*) mittels Vorwärtsterminierung errechnet. Mit der zeitlichen Fixierung des Engpassarbeitsganges eines Auftrages ergibt sich dessen zeitlicher Spielraum (bzw. eine Terminüberschreitung) für die Bearbeitung der Nachfolgearbeitsgänge aus der Differenz zwischen Endtermin der Auftragsbearbeitung und Auftragstermin durch Vorwärtsterminierung und der der Vorgängerarbeitsgänge aus der Differenz zwischen berechnetem Starttermin und aktuellem Zeitpunkt durch Rückwärtsterminierung.

Konventionelle PPS-Systeme gehen bei der Durchlaufterminierung von unbegrenzt zur Verfügung stehenden Kapazitäten aus und berücksichtigen keine Wartezeiten aufgrund belegter Kapazitäten.

Die Komplexität der Durchlaufterminierung ergibt sich durch die hohe Anzahl der gegebenenfalls pro Planungsperiode zu terminierenden Fertigungsaufträge.

Die in jedem mehrstufigen Mehrprodukt-Fertigungssystem durch unterschiedliche Arbeitsgangfolgen und unterschiedliche zeitliche Beanspruchung der einzelnen Arbeitsstationen durch die Fertigungsaufträge verursachten ablaufbedingten Wartezeiten werden deshalb meist in Form von statistisch ermittelten oder geschätzten Durchschnittswerten berücksichtigt, um die Durchlaufterminierung „realistischer" zu gestalten.

3.3.2.3 Maßnahmen zur Reduzierung der Durchlaufzeit

Grundsätzlich lassen sich vier Möglichkeiten zur Reduzierung der Durchlaufzeit unterscheiden (vgl. Glaser/Geiger/Rohde 1992, S. 155 ff. und Kurbel 2003, S. 147 ff.):

- Übergangszeitverringerung,
- Überlappung,
- Splitting und
- Losteilung.

Übergangszeitverringerung

Eine erste zu prüfende Möglichkeit zur Beseitigung eines Terminverzugs in einem Auftragsnetz stellt die Übergangszeitverringerung dar. Die im Rahmen der Durchlaufterminierung verwendeten Übergangszeiten basieren i. d. R. auf statistisch ermittelten oder aus Erfahrung angenommenen Durchschnittswerten. Sie setzen sich im Wesentlichen aus organisatorisch bedingten Vor- und Nachliegezeiten zusammen, die in diskontinuierlichen Produktionsprozessen, wie z. B. in der metallverarbeitenden Industrie, bis zu 90 % der Durchlaufzeit ausmachen können (vgl. u. a. Zäpfel 1982, S. 223; Adam 1998, S. 42). Da Vor- und Nachliegezeiten durch die Feinterminierung beeinflussbar sind, bietet es sich an, die Übergangszeiten für auf dem kritischen Pfad befindliche Arbeitsgänge zu verkürzen. Dies geht jedoch zu Lasten anderer Aufträge, für die dann eine längere Durchlaufzeit in Kauf genommen werden muss. Die Festlegung eines Faktors zur Übergangszeitverkürzung bleibt im Allgemeinen dem Entscheidungsträger überlassen, da es hierfür keine objektiven Regeln gibt (vgl. Kurbel 2003, S. 148).

Überlappung, Splitting und Losteilung

Sind die Möglichkeiten einer Übergangszeitverringerung ausgeschöpft, sollte auf Überlappung, Splitting und Losteilung zurückgegriffen werden (siehe Abb. 3-14).

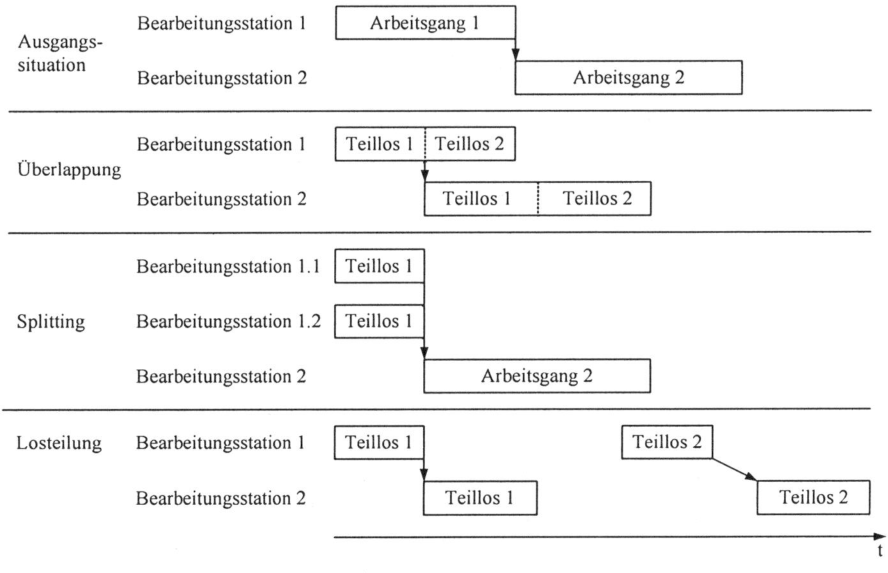

Abb. 3-14: Überlappung, Splitting und Losteilung

Bei *Überlappung* werden von einem bereits in Bearbeitung befindlichen Los (ggf. bereits fertiggestellte) Teillose im Umfang der zu beschleunigenden (Teil-)Auftragsmenge abgespalten, um an die nächste Bearbeitungsstation weitergereicht und sofort bearbeitet zu werden. Diese Maßnahme ist wegen der Aufspaltung eines Loses in mehrere Transportlose mit einem höheren, zur Anzahl der Teillose proportionalen, Transportaufwand verbunden.

Beim *Splitting* wird das betreffende Los in zwei oder mehrere Bearbeitungslose aufgespalten, die parallel zueinander auf unterschiedlichen Aggregaten bearbeitet werden. Voraussetzung ist, dass mehrere gleichartige Betriebsmittel oder Arbeitsplätze zur Verfügung stehen. Allerdings geht damit die durch Losgrößenplanung ermittelte kostenminimale Auftragsgröße verloren. Die Rüstzeiten und -kosten steigen proportional zur Anzahl der Bearbeitungslose an.

Bei *Losteilung* wird von einem gegebenen Fertigungslos ein Teillos abgespalten und bevorzugt behandelt. Das Teillos durchläuft häufig als Eilauftrag den Fertigungsprozess, während das verbleibende Restlos zurückgestellt wird. Auch aus einer Losteilung resultiert folglich eine Erhöhung des Rüstaufwandes.

3.3.3 Kapazitätsterminierung und -abgleich

Nach den Regeln des MRP II-Konzeptes schließt sich an die Durchlaufterminierung die Kapazitätsterminierung an. Bei der Kapazitätsterminierung werden die Belegungszeiten mit ihren Anfangs- und Endterminen in Belastungskonten bzw. Belastungsdiagramme jeder Kapazitätseinheit übertragen, um die kapazitive Inanspruchnahme der Aggregate bzw. Aggregatgruppen zu ermitteln (Abb. 3-15). Je nach durchschnittlicher Auftragsgröße ist dazu die Planperiode geeignet zu dimensionieren (z. B. in Betriebskalendertage, Schichten oder auch nur in Wochen).

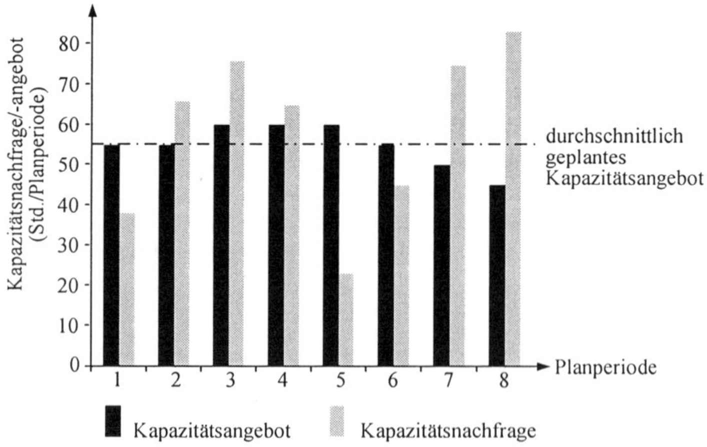

Abb. 3-15: Belastungsdiagramm einer Kapazitätseinheit

Bei Über- und Unterauslastung sind geeignete Anpassungsmaßnahmen zu treffen, die entweder das Kapazitätsangebot mit der Kapazitätsnachfrage oder die Kapazitätsnachfrage mit dem Kapazitätsangebot in Übereinstimmung bringen (siehe dazu u. a. Zäpfel 1982, S. 232 ff.; Much/Nicolai/Schotten 1998, S. 42 f.). Prinzipiell bestehen dazu drei Möglichkeiten: die quantitative, die intensitätsmäßige und die zeitliche Anpassung.

Unter *quantitativer Anpassung* mit unverändertem Faktorbestand wird die mengenmäßige Variation der zur Durchführung eines Arbeitsganges einsetzbaren Betriebsmittel (z. B. durch Zu- bzw. Abschalten von Reservekapazitäten) verstanden, ohne dass neue Betriebsmittel angeschafft oder vorhandene Betriebsmittel ausgesondert werden.

Bei *zeitlicher Anpassung* wird die produktive Arbeitszeit innerhalb der betrachteten Teilperiode, z. B. durch Überstunden oder Kurzarbeit, variiert.

Intensitätsmäßige Anpassung erfolgt durch Veränderung der Produktionsrate der Kapazitätseinheiten, soweit dies technologisch möglich ist.

Die Auswahl der vorzunehmenden Anpassungsart ist abhängig von den gegebenen technischen und organisatorischen Möglichkeiten, sollte jedoch auch unter Beachtung der Konsequenzen für die Produktionskosten vorgenommen werden.

Der Abschluss der Termin- und Kapazitätsplanung bildet zugleich den Übergang von der zentral ausgeführten Produktions(grob-)planung zur dezentralisierten Produktionsdurchführungsplanung und -steuerung. Das an den wirtschaftlichen Zielen des Unternehmens ausgerichtete Produktionsprogramm wurde in terminierte und kapazitiv abgestimmte Fertigungsaufträge aufgelöst. Die Fertigungsaufträge sind nunmehr an die entsprechenden Produktionsabschnitte (Fertigungssegmente) zu übergeben. Deren Aufgabe besteht darin, die durch die Produktionsgrobplanung festgelegten Ecktermine der Auftragsbearbeitung umzusetzen. Dieser Aufgabe dienen die im 4. Kapitel beschriebenen, der spezifischen Struktur der verschiedenen Fertigungssegmente angepassten Methoden und Instrumente zur Produktionsdurchführungsplanung und Fertigungs- bzw. Materialflusssteuerung.

3.3.4 Konzeptionelle Ansätze zur Verbesserung der Termin- und Kapazitätsplanung

Die hier vorgestellten Methoden zur Durchlauf- und Kapazitätsterminierung nach dem MRP II-Konzept haben sich als Praxisstandard etabliert. Sie werden in den meisten kommerziell angebotenen EDV-gestützten Produktionsplanungs- und -steuerungssystemen eingesetzt, obwohl sie mit einer Reihe von konzeptionellen Mängeln behaftet sind. Die sowohl aus praktischer wie auch aus wissenschaftlichtheoretischer Sicht geäußerte Kritik bezieht sich im Wesentlichen auf folgende Aspekte:

- Die in der Durchlaufterminierung verwendeten Standardübergangszeiten stellen, selbst wenn sie auf statistisch ermittelten Durchschnittswerten basieren, eine grobe Vereinfachung der Realität dar. Ihre wesentlichen Bestandteile, die Vor- und Nachliegezeiten, hängen von einer Vielzahl externer Einflüsse (vgl. Tempelmeier 2003, S. 378), von der Zusammensetzung des Produktionsprogramms, von der aktuellen Belastungssituation (vgl. Wiendahl 1987) sowie von der Organisation der Ablauf- und Belegungsplanung ab.

- Für die vorgestellten durchlaufzeitreduzierenden Maßnahmen werden dem Entscheidungsträger keine entscheidungsunterstützenden Methoden angeboten. Daher findet keine an betriebswirtschaftlichen Kriterien orientierte Auswahl statt, obwohl dies wegen der unterschiedlichen Kosten- und Kapazitätswirkungen der Anpassungsmaßnahmen angebracht erscheint.

- Die isolierte Vorgehensweise bei der Durchlaufterminierung, jeden Fertigungsauftrag ohne Betrachtung der gesamten Kapazitätssituation einzuplanen, führt insbesondere bei Werkstattfertigung zu Über- und Unterauslastungssituationen. In der Folge muss das ermittelte Termingerüst in der Kapazitätsterminierung überarbeitet werden, was durch unzureichende Berücksichtigung von Interdependenzen (z. B. der Auswirkungen von Arbeitsgangverschiebungen auf die Bereitstellungsvorgänge) häufig zu Störungen des Auftragsdurchlaufs führt.

Allerdings können auch bereits beim Einsatz der konventionellen Verfahren der Termin- und Kapazitätsplanung eine Reihe konzeptioneller und instrumenteller Mängel der Systeme der Produktionsplanung und -steuerung überwunden werden, wenn die in den folgenden Thesen formulierten Ansätze und Regeln Beachtung finden (vgl. Schlüter/Schneider 2000, S. 254 f.):

(1) Die Durchlaufzeit eines Auftrages ist von der aktuellen Belastungssituation des Produktionssystems abhängig. Die Terminierung des einzelnen Auftrages muss deshalb unter Berücksichtigung der Belastung des Produktionssystems durch alle anderen Aufträge, die innerhalb der betrachteten Planperiode im Ergebnis der Programmplanung freigegeben wurden, erfolgen.

(2) Die aktuelle Belastung des Produktionssystems kann nur berücksichtigt werden, wenn Terminplanung (Durchlaufterminierung) und Kapazitätsplanung simultan ausgeführt werden.

(3) Innerhalb einer zentral durchgeführten Produktionsplanung besteht nicht die Notwendigkeit, das gesamte Produktionssystem bis auf die Ebene einzelner Kapazitätseinheiten abzubilden. Dies schränkt den Entscheidungsspielraum der nachfolgenden Planungsinstanzen unnötig ein und erhöht zudem die Komplexität des anstehenden Planungsproblems.

(4) Die aggregierte Ermittlung der Belastung des Produktionssystems sollte deshalb bereits innerhalb der Programmplanung stattfinden. Dies kann auf Basis von Kapazitätsgruppen, Auftragsklassen und gröberen Planungsrastern erfolgen.

4 Produktionsdurchführungsplanung und Materialflusssteuerung

4.1 Aufgaben und Ziele der Produktionsdurchführungsplanung und der Materialflusssteuerung

Aufgabe der Produktionsdurchführungsplanung und der Materialflusssteuerung ist es, die Vorgaben der (zentralen) Produktionsplanung auf die detaillierte (dezentrale) Planung der Fertigungsbereiche zu übertragen, die *Terminfeinplanung* und die *Maschinenbelegungsplanung*[10] durchzuführen und die Einhaltung dieser Planungsdaten durch eine *Auftragsfortschrittskontrolle* zu gewährleisten. Bei Abweichungen vom geplanten Fertigungsablauf bzw. bei Störungen des Produktionssystems ist im Sinne einer Regelung ein geeignetes *Entstörungsmanagement* einzuleiten.

Der Fertigungsablauf kann durch *Maschinen-* und *Betriebsdatenerfassungssysteme* (*MDE* und *BDE*) überwacht werden. Sie liefern neben den laufenden Daten über Betriebsmittelzustand und -auslastung sowie den für die Kostenrechnung benötigten Informationen auch Hinweise auf Engpässe und Störungen im Produktionssystem, die es gestatten, regelnd in das System einzugreifen.

Die Vielfalt der möglichen Organisationsformen einzelner Fertigungsbereiche (Fertigungssegmente) macht die Beherrschung des Produktionssystems als Ganzes durch eine zentrale Steuerungsinstanz in der Regel unmöglich. Konsequenterweise ist vielmehr ein vernetztes System von Steuerungskomponenten erforderlich, die auf die Lösung der spezifischen Steuerungsaufgaben innerhalb der einzelnen Fertigungssegmente spezialisiert sind.

Zur Beschreibung der Spezifik einzelner Fertigungsbereiche können die in Abschnitt 2.1 zusammengefassten Typisierungsmerkmale, die die Funktionen der Produktionsdurchführungsplanung und der Materialflusssteuerung beeinflussen, auf die Ebene der Fertigungssegmente übertragen werden.

---

[10] Die Maschinenbelegungsplanung wird in diesem Buch nicht explizit behandelt. Da im Folgenden mehrfach einzelne Prioritätsregeln zur Bestimmung der Auftragsfolge zitiert werden, findet sich im Anhang 2 eine Zusammenfassung der bekanntesten Prioritätsregeln.

Als übergeordnetes Ziel der Produktionsplanung und -durchführung ist die Minimierung der Herstellkosten[11] anzusehen, die jedoch im Fertigungsprozess nicht unmittelbar festgestellt werden können. Die relevanten Kosteninformationen müssen entweder a priori ermittelt werden und gehen dann als Daten in Optimalitätsbetrachtungen ein (z. B. in die Losgrößenberechnung, siehe Abschnitt 3.2.5) oder es erfolgt eine Beschränkung auf die im Fertigungsprozess unmittelbar mess- bzw. beobachtbaren Zeit- und Mengengrößen, die direkt oder indirekt auf die Herstellkosten Einfluss nehmen, insbesondere durch

- die Minimierung der Auftragsdurchlaufzeiten,
- die Maximierung der Kapazitätsauslastung und damit des Produktionsausstoßes je Zeiteinheit,
- die Minimierung der Bestände im jeweiligen Fertigungssystem und
- die Minimierung von Abweichungen gegenüber den gesetzten Planterminen.

Die Steuerungskomponenten, oder vielmehr die Konzepte zur Feinplanung des Auftragsdurchlaufs und des Materialflusses, die unter den Bedingungen unterschiedlich strukturierter Fertigungsbereiche geeignet sind, die o. g. Zielstellungen zu unterstützen, sind Gegenstand dieses Kapitels.

4.2 Grundlegende Verfahren der Produktionsdurchführungsplanung und der Materialflusssteuerung

4.2.1 Make to order-Systeme

In einem reinen *Make to order-System* erfolgt die Produktionsfreigabe nach dem Abschluss der Produktentwicklung. Die eigentliche Produktion beginnt mit der Verfügbarkeit der benötigten Rohmaterialien, Einzelteile und Zulieferkomponenten. Da die Kundenaufträge jedoch in zufälliger Reihenfolge eingehen, bilden sich vor Produktionsanlagen begrenzter Kapazität meist Stauungen im Materialfluss. Eine weitere Eigenschaft traditioneller Make to order-Systeme ist, dass Zwischenprodukte häufig schon fertig gestellt sind, bevor sie benötigt werden. Die Folge ist ein vorzeitiger Aufbau hoher unfertiger Bestände.

---

[11] Das sind im Wesentlichen die Kosten für Fertigungsmaterial und -löhne sowie die jeweiligen Gemeinkostenzuschläge (vgl. Schweitzer/Küpper 2003, S. 169).

Höher entwickelte Make to order-Produktionssysteme nutzen den Ansatz der *Netzplantechnik* (siehe z. B. Schwarze 2001), um zu bestimmen, wann die Produktion von Zwischenprodukten oder Komponenten freigegeben werden muss, um den vorzeitigen Aufbau von Zwischenproduktbeständen zu verhindern. Befinden sich jedoch nicht nur einige wenige Aufträge im System, so wird die Vorhersage der Durchlaufzeit für einen einzelnen Vorgang schwierig. Die tatsächlich für die Durchführung eines Bearbeitungsvorganges benötigte Zeit mag recht genau bekannt sein. Dagegen ist die Zeit, während der der Auftrag vor der benötigten Anlage wartet, schwer vorherzusagen. Diese Wartezeit übersteigt die eigentliche Bearbeitungszeit oft bis zum Zehnfachen und bestimmt damit die Auftragsdurchlaufzeit.

Abb. 4-1 zeigt ein Einzellensystem, in dem ankommende Aufträge unverzüglich an die Fertigungszelle[12] freigegeben werden, sofern alle benötigten Materialien vorhanden sind. (Die durchgezogenen Linien entsprechen dem Materialfluss, der Informationsfluss ist durch unterbrochene Linien dargestellt.) Trifft der Informationsfluss in Punkt a auf den Materialfluss, so löst der Informationsfluss (ein Kundenauftrag) die Weitergabe des Materials an die Zelle aus. Die Weitergabe eines Auftrages von Punkt a erfolgt nur, wenn hinreichend Rohmaterial vorhanden ist und ein Kundenauftrag vorliegt. Im Folgenden wird davon ausgegangen, dass stets ausreichend Rohmaterial verfügbar ist. Die Freigabe von Aufträgen an die Zelle erfolgt also unmittelbar mit dem Eingang eines Kundenauftrages.

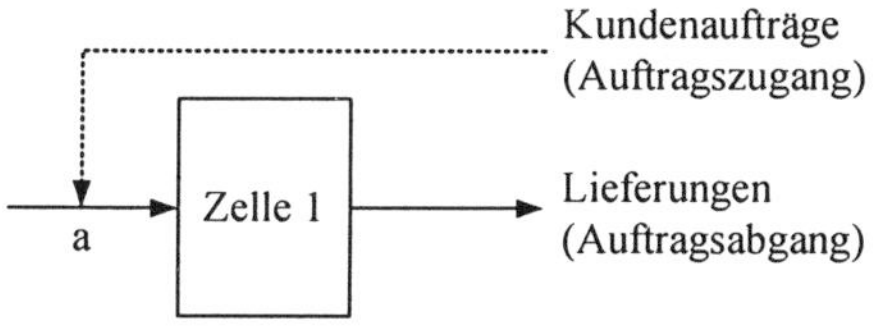

Abb. 4-1: Make to order-System mit einer Fertigungszelle

In einem Make to order-System erfolgt die Auslieferung der Aufträge an Kunden unverzüglich nach Fertigstellung. Es können sowohl die kumulierte Anzahl der erhaltenen als auch der ausgelieferten Aufträge im Zeitintervall $(0,t)$ verfolgt werden, wie Abb. 4-2 zeigt. Der vertikale Abstand zwischen den beiden Kurven repräsentiert die Anzahl der in der Zelle befindlichen Aufträge. Der horizontale Abstand zwischen den beiden Kurven bildet einen Indikator für die Wartezeit der Kunden bis zur Auftragsauslieferung (Auftragsdurchlaufzeit), sofern Kundenaufträge in der gleichen Reihenfolge bedient werden, in denen sie eingegangen sind (*First come first served – FCFS*; siehe Anhang 2).

---

12 Als Zelle eines Fertigungssystems wird ein exakt definiertes Teilsystem bezeichnet, das in der Lage ist, einen genau zu beschreibenden Bearbeitungsvorgang durchzuführen.

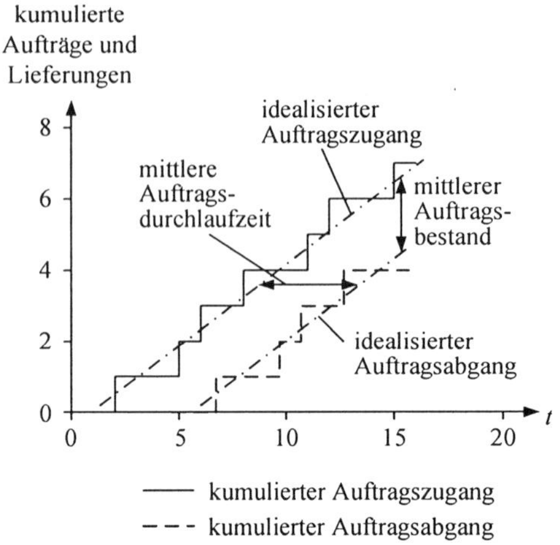

Abb. 4-2: Kumulierter Zu- und Abgang von Aufträgen in einem Make to order-System

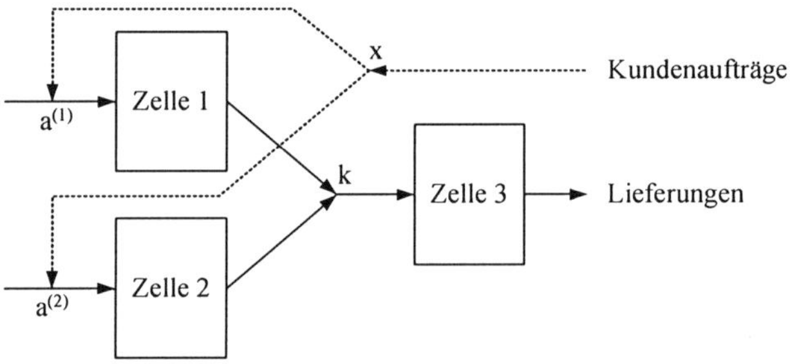

Abb. 4-3: Make to order-System mit drei Fertigungszellen

In einem System mit mehreren Fertigungszellen werden Aufträge an die erste Zelle freigegeben und durchlaufen danach das System. Dies wird in Abb. 4-3 verdeutlicht, wo zwei Zellen eine dritte mit Zwischenprodukten versorgen. In diesem System mit drei Zellen muss für jeden Auftrag jeweils eine Komponente in den Zellen 1 und 2 produziert werden. Sobald beide Komponenten fertig gestellt sind, werden sie in Zelle 3 montiert. Ist die Komponente aus Zelle 1 fertig gestellt, bevor die Komponente aus Zelle 2 vorhanden ist, so muss die erste Komponente auf die zweite warten. Am Punkt x wird die Information über Kundenaufträge dupliziert und unverzüglich an die Zellen 1 und 2 weitergegeben, sofern an den Punkten $a^{(1)}$ und $a^{(2)}$ Rohmaterial verfügbar ist. Die Auftragsfreigaben an die Zellen 1 und 2 sind also identisch, während sich die Freigabe von Aufträgen an Zelle 3 nach der längeren der beiden Bearbeitungszeiten in den Zellen 1 und 2 bestimmt. Bevor die Montage in

Zelle 3 stattfinden kann, müssen demnach die benötigten Teile den Punkt k, an dem die Komponentensätze (*kits*) zusammengestellt werden, verlassen können.

4.2.2 Make to stock-Systeme

4.2.2.1 Grundmodell ohne Freigabebeschränkungen

In einem *Make to stock-System* sollen Kundenaufträge mit Produkten aus dem Lagerbestand beliefert werden. Dazu muss sichergestellt sein, dass das betreffende Lager wieder aufgefüllt wird, sobald ein Kundenauftrag ausgeliefert wurde. Einfache Make to stock-Systeme mit nur einer Fertigungszelle und ohne Beschränkung der Freigabemenge lassen sich durch eine zum Eingang von Kundenaufträgen zeitlich und quantitativ identische Freigabe erneuter, für das Wiederauffüllen des betreffenden Lagers bestimmter Fertigungsaufträge an die Zelle charakterisieren. Die einzelnen Komponenten oder Baugruppen werden vor dem Eingang von Kundenbestellungen gefertigt, um ab Lager liefern zu können. Das Verfahren reduziert zwar die Wartezeit für die Bedienung eines Kundenauftrages, bindet aber gleichzeitig Kapital in Lagerbeständen.

Abb. 4-4 zeigt das Produktionssystem mit einer Fertigungszelle. Informationen über die Kundenaufträge werden der Zelle wie auch dem Lager gleichzeitig bereitgestellt, so dass ein Fertigungsauftrag unverzüglich an die Zelle freigegeben wird, sofern keine Beschränkung der Freigabemenge vorliegt (z. B. eine Mindestlosgröße gefordert ist). Gleichzeitig erfolgt eine Lieferung an den Kunden, falls ausreichend Lagerbestand vorhanden ist. Ein Produkt wird also nur dann von Punkt b aus an den Kunden geliefert, wenn sowohl ein Kundenauftrag als auch Lagerbestand vorhanden sind. Läuft das Lager leer, so bildet sich am Punkt b ein Lieferrückstand (Backlog).

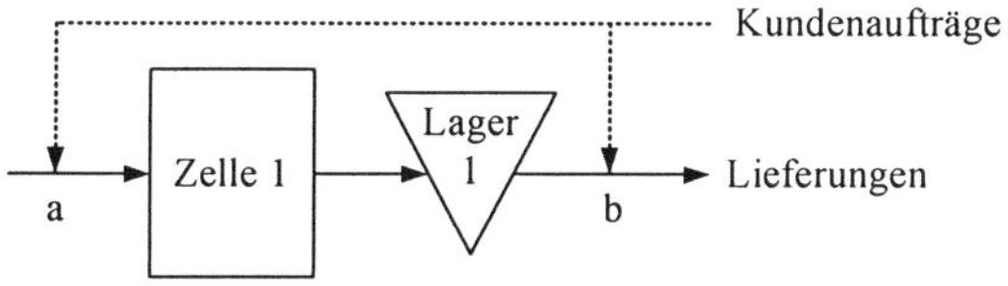

Abb. 4-4: Make to stock-System mit einer Fertigungszelle

4.2.2.2 Make to stock-System mit einer Fertigungszelle

Es seien

- $W^{(1)}(t)$ die Anzahl der in Bearbeitung befindlichen Aufträge in der Zelle zum Zeitpunkt t,
- $Z^{(1)}(t)$ die Anzahl der Aufträge im Lager zum Zeitpunkt t,
- $B^{(1)}(t)$ der Lieferrückstand unbedienter Kundenaufträge im Lager zum Zeitpunkt t und
- $z^{(1)}$ der Sollbestand des Lagers.

Für die folgenden Überlegungen wird für das Lager ein Anfangsbestand von $z^{(1)}$ angenommen. Im Anfangszustand des Systems befinden sich keine Aufträge in Bearbeitung in der Zelle. Bei Eingang eines Kundenauftrages wird ein Fertigungsauftrag an die Zelle freigegeben und ein fertig gestelltes Produkt vom Lager an den Kunden ausgeliefert, sofern Lagerbestand vorhanden ist. Die Gesamtanzahl in Bearbeitung befindlicher Aufträge und der Aufträge im Lager wird folglich konstant bleiben. Sobald das Lager leer ist, führt der Eingang eines Auftrages zur Erhöhung der in Bearbeitung befindlichen Aufträge um 1 und zur Erhöhung des Lieferrückstands um 1. Demzufolge gilt für alle beliebigen Zeitpunkte die folgende Gleichung:

$$W^{(1)}(t) + Z^{(1)}(t) = z^{(1)} + B^{(1)}(t) . \tag{4.1}$$

Da $Z^{(1)}(t)$ und $B^{(1)}(t)$ zu keinem Zeitpunkt gleichzeitig positiv sein können, gilt $Z^{(1)}(t) \times B^{(1)}(t) \equiv 0$ für alle t. Es folgt für eine bekannte Größe $W^{(1)}(t)$

$$\begin{aligned} Z^{(1)}(t) &= \max\{z^{(1)} - W^{(1)}(t), 0\} , \\ B^{(1)}(t) &= \max\{W^{(1)}(t) - z^{(1)}, 0\} . \end{aligned} \tag{4.2}$$

Erlauben die Prozesse des Eingangs von Kundenaufträgen und der Bearbeitung in der Zelle die Bestimmung der Verteilung von $W^{(1)}(t)$, so kann die Leistungsfähigkeit des Make to stock-Systems mit einer Zelle ermittelt werden.

Beispiel

Die Eingänge von Kundenaufträgen entsprechen einem Poisson-Prozess mit dem Parameter λ. Die Zelle bestehe aus einer einzelnen Maschine, die eingehende Aufträge einzeln nacheinander bearbeitet und eine exponentialverteilte Bearbeitungszeit mit dem Parameter μ hat. Es sei $\rho = \lambda \cdot \mu^{-1}$ die Auslastung der Maschine. $W^{(1)}(t)$ weist demzufolge die gleiche Verteilung auf wie die Länge eines *M/M/1*-Warteschlangensystems (vgl. Anhang 1), d. h.

$$P\{W^{(1)} = n\} = \lim_{t \to \infty} P\{W^{(1)}(t) = n\} = (1-\rho)\rho^n . \tag{4.3}$$

Für $u = 1,2,...$ folgt

$$\begin{aligned} P\{B^{(1)} = u\} &= \lim_{t \to \infty} P\{B^{(1)}(t) = u\} = P\{W^{(1)} = u + z^{(1)}\} \\ &= (1-\rho)\rho^{u + z^{(1)}} \end{aligned} \tag{4.4}$$

und für $v = 1,2,...,z^{(1)}$

$$\begin{aligned} P\{Z^{(1)} = v\} &= \lim_{t \to \infty} P\{Z^{(1)}(t) = v\} = P\{W^{(1)} = z^{(1)} - v\} \\ &= (1-\rho)\rho^{z^{(1)} - v} . \end{aligned} \tag{4.5}$$

Aus Gleichung (4.4) ergibt sich der Erwartungswert $E[B^{(1)}]$ des Lieferrückstandes zu

$$E[B^{(1)}] = \frac{\rho^{z^{(1)}+1}}{1-\rho}, \tag{4.6}$$

wobei die Wahrscheinlichkeit P_{ND}, dass ein eingehender Auftrag unverzüglich bedient wird, gegeben ist durch

$$P_{ND} = \sum_{v=1}^{z^{(1)}} P\{Z^{(1)} = v\} = 1 - \rho^{z^{(1)}} . \tag{4.7}$$

4.2.2.3 Make to stock-System mit mehreren Fertigungszellen

Besteht das Produktionssystem aus mehr als einer Zelle, so muss der Make to stock-Ansatz auch in Betracht ziehen, ob jede Zelle ein ihr zugeordnetes Lager besitzt. Das Beispiel mit drei Fertigungszellen aus Abb. 4-3 müsste also ein Lager hinter jeder Zelle besitzen. Weiterhin kann zur Zusammenstellung der Komponentensätze (kitting, Kommissionierung) ein Lager K erforderlich sein, wodurch sich das in Abb. 4-5 dargestellte Make to stock-System ergibt.

In der üblichen Betrachtungsweise der Funktion eines Make to stock-Systems sendet Lager 3 Aufträge an Zelle 3, welche die Fertigung eines Produktes zur Erhöhung des Lagerbestandes auslösen. Zelle 3 wird also einen Komponentensatz von Lager K anfordern; Lager K wiederum fordert jeweils ein Produkt aus den Lagern 1 und 2 an, um einen neuen Komponentensatz zu erstellen und somit den Bestand in K wieder aufzufüllen. Die Lager 1 und 2 werden schließlich Fertigungsaufträge zu ihrer Bestandserhöhung an die ihnen zugeordneten Zellen senden. Gibt es jedoch keine Beschränkungen der Bestellmengen (z. B. in Form einer minimalen Bestellmenge), so ist dies äquivalent zur unverzüglichen Weitergabe der Information über Kunden-

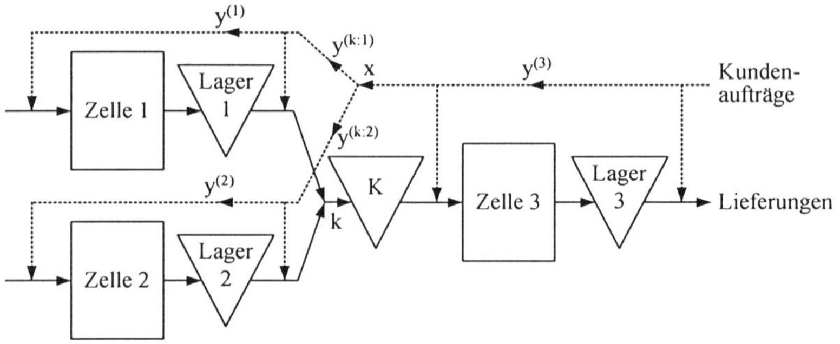

Abb. 4-5: Make to stock-System mit mehreren Fertigungszellen

aufträge an Lager 3, K und an Punkt x. Am Punkt x wird die Information dupliziert und jeweils eine Kopie unverzüglich an Lager 1 und Zelle 1 sowie an Lager 2 und Zelle 2 übermittelt.

4.2.2.4 Bestellmengenbeschränkungen

4.2.2.4.1 Bezug zu traditionellen Lagerhaltungspolitiken

Traditionelle Lagerhaltungspolitiken befassen sich mit der Überwachung und Steuerung der Bestandsmengen im Lager (siehe Abschnitt 3.2.4). Es wird gemeinhin angenommen, dass zwischen der vom Lager ausgehenden Materialbestellung und dem Eingang dieser Materialien eine Vorlaufzeit existiert (siehe Abschnitt 3.2.3.1.3). Diese Vorlaufzeit wird meist als deterministisch angenommen, unabhängig von der Anzahl der noch ausstehenden Bestellungen. Auch wenn die Vorlaufzeiten als stochastisch angenommen werden, wird davon ausgegangen, dass sie von der Anzahl der ausstehenden Bestellungen unabhängig sind. Dies impliziert, dass in dem Produktionssystem, welches das Lager beliefert, keine Kapazitätsgrenzen existieren. Obwohl die Modellierung der Vorlaufzeit in den traditionellen Lagerpolitiken stark vereinfacht ist, nutzen diese Politiken fortgeschrittenere Ansätze der Losgrößenbildung, wie sie in Abschnitt 3.2.5 dargestellt worden sind.

Jede der in Abschnitt 3.2.4 behandelten Lagerhaltungspolitiken kann auf eine Art dargestellt werden, die dem hier verwendeten Modell der Auftragsfreigabe an die Fertigungszelle entspricht. Man betrachte hierzu das Make to stock-System mit einer Zelle in Abb. 4-4.

Bestandsüberwachung bei jeder Ankunft einer Auftragsinformation: (*s*,*S*)- oder (*s*,*x*)-Politik

Die (*s*,*S*)-Politik entspricht einem Lager mit dem Anfangsbestand $z^{(j)} = S$, die (*s*,*x*)-Politik dagegen einem Lager mit dem Anfangsbestand $z^{(j)} = s + x$. Kundenaufträge werden bei Eingang an Punkt a gemeldet.

Bei der (*s*,*S*)-Politik erfolgt zu jedem Überwachungszeitpunkt (bei jedem Eingang von Auftragsinformationen) eine Freigabe, falls mehr als $S - s$ Auftragsinformationen an Punkt a warten. Bei der Freigabe löst wiederum jede wartende Information die Freigabe eines Auftrages an die Zelle aus, bis die Warteschlange an Punkt a leer ist. Man beachte, dass die Warteschlange mehr als $S - s$ Auftragsinformationen enthalten kann, falls mehrere Kundenaufträge gleichzeitig empfangen werden (z. B. wenn ein Auftrag über mehrere Produkte eingeht).

Unter Verwendung der (*s*,*x*)-Politik wird zu jedem Überwachungszeitpunkt, bei dem mehr als x Auftragsinformationen warten, eine Freigabe ausgelöst. Die Freigabemenge beträgt x, oder, falls notwendig, das kleinste ganzzahlige Vielfache von x, das die Anzahl wartender Informationen unter x fallen lässt. Bedingt der Auftragseingangsprozess den einzelnen Eingang von Aufträgen über jeweils ein Produkt, so verhalten sich die beiden Politiken für $x = S - s$ identisch.

Periodische Bestandsüberwachung: (*t*,*S*)-Politik

Bei der (*t*,*S*)-Politik weist das Lager einen Anfangsbestand von $z^{(j)} = S$ auf. Die Länge der Warteschlange an Punkt a wird zu festen Zeitintervallen beobachtet und an jedem Beobachtungszeitpunkt werden Aufträge an die Zelle freigegeben. Die Anzahl der freigegebenen Aufträge ist gleich der Anzahl wartender Auftragsinformationen am Punkt a.

Periodische Bestandsüberwachung: (*t*,*s*,*S*) und (*t*,*s*,*x*)-Politik

Die Warteschlange an Punkt a wird zu festen Zeitintervallen beobachtet, jedoch erfolgt nicht zwangsläufig an jedem Beobachtungszeitpunkt eine Auftragsfreigabe.

Bei der (*t*,*s*,*S*)-Politik gilt $z^{(j)} = S$ und Aufträge werden nur freigegeben, wenn mehr als $S - s$ Auftragsinformationen am Punkt a warten. Erfolgt eine Auftragsfreigabe, so ist die Anzahl freigegebener Aufträge gleich der Anzahl wartender Aufträge, d. h. die Warteschlange am Punkt a ist unmittelbar nach erfolgter Freigabe leer.

Bei Anwendung der (*t*,*s*,*x*)-Politik ist $z^{(j)} = s + x$. Aufträge werden an die Zelle freigegeben, wenn die Anzahl wartender Auftragsinformationen größer ist als x. Die Freigabemenge beträgt x, oder, falls notwendig, das kleinste ganzzahlige Vielfache von x, das die Zahl wartender Informationen unter x sinken lässt.

4.2.2.4.2 Verzögerung der Informationsübermittlung durch Losbildung

In Make to stock-Produktionssystemen mit mehreren Fertigungszellen erreicht die Information über die Kundennachfrage die vorgelagerten Zellen oft nur über die von nachgelagerten Zellen ausgelösten Aufträge. Das System arbeitet also mit dezentraler Informationsübertragung und -steuerung. Ein dezentrales System, bei dem die Informationsübermittlung zwischen den einzelnen Zellen ausschließlich über Aufträge erfolgt, ist äquivalent zu einem System, in dem die Bündelung eingehender Aufträge zu ausgehenden Aufträgen (die für die unmittelbar vorgelagerten Zellen wiederum die eingehenden Aufträge darstellen) nach dem letzten, kundenseitigen Lager stattfindet. In Abb. 4-5 bedeutet dies, dass die Informationen über Kundenaufträge an Punkt $y^{(3)}$ zusammen gefasst werden.

Wird beispielsweise die (s,S)-Politik mit Bestandsüberwachung bei jedem Eingang von Informationen in Lager 3 mit den Parametern $s^{(3)}$ und $S^{(3)}$ ($S^{(3)} = z^{(3)}$) verwendet, so sammeln sich die Informationen über eingehende Kundenaufträge an Punkt $y^{(3)}$, bis mindestens $S^{(3)} - s^{(3)}$ Auftragsinformationen warten. Erreichen diese wartenden Informationen die Anzahl $S^{(3)} - s^{(3)}$, so wird gleichzeitig die Freigabe von Aufträgen an Zelle 3 (vorausgesetzt, es ist genügend Lagerbestand vorhanden) und die Übertragung des Auftragsinformationsbündels an Punkt x und schließlich an die Punkte $y^{(k:1)}$ und $y^{(k:2)}$ ausgelöst. Die Freigabemengen und Bündelgrößen sind gleich und entsprechen der Anzahl der wartenden Aufträge an $y^{(3)}$ zum Zeitpunkt der Freigabe. Verwendet weiterhin Lager K eine (s,S)-Politik, so sind auch an den Punkten $y^{(k:1)}$ und $y^{(k:2)}$ entsprechende Parameter ($s^{(k:1)}$, $S^{(k:1)}$) und ($s^{(k:2)}$, $S^{(k:2)}$) vorhanden, wobei die Wahl dieser Parameter durch die Bedingung $S^{(k:1)} = S^{(k:2)} = z^{(k)}$ beschränkt ist. An Punkt $y^{(k:1)}$ erfolgt daher keine weitere Übertragung von Auftragsinformationen, bis mindestens $S^{(k:1)} - s^{(k:1)}$ Aufträge in der Warteschlange vorhanden sind. Verwenden schließlich die Lager 1 und 2 ebenfalls (s,S)-Politiken, so müssen die Auftragsinformationen auch an den Punkten $y^{(1)}$ und $y^{(2)}$ warten. Aus dieser Betrachtung ist ersichtlich, dass eine Losbildung in dezentralen Make to stock-Produktionssystemen zu beträchtlichen Verzögerungen bei der Informationsübertragung führt.

4.2.2.4.3 Vergleich zwischen periodischer und fallweiser Bestandsüberwachung

Bestandsüberwachung bei jeder Ankunft einer Auftragsinformation: (s,x)-Politik

Im Folgenden soll davon ausgegangen werden, dass Aufträge einzeln eingehen und somit zwischen den Politiken (s,S) und (s,x) kein Unterschied besteht.

Die Zeit zwischen Freigaben von Fertigungslosen an die Zelle wird der Zeit zwischen x aufeinander folgenden Auftragseingängen entsprechen. Die Zeit zwischen zwei Auftragseingängen habe einen Mittelwert λ^{-1} und die Varianz σ_a^2 sowie den quadratischen Variationskoeffizienten $C_a^2 = \lambda^2 \cdot \sigma_a^2$. Die Zeit zwischen zwei Losfreigaben A^f hat demzufolge den Mittelwert $E[A^f]$ und die Varianz $\sigma^2_{A^f}$ gegeben durch

$$E[A^f] = \frac{x}{\lambda},\qquad \sigma^2_{A^f} = x \cdot \sigma_a^2 \tag{4.8}$$

und den quadratischen Variationskoeffizienten

$$C^2_{A^f} = \frac{C_a^2}{x}. \tag{4.9}$$

Die Zelle besitze nur eine einzelne Maschine bzw. Bedienstelle, die Aufträge einzeln nacheinander bearbeitet. Ist der quadratische Variationskoeffizient der Bedienzeit eines Auftrages C_S^2, so ist der quadratische Variationskoeffizient der Bedienzeit eines Loses $C_S^2 \cdot x^{-1}$.

Periodische Bestandsüberwachung: (*t*,*S*)-Politik

Die Losgröße ist nun gleich der Anzahl der Aufträge, die in der Zeit t zwischen zwei Bestandsbeobachtungen eingehen. Dies entspricht einer Zufallsvariablen $N(t)$. Zur Veranschaulichung wird angenommen, dass die Auftragseingänge einem Poisson-Prozess mit dem Parameter λ entsprechen. Dann gilt

$$P\{N(t) = n\} = \frac{(\lambda t)^n}{n!} e^{-\lambda t} \text{ für } n = 0, 1, 2, \ldots \tag{4.10}$$

Es folgt unter den Bedingungen der Poisson-Verteilung

$$E[N(t)] = \lambda t,\qquad E[(N(t))^2] = \lambda t + (\lambda t)^2. \tag{4.11}$$

Die Wahrscheinlichkeit, dass im Intervall der Länge t kein Auftrag eingeht, ist durch $P\{N(t) = 0\} = p_0 = e^{-\lambda t}$ gegeben. Da mit einer Wahrscheinlichkeit von p_0 zum Zeitpunkt n keine Losfreigabe erfolgt, wenn im Intervall $[(n-1)t, nt]$ keine Aufträge eingehen, ist die Zeit zwischen Losfreigaben eine Zufallsgröße $A^p = Rt$, wobei R eine geometrisch verteilte Zufallsvariable mit

$$P\{R = r^{(1)}\} = (1 - p_0)p_0^{r^{(1)} - 1},\ r^{(1)} = 1, 2, 3, \ldots, \tag{4.12}$$

ist. Bei Nutzung allgemeiner Ergebnisse der geometrischen Verteilung erhält man

$$E[R] = \frac{1}{1-p_0}, \qquad \operatorname{var} R = \frac{p_0}{(1-p_0)^2}. \tag{4.13}$$

Somit folgt für den Mittelwert und die Varianz der Zufallsvariable A^p

$$E[A^p] = \frac{t}{1-e^{-\lambda t}}, \qquad \operatorname{var} A^p = \frac{t^2 e^{-\lambda t}}{(1-e^{-\lambda t})^2}. \tag{4.14}$$

Der quadratische Variationskoeffizient der Zeit zwischen Losfreigaben $C^2_{A^p}$ ist demnach $C^2_{A^p} = e^{-\lambda t}$.

Da die Freigabe eines Loses der Größe 0 keine Auswirkungen hat, ergibt sich die durchschnittliche Losgröße zu

$$E[X] = E[N(t) \mid N(t) > 0] = \frac{E[N(t)]}{1-p_0} = \frac{\lambda t}{(1-e^{-\lambda t})}, \tag{4.15}$$

wobei das zweite Moment der Losgröße gegeben ist durch

$$E[X^2] = \frac{E[(N(t))^2]}{1-p_0} = \frac{\lambda t + \lambda^2 t^2}{1-e^{-\lambda t}}. \tag{4.16}$$

Daraus folgt für die Varianz

$$\operatorname{var} X = \frac{\lambda t + \lambda^2 t^2}{1-e^{-\lambda t}} - \frac{\lambda^2 t^2}{(1-e^{-\lambda t})^2} = \frac{\lambda t}{1-e^{-\lambda t}} - \frac{\lambda^2 t^2}{(1-e^{-\lambda t})^2} e^{-\lambda t}. \tag{4.17}$$

Der quadratische Variationskoeffizient von X ergibt sich demnach zu

$$C_X^2 = \frac{1}{E[X]} - e^{-\lambda t}. \tag{4.18}$$

Die Bedienzeit S^p eines Loses hat den Mittelwert $E[S^p] = E[X]E[S]$, wobei $E[S]$ die erwartete Bedienzeit eines einzelnen Produktes darstellt. Da die Losgröße eine Zufallsvariable ist, ergibt sich die Varianz der Bedienzeit des Loses zu

$$\operatorname{var} S^p = \operatorname{var} \sum_{j=1}^{X} S_j = E[X] \operatorname{var} S + \operatorname{var} X (E[S])^2 \tag{4.19}$$

und somit der quadratische Variationskoeffizient zu

$$C^2_{S^p} = \frac{C^2_S}{E[X]} + C^2_X . \tag{4.20}$$

Vergleich

Für einen ausgewogenen Vergleich wähle man x und t so, dass $E[X] = x$, d. h.

$$x = \frac{\lambda t}{1 - e^{-\lambda t}} . \tag{4.21}$$

Die rechte Seite der Gleichung wächst mit steigendem λt und es lässt sich unproblematisch zeigen, dass $x - 1 < \lambda t < x$ ist. Wird $(1 + \lambda t)e^{-\lambda t} < 1$ oder $e^{\lambda t} > 1 + \lambda t$ angenommen, so gilt beispielsweise

$$x - 1 = \frac{\lambda t}{1 - e^{-\lambda t}} - 1 < \lambda t . \tag{4.22}$$

Somit lässt sich unter Verwendung von (4.21) zeigen, dass

$$C^2_{A^p} = e^{-\lambda t} = 1 - \frac{\lambda t}{x} . \tag{4.23}$$

Da $1 - \frac{\lambda t}{x} < 1 - \frac{x-1}{x} = \frac{1}{x} = C^2_{A^f}$ gilt, folgt $C^2_{A^p} < C^2_{A^f}$.

Eine periodische Bestandsüberwachung führt also zu geringeren Abweichungen der Zeit zwischen aufeinander folgenden Losfreigaben. Die Bedienzeit eines Loses mit periodischer Bestandsüberwachung bei (t,S)-Politik wird jedoch stärker schwanken als bei einzelner Bearbeitung der Produkte mit (s,x)-Politik.

Die gesamten Auswirkungen sind wiederum schwer zu bestimmen. Im Vergleich zweier Bediensysteme weist das System mit der höheren Varianz der Zwischenankunftszeit längere Warteschlangen und Wartezeiten auf. Ebenso führt im Vergleich das System mit der variableren Bedienzeit zu längeren Warteschlangen und -zeiten. Vergleicht man das (s,x)-System mit dem (t,S)-System, so weist das (s,x)-System die variableren Ankunftszeiten auf, hat jedoch weniger variable Losbedienzeiten. Ein (t,S)-System hat weniger variable Ankunftszeiten, aber variablere Losbedienzeiten, da die Losgrößen stärker schwanken. Es sei darauf hingewiesen, dass die Summe der quadratischen Variationskoeffizienten der Ankünfte und der Losbedienzeiten in beiden Systemen identisch sind. Es ist einfach zu erkennen, dass bei einer von der Losgröße unabhängigen Losbedienzeit das (*t,S*)-System mit periodischer Bestandsüberwachung das am besten geeignete System ist, da es den geringsten Wert für C_a^2 aufweist. Bedeutet die Bedienung eines Loses jedoch die einzeln aufeinander folgende Bedienung jedes Auftrages in diesem Los, so sind die Unterschiede zwischen den verschiedenen Ansätzen zur Losbildung nicht länger offensichtlich.

Es existiert keine exakte Lösung für Bediensysteme mit (*t,S*)-artigen Ankunftszeiten; jedoch weisen numerische Berechnungen und Simulationsergebnisse darauf hin, dass ein (*t,S*)-System zu etwas kürzeren Warteschlangen führt als ein (*s,x*)-System. Der Unterschied ist jedoch nicht sehr groß und es kann nicht mit Bestimmtheit gesagt werden, welcher Ansatz besser ist, wenn die Bedienung eines Loses die ununterbrochene Bedienung der einzelnen Aufträge im Los erfordert.[13]

4.3 Bestandsorientierte Verfahren

4.3.1 Base stock-Systeme

Base stock-Systeme wurden entwickelt, um die Nachteile durch die Informationsverzögerungen bei Losbildung in dezentralen Make to stock-Systemen zu überwinden. Hierbei wird für jede Zelle eine Sollgröße für den maximalen Lagerbestand der in den vorgelagerten Zellen produzierten Komponenten und Baugruppen ermittelt. Statt jedoch diesen Sollbestand für jede einzelne Zelle und das ihr zugeordnete Lager zu kontrollieren, wird ein gesamter Sollbestand für die Zelle und alle ihr nachgelagerten Zellen bis hin zum letzten kundenseitigen Lager definiert. In den nachgelagerten Zellen und Lagern kann die jeweilige Komponente bereits in weiteren Baugruppen verwendet worden sein; jedes Vorkommen der Komponente wird bei der Bestimmung des gesamten nachgelagerten Bestandes mit eingerechnet. Die Entscheidung über die Auftragsfreigabe für eine bestimmte Komponente an die betreffende Zelle hat also immer die Erhaltung bzw. Erreichung des Sollbestandes in dieser und in allen nachgelagerten Zellen zum Ziel.

Die Freigaberegel des Base stock-Systems wird meist definiert als eine Make to stock-Politik mit der Annahme, dass jede Zelle Informationen darüber besitzt, wann Kundenaufträge eingehen. Weiterhin wird angenommen, dass jede Zelle über Auslieferungen an Kunden und den gesamten Lagerbestand zwischen dem eigenen und

---

[13] Siehe dazu auch die Simulationsstudie in Anhang 4, Abschnitt A 4.2.2, für den Vergleich zwischen einem (*s,x*)-System (Fixed order quantity) und einem (*t,s*)-System (Period order quantity).

dem kundenseitigen Lager informiert ist, ebenso wie über den Lieferrückstand im kundenseitigen Lager. Ein System, welches aus den in Reihe angeordneten Zellen j, $j = 1,2,...,m$, besteht, definiert einen Soll-*Staffelbestand* (Echelon target stock)

$$e^{(j)} = \sum_{u=j}^{m} z^{(u)} \tag{4.24}$$

(siehe Abb. 4-6 für eine Erläuterung des Staffelbestandes). Zum Überwachungszeitpunkt t wird die angestrebte Freigabemenge $R^{(j)*}(t)$ an Zelle j aus der Größe des Staffelbestandes

$$E^{(j)}(t) = \sum_{u=j}^{m} (Z^{(u)}(t) + W^{(u)}(t)) \tag{4.25}$$

bestimmt. Diese angestrebte Menge ist gegeben durch

$$R^{(j)*}(t) = \max\{e^{(j)} + B^{(m)}(t) - E^{(j)}(t), 0\}, \tag{4.26}$$

wobei $B^{(m)}(t)$ der Lieferrückstand am kundenseitigen Lager ist. Die tatsächlich freigegebene Menge kann von $R^{(j)*}(t)$ abweichen, wenn Bestimmungen über Losgrößen, wie z. B. eine minimale Losgröße, einzuhalten sind.

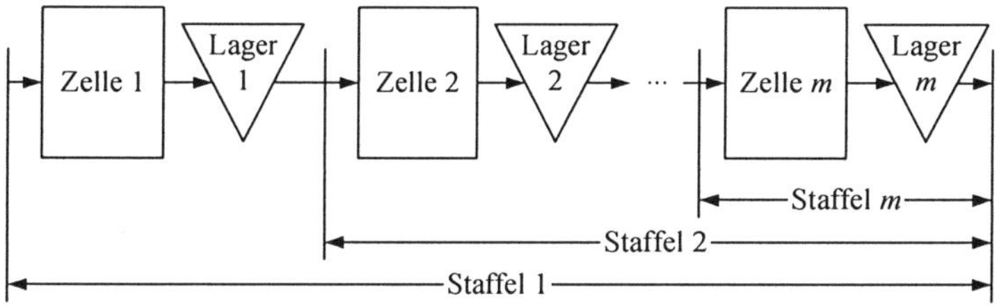

Abb. 4-6: Die Idee des Staffelbestandes (Echelon stock)

In einem einzelligen Produktionssystem gibt es folglich keine Unterschiede zwischen einem Base stock-System und einem Make to stock-System. Um die Unterschiede zwischen den Politiken Base stock und Make to stock darzustellen, betrachte man ein Produktionssystem mit zwei Fertigungszellen in Reihe gemäß Abb. 4-7, welches ein Produkt fertigt, das zuerst in Zelle 1 und anschließend in Zelle 2 bearbeitet wird. Kundenaufträge werden aus dem der Zelle 2 zugeordneten Lager bedient. Aufträge werden in Losen der Größe $r^{(2)}$ an Zelle 2 freigegeben. Es wird folglich kein Transport von Erzeugnissen aus Lager 1 in Zelle 2 ausgelöst, bevor nicht $r^{(2)}$ Aufträge in Lager 2 warten. Man gehe nun davon aus, dass Lager 1 nicht über die Kundenaufträge informiert ist, bevor Lager 2 die $r^{(2)}$ Erzeugnisse anfordert. Dies ist dem im vorherigen Abschnitt betrachteten Make to stock-Ansatz äquivalent. Ein alternativer Ansatz sieht vor, dass Lager 2 jeden eingehenden Auftrag an Lager 1 meldet. Die Losbildung für Zelle 2 findet folglich an Punkt $a^{(2)}$ in Abb. 4-7 anstatt an Punkt x statt.

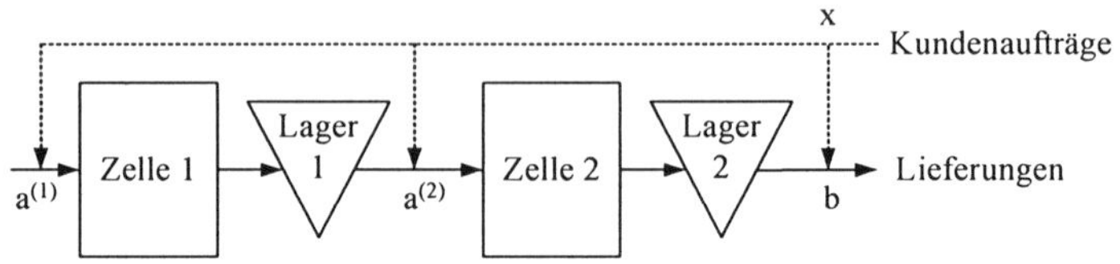

Abb. 4-7: System mit zwei Fertigungszellen in Reihe

Die grundlegende Idee der Base stock-Politik ist folglich die unverzügliche Information aller Lager über eingehende Aufträge. Um die Überlegenheit dieses Systems zu verdeutlichen, betrachte man das System mit zwei Fertigungszellen aus Abb. 4-7.

Beispiel

Zelle 2 nutzt eine Losgröße von 5. In einem dezentralisierten Make to stock-System bedeutet dies, dass nach Eingang von 38 Kundenaufträgen 7 Aufträge an Zelle 1 gesendet werden und somit Zelle 1 nur über die ersten 35 Kundenaufträge informiert wurde. In einem Base stock-System wären wiederum Informationen über alle 38 Aufträge an Zelle 1 übermittelt worden.

Es ist offensichtlich, dass in einer gegebenen Zeit im dezentralisierten Make to stock-System gewöhnlich weniger Freigaben an Zelle 1 erfolgen als im Base stock-System. Weiterhin wird die Anzahl der in Zelle 1 fertig gestellten Aufträge kleiner sein, so dass auch in Zelle 2 weniger Aufträge fertig gestellt werden. Dementsprechend wird der Lieferrückstand unbedienter Aufträge am Ausgangslager im Make to stock-System größer sein als im Base stock-System. Im Sonderfall, wenn $r^{(1)}$ ein ganzzahliges Vielfaches von $r^{(2)}$ ist, sind die Freigaben an die Zellen des Systems im dezentralisierten Make to stock-System und im Base stock-System identisch. Zur Verdeutlichung: Sind in einem dezentralisierten System $r^{(1)} = 10$ und $r^{(2)} = 5$, so wird jeder 5. Kundenauftrag an Zelle 1 weitergeleitet, so dass eine Freigabe an Zelle 1 erfolgt, sobald der 10. Auftrag eingeht. Dies entspricht exakt einem Base stock-System. Obwohl bei diesem jeder eingehende Auftrag an Zelle 1 gemeldet wird, erfolgen gemäß $r^{(1)} = 10$ Freigaben nur mit jedem zehnten Kundenauftrag.

Eine vergleichbare Situation tritt auf, wenn Zelle 2 die Entscheidungen über Auftragsfreigaben in periodischen Zeitabständen trifft. Zelle 2 zielt demnach auf eine Freigabemenge, die der Menge der Kundenaufträge im Überwachungszeitraum entspricht. Tritt ein Informationsfluss von Lager 2 an Lager 1 nur auf, wenn Freigabeentscheidungen getroffen werden, so nimmt Zelle 1 selbst bei kontinuierlicher Überwachung des ihr zugeordneten Ausgangslagers stoßweise eine Nachfrage in Zeitabständen wahr, die dem Überwachungsintervall der Zelle 2 entsprechen.

4.3.2 Kanban

4.3.2.1 Grundidee des Toyota-Produktions-Systems

Kanban (jap. - Karte) wurde in den 50er Jahren als ein Steuerungsverfahren für den Materialfluss maßgeblich von Taiichi Ohno bei der Toyota Motor Corporation entwickelt (vgl. Monden 1983 und 1994). In der traditionellen Darstellungsweise wird das betreffende Produktionssystem in mehrere, relativ unabhängige Regelkreise gegliedert. Ein Regelkreis setzt sich jeweils aus einer Senke (der Material verbrauchenden Zelle), einer Quelle (der Material bereitstellenden Zelle) sowie einem zwischen Quelle und Senke angeordneten Pufferlager zusammen (siehe Abb. 4-8).

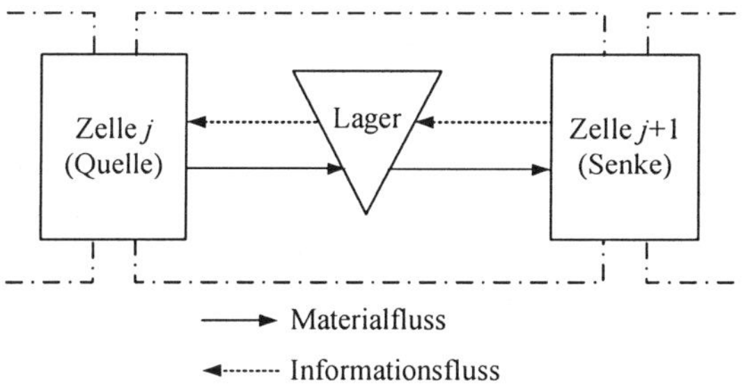

Abb. 4-8: Prinzipdarstellung eines Kanban-Regelkreises

Sowohl Quelle als auch Senke können aus einer oder mehreren Kapazitätseinheiten bestehen. Der Einsatz eines Kanban-Systems ist an die Einhaltung bestimmter Rahmenbedingungen gebunden (vgl. u. a. Glaser/Geiger/Rohde 1992, S. 268 ff.; Zäpfel/Piekarz 1996, S. 48 ff.; Adam 1998, S. 628 ff.):

- Die Fertigungszellen sind material- bzw. produktionsflussorientiert anzuordnen.
- Die Kapazitäten der Fertigungszellen sind auf die erwartete (durchschnittliche) Nachfrage abzustimmen.
- Der durch das Fertigungssystem zu befriedigende Bedarf soll keinen größeren Schwankungen unterliegen.

Eine niedrigere als die (durchschnittlich) prognostizierte Nachfrage führt zu einem Auffüllen der Pufferlager und in der Folge zum Stillstand der dem gefüllten Pufferlager (upstream) vorgelagerten Regelkreise. Ein höherer Bedarf führt im Gegensatz dazu zu leeren Pufferlagern und zum Stillstand der dem leeren Pufferlager (downstream) nachgeordneten Regelkreise sowie zur Überschreitung der angestrebten Auftragsdurchlaufzeiten.

Die Steuerung der Transport- und Produktionsvorgänge erfolgt über die bereits erwähnten Kanban, die z. B. an den Behältern für Lagerung und Transport der betreffenden Teile befestigt sind oder, in einfachen Systemen, durch die Behälter selbst. Um in komplexeren Fertigungssystemen die Information über Produktions- und Transportvorgänge zu überwachen, werden gegebenenfalls Produktions- und Transport-Kanban unterschieden (Zweikartensystem). Die Funktion eines solchen „klassischen" Kanban-Systems wird in der Darstellung nach Monden (1994, S. 21 ff.) in folgender Weise beschrieben (siehe Abb. 4-9):

(1) Bei Bedarf der Zelle $j + 1$ an Vorprodukten, ausgelöst durch einen Kunden- oder Fertigungsauftrag an diese Zelle, werden ein Transport-Kanban *TK* einer Transport-Kanban-Sammelbox (bzw. bei Einsatz eines rechnergestützten Systems der entsprechenden Datei) und ein leerer Standardbehälter dem Transportpunkt der Zelle $j + 1$ entnommen. Der leere Behälter wird an einen definierten Transportpunkt der Zelle j gebracht.[14]

(2) Dem Ausgangslager der Zelle j wird ein gefüllter Standardbehälter entnommen. Der an diesem Behälter befindliche Produktions-Kanban *PK* wird entfernt und in einer Produktions-Kanban-Sammelbox abgelegt. An dem vollen Behälter wird der Transport-Kanban befestigt und damit ein Transportauftrag von Lager j an Zelle $j + 1$ ausgelöst.

(3) Zu Beginn der Bearbeitung in Zelle $j + 1$ wird der Transport-Kanban von dem ankommenden Behälter entfernt und wieder in der Transport-Kanban-Sammelbox abgelegt. Der leere Standardbehälter wird am Transportpunkt der Zelle $j + 1$ abgestellt.

(4) Der Produktions-Kanban-Sammelbox werden entsprechend der gewählten Steuerungspolitik periodisch oder bei Erreichen bestimmter Mengen die Produktions-Kanban entnommen und in einer Produktions-Auftragsbox hinterlegt. Dabei sollte die Reihenfolge First come first served (FCFS) eingehalten werden.

(5) An Zelle j werden die Aufträge gemäß Reihenfolge der in der Produktions-Auftragsbox befindlichen Kanban ausgelöst.

(6) Die zu fertigenden Teile (bzw. die Standardbehälter) und die betreffenden

[14] Es sind keine Teilmengen zu entnehmen. Ist der Bedarf größer als der Inhalt eines Behälters, werden folglich mehrere Karten bzw. Behälter entnommen.

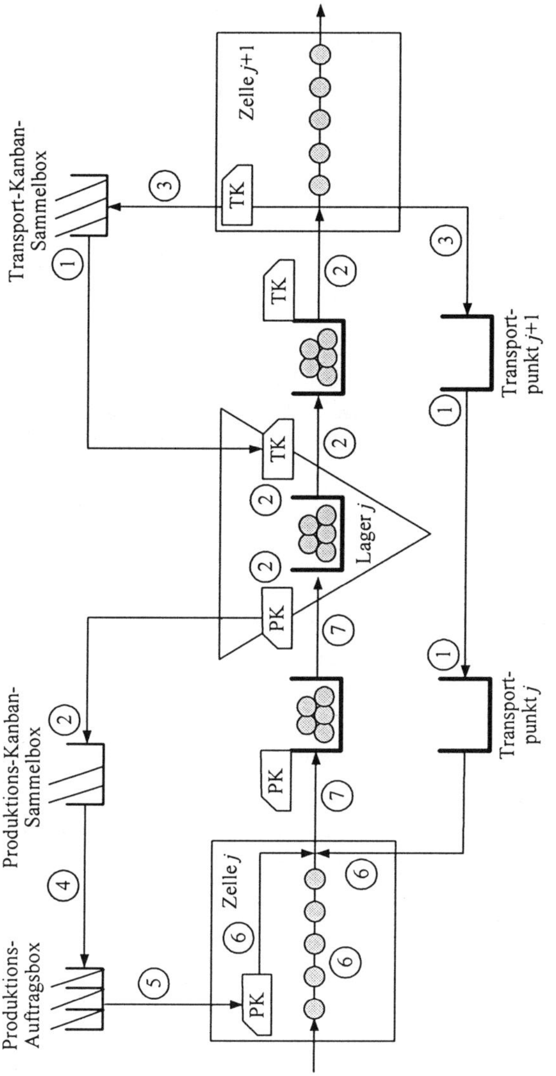

Abb. 4-9: Funktion eines Kanban-Regelkreises (in Anlehnung an Monden 1994, S. 21)

Produktions-Kanban müssen jeweils als Einheit (Los) den Fertigungsprozess durchlaufen.

(7) Nach Abschluss des Fertigungsprozesses werden die Standardbehälter mit den bearbeiteten Teilen und den an den Behältern befestigten Produktions-Kanban

an das Ausgangslager der Zelle j geliefert und stehen bei Bedarf der Zelle $j + 1$ wiederum zur Verfügung.

In mehrstufigen, gegebenenfalls auch verzweigten, Mehrproduktsystemen müssen die Kanban alle Informationen zu den verschiedenen Teilen, zum Bestimmungsort der Transportaufträge etc. enthalten.

Als Steuerungsparameter für das Kanban-Produktionssystem sind die Anzahl k der im System befindlichen Kanban (entspricht der Anzahl der im System befindlichen Standardbehälter bzw. der Summe der in der Zelle befindlichen Aufträge und dem Bestand im Pufferlager) sowie die Anzahl r der Produkte je Standardbehälter zu bestimmen.

Die Anzahl der benötigten Kanban ist abhängig von der durchschnittlichen Ankunftsrate der Aufträge, der durchschnittlichen Wiederbeschaffungszeit t_d, der Produktionsmenge eines Standardbehälters sowie von der Anzahl der Produkte pro Behälter:

$$k^{(j)} = \lambda \cdot t_d \frac{1 + sz}{r} . \tag{4.27}$$

$k^{(j)}$ Anzahl der Standardbehälter (gleich Anzahl der Kanban)
λ Ankunftsrate der Aufträge
t_d Durchlaufzeit eines Behälters durch das System
sz Sicherheitszuschlag
r Inhalt eines Standardbehälters (Teileanzahl, Los)

Der durchschnittliche Bedarf pro Periode ist durch die Produktionsprogrammplanung zu definieren. Die Wiederbeschaffungszeit der Produktionsmenge eines Standardbehälters (Loses) entspricht deren (durchschnittlicher) Durchlaufzeit durch das Fertigungssystem einer Quelle. Die Reaktionszeit zur Auslieferung eines Auftrages an einen externen Kunden ist im Falle eines Auslieferungslagers mit entsprechendem Bestand gleich Null bzw. bei kundenauftragsbezogener Fertigung in der letzten Produktionsstufe mit der Durchlaufzeit durch diese Produktionsstufe gleichzusetzen.

Für die Anzahl r der Teile (Produkte) pro Standardbehälter gilt es abzuschätzen, in welcher Größenordnung sie sich bewegen sollte, um einen kontinuierlichen Materialfluss im Produktionssystem zu gewährleisten. Eine geringe Teileanzahl je Behälter hat eine Verstetigung des Materialflusses zur Folge, führt jedoch andererseits zu einem ständigen Transportbedarf mit erhöhten Transportkosten. Dagegen hat eine hohe Teileanzahl je Behälter relativ lange Wiederbeschaffungszeiten, hohe Lagerkosten und möglicherweise Stillstandszeiten einzelner Fertigungssegmente zur Folge. Zwischen beiden Extremen ist ein geeigneter Wert zu wählen. Als Orientierungsgröße wird eine Teileanzahl pro Behälter in Höhe von 10% des Tagesbedarfes genannt (vgl. Adam 1998, S. 630).

Der Einsatz einer Kanban-Steuerung erweist sich besonders dann als viel versprechend, wenn durch das entsprechende Fertigungssegment unabhängig von der Auftragslage anderer Segmente ein in seiner Zusammensetzung relativ konstantes und mengenmäßig gleich verteiltes Sortiment zu fertigen ist.

Für den zweckmäßigen Einsatz eines Kanban-Systems sind einige Regeln einzuhalten (vgl. Monden 1994, S. 24 ff.):

(1) Durch die Senke sind die benötigten Vorprodukte nur in der Menge und zu der Zeit dem Pufferlager zu entnehmen, wie sie tatsächlich benötigt werden.

(2) Die Quelle darf nur dann produzieren, wenn von der Senke Teile entnommen wurden und nur in der entnommenen Menge.

(3) Fehlerhafte Produkte dürfen nicht in das Pufferlager und in die Senke gelangen.

(4) Die Anzahl der umlaufenden Kanban sollte minimiert werden, um den Bestand im System gering zu halten.

4.3.2.2 Funktionsweise von Kanban-Systemen

Die nachfolgende Darstellung der Funktionsweise von Kanban-Systemen mit einer und zwei Fertigungszellen bereitet die formalisierte Beschreibung im Kapitel 5 vor.

4.3.2.2.1 Kanban-System mit einer Fertigungszelle

Wie bereits erläutert, werden in einem Kanban-System die Anzahl aller in Bearbeitung befindlichen Aufträge in einer Zelle sowie der Lagerbestand des zugeordneten Lagers gesteuert, wobei die maximale Gesamtzahl von Aufträgen und Beständen für eine Zelle durch $k^{(1)}$ vorgegeben ist.

Wir betrachten ein Produktionssystem mit einer einzelnen Fertigungszelle, welche ein Produkt herstellt.[15]

Das Ausgangslager, Lager 1, hat einen Anfangsbestand von $k^{(1)}$. Bei Eingang des ersten Kundenauftrages erfolgt sofort eine Auslieferung an den Kunden. Gleichzeitig wird ein Kanban an die Zelle übermittelt und dadurch die Freigabe eines Auftrages an die Zelle ausgelöst. Weitere eintreffende Kundenaufträge führen ebenso zu einer Lieferung und der Übermittlung eines Kanban. Ist das Lager nach einer gewis-

[15] Im Folgenden wird zunächst von der oben beschriebenen Verfahrensweise der Zusammenfassung bestimmter Produktmengen in Standardbehältern bzw. Losen abgesehen und vereinfachend angenommen, dass jedem einzelnen Produkt ein Kanban entspricht. Ebenso wird keine Aufteilung in Produktions- und Transport-Kanban vorgenommen, also ein so genanntes Einkartensystem beschrieben.

sen Zeit leer, entsteht bei Eintreffen eines weiteren Kundenauftrages ein Rückstand von einem Auftrag. Weitere Kanban stehen nicht zur Verfügung, so dass keine weiteren Auftragsfreigaben an die Zelle erfolgen; der Lieferrückstand kann folglich weiter wachsen. Bei Fertigstellung eines Auftrages in der Zelle wird dieser mit dem begleitenden Kanban an das Lager ausgeliefert. Das Produkt kann einen der wartenden Aufträge bedienen, der Kanban dagegen wird beim Zusammentreffen mit dem wartenden Auftrag wieder an die Zelle übermittelt. Abb. 4-10 zeigt den Fluss von Material und Informationen (Kanban) in einem Kanban-kontrollierten System mit einer Fertigungszelle. Man beachte, dass der Kanban den Auftrag zwischen der Auftragsfreigabe (Punkt a) und der Auslieferung (Punkt b) begleitet.

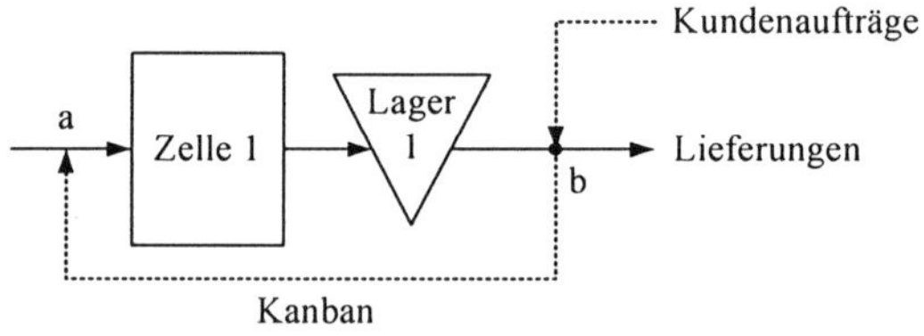

Abb. 4-10: Kanban-System mit einer Fertigungszelle

Eine alternative Implementierung der Kanban-Steuerung ist in Abb. 4-11 dargestellt. Bei Fertigstellung des Auftrages in der Zelle werden Kanban und Auftrag getrennt; der Kanban wartet an Punkt x. Gehen Kundenaufträge ein, lösen diese die Auslieferung von Erzeugnissen an den Kunden sowie den Rücktransport der Kanban an die Zelle und somit die Möglichkeit einer weiteren Auftragsfreigabe an die Zelle aus. Ist an Punkt x kein Kanban vorhanden, so wartet der Kundenauftrag, bis ein Kanban verfügbar ist.

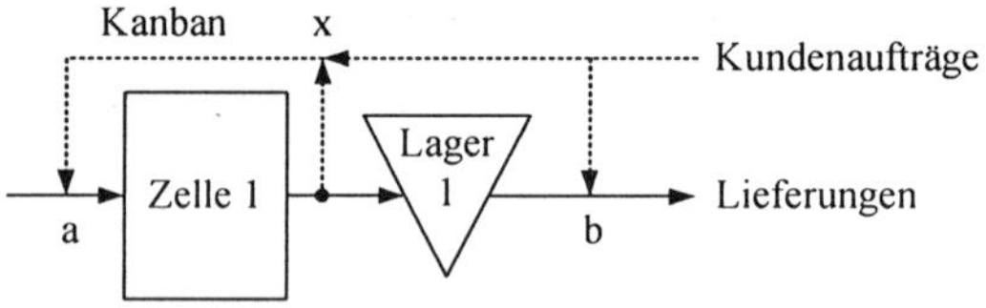

Abb. 4-11: Alternativer Informationsfluss im Kanban-System mit einer Zelle

Im Folgenden soll ein Einzellensystem betrachtet werden, in dem die Auftragsfreigabe durch Kanban gesteuert wird. Es seien

$W^{(1)}(t)$ die Anzahl der in Bearbeitung befindlichen Aufträge zum Zeitpunkt t,
$Z^{(1)}(t)$ der Lagerbestand zum Zeitpunkt t,
$B^{(1)}(t)$ der Lieferrückstand im Lager zum Zeitpunkt t,

$G^{(1)}(t)$ die Anzahl der auf Kanban wartenden Aufträge zum Zeitpunkt t,
$k^{(1)}$ die Anzahl der Kanban.

Der Kanban-Mechanismus stellt sicher, dass

$$Z^{(1)}(t) + W^{(1)}(t) = k^{(1)}. \tag{4.28}$$

Ebenso ergibt sich (unter Verwendung der gleichen Argumentation wie bei der Ableitung von Gleichung (4.1))

$$Z^{(1)}(t) + W^{(1)}(t) + G^{(1)}(t) = k^{(1)} + B^{(1)}(t) \tag{4.29}$$

und somit folgt $G^{(1)}(t) \equiv B^{(1)}(t)$. Die Anzahl der auf Kanban wartenden Aufträge entspricht also dem Lieferrückstand nicht bedienter Aufträge.

4.3.2.2.2 Kanban-System mit zwei Fertigungszellen

Das System besitze zwei Zellen 1 und 2 in Reihe zur Fertigung einer Produktart. Die Produkte fließen von Zelle 1 zu Zelle 2. Beide Zellen arbeiten mit dem Kanban-Mechanismus. Abb. 4-12 stellt den Fluss von Material und Information (Kanban) dar. Am Punkt b löst das Eintreffen von Kundenaufträgen bei Verfügbarkeit von fertigen Produkten die Bewegung von Kanban in Zelle 2 aus. Am Punkt a wiederum löst die Ankunft eines Kanban aus Zelle 2 bei Verfügbarkeit von Zwischenprodukten in Lager 1 die Bewegung von Kanban in Lager 1 (und die Freigabe der Zwischenprodukte an Zelle 2) aus.

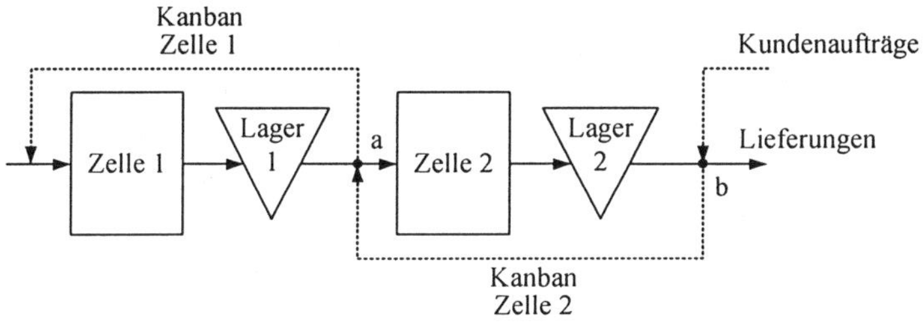

Abb. 4-12: Kanban-System mit zwei Fertigungszellen

Wird der Kanban nach Fertigstellung eines Auftrages von diesem getrennt, so ergibt sich der in Abb. 4-13 dargestellte Informationsfluss. Informationen über Kundenaufträge müssen gegebenenfalls am Punkt x warten, bis ein Kanban aus Zelle 1 verfügbar ist. Der Kanban aus Zelle 2 löst die Freigabe von Aufträgen an Zelle 2 aus, falls Zwischenprodukte in Lager 1 vorhanden sind. Sind keine Zwischenprodukte vorhanden, so wartet der Kanban aus Zelle 2 an Punkt a. Eine Kopie der Kanban aus

Zelle 2 wird an Punkt y übermittelt und wartet dort, bis ein Kanban aus Zelle 1 verfügbar ist. Sobald ein Kanban aus Zelle 1 frei ist, wird so die Freigabe eines Auftrages an Zelle 1 ausgelöst.

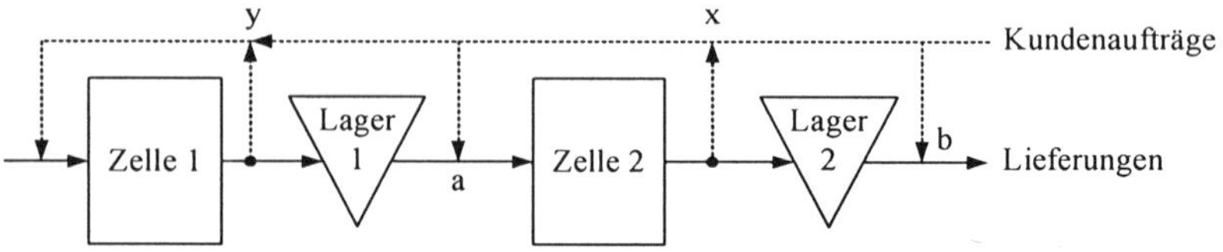

Abb. 4-13: Alternativer Informationsfluss im Kanban-System mit zwei Zellen

Wird die Anzahl der Kanban in Zelle j gleich $k^{(j)}, j = 1, 2$, angenommen, so kann in einem System mit zwei Zellen ein Auftragsrückstand entstehen, d. h. Aufträge warten im Lager 2 auf Kanban aus Zelle 2. Es ist ersichtlich, dass der Kanban-Mechanismus zu einer Verzögerung bei der Übermittlung von Informationen über Kundenaufträge an die vorgelagerten Zellen führt. In einem Base stock-System mit Anfangsbeständen in den Zellen von $k^{(1)}$ und $k^{(2)}$ würden Aufträge früher freigegeben werden als im korrespondierenden Kanban-System.

Kanban-Systeme werden, wie oben erläutert, häufig unter Verwendung von Behältern eingesetzt, die jeweils r Einheiten (ein Los) des Produktes enthalten. Sind in einem solchen Fall die Behälter im kundenseitigen Lager leer, so werden sie an die Zelle zurück transportiert; die Zelle erhält auf diesem Wege die Freigabe, eine zur erneuten Befüllung des Behälters ausreichende Menge an Produkten zu produzieren. Man betrachte zur Verdeutlichung ein Produktionssystem mit einer Fertigungszelle. Das kundenseitige Lager 2 habe einen Anfangsbestand von $k^{(2)}$ Behältern. Bevor ein Behälter (ein Kanban) vom Lager an die Zelle zurückgesandt werden kann, muss er vollständig geleert worden sein. Es ist ersichtlich, dass die Losbildung zu weiteren Verzögerungen bei der Auftragsbearbeitung führt, wobei die Wartezeiten mit steigender Losgröße wachsen. Die Wartezeiten sinken jedoch, wie in Abschnitt 4.3.2.1 beschrieben, mit steigendem $k^{(2)}$ und sinkendem r.

4.4 Prognoseorientierte Verfahren

Die beiden Verfahren

- Material Requirements Planning (MRP) und
- Fortschrittszahlenkonzept (FZK)

beruhen in der Regel auf einer Prognose des künftig zu erwartenden Auftragseingangs und ordnen sich damit in eine *lagerorientierte Fertigung* ein. Während MRP meist in Zusammenhang mit einer Werkstattfertigung eingesetzt wird, ist FZK vor allem im Bereich der Fließfertigung, häufig zur Belieferung von Transferstraßen, vorzufinden.

4.4.1 Material Requirements Planning – MRP

Als *Material Requirements Planning* – MRP – wird die Mengen- und Terminplanung für Fertigung und Bezug sämtlicher Komponenten der in einer Planperiode herzustellenden Enderzeugnisse bezeichnet (vgl. auch Abschnitt 3.2). MRP geht von einer Primärbedarfsplanung (Master production scheduling) und einer Fertigung auf Lager aus, wobei die Komponentenfertigung meist in Losen erfolgt. Um den jeweils geplanten Termin der Anlieferung der Erzeugnisse an das Fertiglager zu gewährleisten, sind *Vorlaufzeiten* $l^{(j)}$ für die Fertigung und damit für die Materialfreigabe für jede vorgelagerte Zelle zu berechnen (siehe Abb. 4-14). Es ist allgemein üblich, die Zellenvorlaufzeit entsprechend der durchschnittlichen Zeit zu bestimmen, die ein Fertigungslos zwischen Auftragsfreigabe und Fertigstellung verbringt (d. h. Bearbeitungszeit zuzüglich Kontrollzeit und technologisch oder organisatorisch bedingter Liege- und Wartezeiten). MRP-Berechnungen gehen stets von der Annahme aus, dass die Vorlaufzeit eine deterministische Größe ist, d. h. die Zeit zwischen Auftragsfreigabe und Fertigstellung ist stets gleich $l^{(j)}$. Zur Kompensation von Störungen sind ferner *Sicherheitsbestände* $z^{(j)}$ für jedes Produkt in jeder Zelle erforderlich. Alternativ dazu kann die Vorlaufzeit erhöht und damit statt eines Mengenpuffers ein Zeitpuffer gebildet werden.

Weiterhin ist es notwendig, Losbildungsregeln zu definieren (siehe Abschnitt 3.2.5).

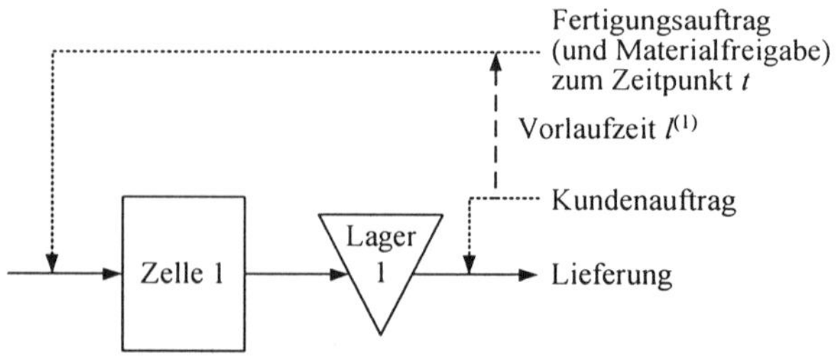

Abb. 4-14: MRP-gesteuertes System mit einer Fertigungszelle

4.4.1.1 MRP-System mit periodischer Bestandsüberwachung

Die Materialfreigabemengen sollen nunmehr explizit mathematisch berechnet werden. Zu Anfang betrachte man ein Produktionssystem mit zwei Fertigungszellen, bei dem die Losgröße in beiden Zellen gleich Eins ist (siehe Abb. 4-15). Weiterhin befinde sich vor Zelle 1 ein Lager mit unbegrenztem Bestand an Rohmaterial.

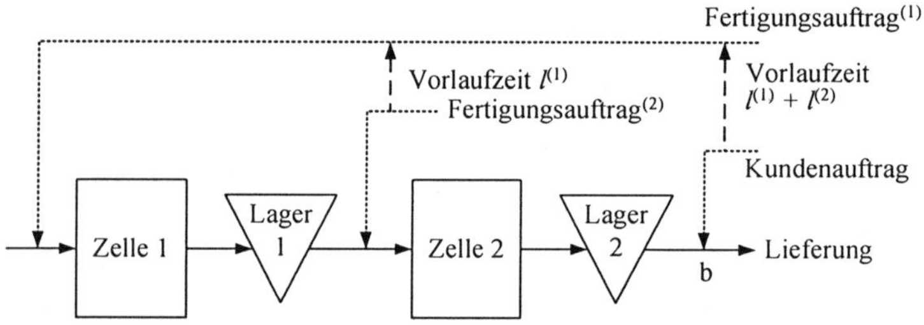

Abb. 4-15: MRP-gesteuertes System mit zwei Fertigungszellen

Die Berechnungen erfolgen am Ende von Periode n. Es liegen hierbei Informationen über die folgenden Größen vor:

(1) *Master production schedule*:
Mit dem Master production schedule (Programm der Fertigprodukte, Primärbedarf) sind die in den Perioden $n+1, n+2, n+3, \ldots$ durch das kundenseitige Lager zu tätigenden Auslieferungen $\hat{D}(n+1), \hat{D}(n+2), \hat{D}(n+3), \ldots$ vorgegeben. Wie in MRP üblich wird angenommen, dass die in Periode p benötigten Lieferungen zu jedem beliebigen Zeitpunkt innerhalb der Periode, spätestens jedoch am Ende der Periode, stattfinden können.

(2) *Anfangsbestände in jedem Lager*:
Der Anfangsbestand $IP^{(j)}(n) = Z^{(j)}(n) - B^{(j)}(n)$, $j = 1, 2$, ist die Differenz zwischen dem physischen Lagerbestand $Z^{(j)}(n)$ und dem anfänglichen Lieferrückstand (*backlog*) $B^{(j)}(n)$, wobei $B^{(2)}(n)$ die Anzahl der unbefriedigten Kundenaufträge durch Lager 2 darstellt, während $B^{(1)}(n)$ die Anzahl der autorisierten Freigaben von Lager 1 zur Zelle 2 ist, die das Lager noch nicht verlassen haben.

(3) *Geplante Zugänge zu jedem Lager*:
Die geplanten Zugänge zu Lager *j* von Zelle *j* aus sind geplante Fertigstellungen $\hat{C}^{(j)}(n+1), \hat{C}^{(j)}(n+2), \hat{C}^{(j)}(n+3), \ldots, \hat{C}^{(j)}(n+l^{(j)})$ in den Perioden $n+1$, $n+2$, $n+3, \ldots$, $n+l^{(j)}$. (Da die Vorlaufzeit $l^{(j)}$ beträgt, werden zum Zeitpunkt n keine Zugänge für die Perioden $n+l^{(j)}+1$, $n+l^{(j)}+2$, $n+l^{(j)}+3$, ... geplant.)
Die geplanten Zugänge zu Lager *j* in der Periode $n+u$ stehen in folgender Beziehung zu den Freigaben an Zelle *j*:
$\hat{C}^{(j)}(n+u) = R^{(j)}(t+u-l^{(j)})$ mit $u = 1, 2, \ldots, l^{(j)}$.

Man beachte, dass der Werkstattbestand $W^{(j)}(n)$ in Zelle *j* dargestellt wird durch

$$B^{(j-1)}(n) + W^{(j)}(n) = \sum_{m=1}^{l^{(j)}} \hat{C}^{(j)}(n+m) . \tag{4.30}$$

Im nächsten Schritt werden die MRP-Berechnungen für das kundenseitige Lager, hier Lager 2, entwickelt.

MRP-Berechnungen nutzen die Anfangsbedingungen für eine Prognose der Bestandsposition $\hat{IP}^{(2)}(n+1), \hat{IP}^{(2)}(n+2), \ldots, \hat{IP}^{(2)}(n+l^{(2)}), \hat{IP}^{(2)}(n+l^{(2)}+1)$ am Ende der Perioden $n+1$, $n+2$, $n+3, \ldots$, $n+l^{(2)}$, $n+l^{(2)}+1$, sofern keine Zugänge während Periode $n+l^{(2)}+1$ erfolgen.

Es folgt nun $\hat{IP}^{(2)}(n+m) = \hat{IP}^{(2)}(n+m-1) - \hat{D}(n+m) + \hat{C}^{(2)}(n+m)$ für $m = 1, 2, 3, \ldots, l^{(2)}+1$ mit $\hat{IP}^{(2)}(n) = IP^{(2)}(n) = Z^{(2)}(n) - B^{(2)}(n)$. Die prognostizierte Bestandsposition am Ende von Periode $n+l^{(2)}+1$, falls in dieser Periode keine Zugänge eintreffen, ist dann

$$
\begin{aligned}
&\hat{IP}^{(2)}(n+l^{(2)}+1)^* \\
&= Z^{(2)}(n) - B^{(2)}(n) - \sum_{m=1}^{l^{(2)}+1} \hat{D}(n+m) + \sum_{m=1}^{l^{(2)}} \hat{C}^{(2)}(n+m) \\
&= W^{(2)}(n) + Z^{(2)}(n) - B^{(2)}(n) + B^{(1)}(n) - \sum_{m=1}^{l^{(2)}+1} \hat{D}(n+m) \\
&= E^{(2)}(n) - B^{(2)}(n) + B^{(1)}(n) - \sum_{m=1}^{l^{(2)}+1} \hat{D}(n+m)
\end{aligned}
\tag{4.31}
$$

unter Nutzung von Gleichung (4.30) und unter der Bedingung, dass der Staffelbestand (Echelon stock) $E^{(2)}(n) = W^{(2)}(n) + Z^{(2)}(n)$ beträgt.

Die MRP-Berechnungen vergleichen nun $\hat{IP}^{(2)}(n+l^{(2)}+1)^*$ mit dem vorgegebenen Sicherheitsbestand $z^{(2)}$, um die erforderlichen Fertigstellungen in Periode $n+l^{(2)}+1$ und somit auch die notwendigen Freigaben in Periode $n+1$, $\hat{R}^{(2)}(n+1)$, zu bestimmen. Liegen keine Beschränkungen bezüglich der Losgrößenwahl vor, so ergeben sich die geplanten Freigaben in Periode $n+1$ zu

$$
\begin{aligned}
\hat{R}^{(2)}(n+1) &= \hat{C}^{(2)}(n+l^{(2)}+1) = \max\{0, z^{(2)} - \hat{IP}^{(2)}(n+l^{(2)}+1)^*\} \\
&= \max\left\{0, z^{(2)} + B^{(2)}(n) - B^{(1)}(n) - E^{(2)}(n) + \sum_{m=1}^{l^{(2)}+1} \hat{D}(n+m)\right\}.
\end{aligned}
\tag{4.32}
$$

In der Realität kann die Freigabe von $\hat{R}^{(2)}(n+1)$ unmöglich sein, da nicht notwendigerweise ausreichend Bestand in Lager 1 vorhanden ist.

Ist $\hat{R}^{(2)}(n+1) > 0$, so ist leicht ersichtlich, dass die am Ende von Periode n erfolgte Prognose der zukünftigen Freigaben in den Perioden $n+2$, $n+3$, $n+4$,... sich ergibt zu

$$
\hat{R}^{(2)}(n+m) = \hat{D}(n+m+l^{(2)}) \text{ für } m = 2,3,\ldots \tag{4.33}
$$

Nun betrachte man Lager 1. Seine anfängliche Bestandsposition ist die Differenz zwischen dem physischen Lagerbestand $Z^{(1)}(n)$ und dem anfänglichen Rückstand ausstehender Aufträge $B^{(1)}(n)$ mit $Z^{(1)}(n) \times B^{(1)}(n) \equiv 0$. Der prognostizierte Bedarf, den Lager 1 bedienen muss, entspricht den benötigten Auftragsfreigaben an Zelle 2. Unter Verwendung des für Zelle 2 erläuterten Ansatzes ergibt sich die Menge der benötigten Freigaben an Zelle 1 für Periode 1 analog zur Gleichung (4.32) wie folgt:

$$\hat{R}^{(1)}(n+1) = \max\left\{0, z^{(1)} + B^{(1)}(n) - E^{(1)}(n) + E^{(2)}(n) + \sum_{m=1}^{l^{(1)}+1} \hat{R}^{(2)}(n+m)\right\}, \quad (4.34)$$

wobei $E^{(1)}(n) = Z^{(1)}(n) + Z^{(2)}(n) + W^{(1)}(n) + W^{(2)}(n)$ der Staffelbestand von Zelle 1 ist.

Ist nun $\sum_{m=1}^{l^{(1)}+1} \hat{R}^{(2)}(n+m) > 0$, so folgt aus (4.32) und (4.33), dass

$$\sum_{m=1}^{l^{(1)}+1} \hat{R}^{(2)}(n+m) = z^{(2)} + B^{(2)}(n) - E^{(2)}(n) - B^{(1)}(n) + \sum_{m=1}^{l^{(1)}+l^{(2)}+1} \hat{D}(n+m). \quad (4.35)$$

Nach Einsetzen von (4.35) in (4.34) erhält man

$$\hat{R}^{(1)}(n+1) = \max\{0, z^{(1)} + B^{(1)}(n) - E^{(1)}(n) + E^{(2)}(n), z^{(1)} + z^{(2)} + B^{(2)}(n) - E^{(1)}(n) + \sum_{m=1}^{l^{(1)}+l^{(2)}+1} \hat{D}(n+m)\}. \quad (4.36)$$

Wird $\hat{R}^{(1)}(n+1)$ durch den Term $z^{(1)} + B^{(1)}(n) - E^{(1)}(n) + E^{(2)}(n)$ bestimmt, so erfolgen Freigaben an Zelle 1, um den Bestand in Zelle 1 und Lager 1 auf die Höhe $z^{(1)} + B^{(1)}(n)$ zu bringen, obwohl keine Freigaben an Zelle 2 erfolgen.

Ist $\hat{R}^{(1)}(n+1) > 0$, so folgt $\hat{R}^{(1)}(n+m) = \hat{D}(n+m+l^{(1)}+l^{(2)})$ für $m = 2,3,\ldots$

Es ist zu beachten, dass MRP in der Funktion einem Base stock-System stark ähnelt. Bei MRP ist der Soll-Staffelbestand jedoch nicht durch $z^{(1)} + z^{(2)}$ gegeben, sondern enthält einen weiteren Term, welcher den gesamten geschätzten Bedarf bis zu einem Zeithorizont $l^{(1)} + l^{(2)} + 1$ darstellt.[16]

---

16 Hierauf wurde zuerst in Lambrecht et al. (1984) hingewiesen.

4.4.1.2 MRP-System mit kontinuierlicher Bestandsüberwachung

Bei kontinuierlicher Bestandsüberwachung gibt ein Master production schedule die Zeitpunkte an, zu denen die einzelnen Auslieferungen der Produkte erfolgen sollen. In einem System mit einer Fertigungszelle sei die Vorlaufzeit $l^{(1)}$ gegeben. Aus Gleichung (4.33) ist ersichtlich, dass zum Zeitpunkt t eine Materialfreigabe an die Zelle erfolgt, wenn im Master production schedule eine Auslieferung zum Zeitpunkt $t + l^{(1)}$ vorgesehen ist. Das System kann wie in Abb. 4-14 dargestellt werden, wobei Kundenaufträge zu den Zeitpunkten O_1, O_2, O_3,... eingehen. Der zum Zeitpunkt O_n eingehende Auftrag erfordert hierbei den Liefertermin O_{n+l}.

Produzieren wie in Abb. 4-15 zwei Zellen 1 und 2 ein einzelnes Produkt nacheinander, so besitzt jede Zelle ihrem Sicherheitsbestand und ihrer Vorlaufzeit entsprechende MRP-Parameter. Ist $l^{(j)}$ die Vorlaufzeit für Zelle j, $j = 1, 2$, so folgt daraus, dass eine Materialfreigabe an Zelle 2 zum Zeitpunkt t erfolgt, wenn nach dem Master production schedule eine Auslieferung zum Zeitpunkt $t + l^{(2)}$ notwendig ist. Materialfreigaben an Zelle 1 wiederum erfolgen zum Zeitpunkt t, wenn der Master production schedule eine Auslieferung zum Zeitpunkt $t + l^{(1)} + l^{(2)}$ vorsieht. Folglich entsprechen Materialfreigaben an Zelle 1 dem Master production schedule, zeitversetzt um $l^{(1)} + l^{(2)}$. Materialfreigaben an Zelle 2 wiederum entsprechen dem um $l^{(2)}$ zeitversetzten Master production schedule. Alternativ kann das System so dargestellt werden, dass die Kundenaufträge zu den Zeitpunkten $O_1, O_2, O_3, \ldots$ eintreffen, wobei der am Zeitpunkt O_n eintreffende Auftrag den Liefertermin $O_n + l^{(1)} + l^{(2)} = A_n$ fordert. Für diese Darstellung ergibt sich der Zeitpunkt der n-ten angeforderten Materialfreigabe an Zelle 1 zu $R_n^{(1)} = O_n$. Für den Zeitpunkt der n-ten angeforderten Materialfreigabe an Zelle 2 folgt $R_n^{(2)} = O_n + l^{(1)}$.

Für ein System mit m in Reihe angeordneten Zellen und Lieferterminen $A_1, A_2, A_3, \ldots$ sei

$$\tau^{(1)} = 0, \tau^{(j)} = \sum_{u=1}^{j-1} l^{(u)} \text{ für } j = 2, 3, \ldots, m+1 \tag{4.37}$$

definiert. Die MRP-Logik erfordert, dass die n-te Materialfreigabe an Zelle j zum Zeitpunkt $A_n - \tau^{(m+1)} + \tau^{(j)}$ erfolgt, somit sind $\tau^{(j+1)} \geq \tau^{(j)}$, $j = 2, 3, \ldots, m$ und $\tau^{(1)} = 0$. Die tatsächliche Materialfreigabe kann sich verzögern, falls in Lager $j - 1$ kein Bestand vorhanden ist.

Das System kann wiederum mit Auftragseingängen an den Zeitpunkten $O_1, O_2, O_3, \ldots$ dargestellt werden. Der zum Zeitpunkt O_n eingehende Auftrag erfordert den Liefertermin $O_n + \tau^{(m+1)} = A_n$. Die Materialfreigabe von Lager $j - 1$ an Zelle j muss folglich zum Zeitpunkt $R_n^{(j)} = O_n + \tau^{(j)}$, $j = 1, 2, \ldots, m$, erfolgen.

4.4.1.3 Erweiterte MRP-Berechnungen

4.4.1.3.1 Berechnungen von Lieferrückständen

Man betrachte ein durch MRP gesteuertes Fertigungssystem mit einer Zelle und kontinuierlicher Bestandsüberwachung. Ein zum Zeitpunkt t eingehender Kundenauftrag erfordere eine Auslieferung zum Zeitpunkt $t+\tau$. Das System nutze eine Losgröße von 1, so dass bei jedem Auftragseingang unmittelbar eine Materialfreigabe an die Zelle erfolgt.

Es seien

$W^{(1)}(t)$ die Anzahl der in Bearbeitung befindlichen Aufträge zum Zeitpunkt t,
$Z^{(1)}(t)$ die Anzahl der Aufträge im Lager zum Zeitpunkt t und
$B^{(1)}(t)$ der Lieferrückstand zum Zeitpunkt t.

Es wird angenommen, dass zum Zeitpunkt 0 keine unbedienten Aufträge vorhanden sowie $W^{(1)}(0) = 0$ und $Z^{(1)}(0) = z^{(1)}$ sind. $A(s,t)$ sei definiert als die Anzahl der Aufträge, die im Zeitintervall (s,t) eingegangen sind. Die Anzahl der Lieferungen an Kunden, die im Zeitintervall $(0,t)$ in einem MRP-gesteuerten System hätten erfolgen sollen, ist $A(0,t-\tau^{(1)})$. Dementsprechend ist die Anzahl der bis zum Zeitpunkt t eingegangenen Aufträge, die bis zum Zeitpunkt t keine Auslieferung erfordern, gleich $A(t-\tau^{(1)},t)$. $D(s,t)$ sei die Anzahl tatsächlich ausgeführter Lieferungen im Zeitintervall (s,t). Somit gilt

$$\begin{aligned} W^{(1)}(t) + Z^{(1)}(t) &= z^{(1)} + A(0,t) - D(0,t) \\ &= z^{(1)} - A(0,t) - A(0,t-\tau^{(1)}) + A(0,t-\tau^{(1)}) - D(0,t) \\ &= z^{(1)} + A(t-\tau^{(1)},t) + B^{(1)}(t) \end{aligned} \tag{4.38}$$

und

$$B^{(1)}(t) = \max\,\{W^{(1)}(t) - z^{(1)} - A(t-\tau^{(1)},t), 0\}\,, \tag{4.39}$$

da für $B^{(1)}(t) > 0$ auch $Z^{(1)}(t) = 0$.

Da $W^{(1)}(t)$ von $A(t-\tau^{(1)},t)$ abhängig ist, kann für eine einfachere Analyse auch

$$W^{(1)}(t) = W^{(1)}(t-\tau^{(1)}) + A(t-\tau^{(1)},t) - C^{(1)}(t-\tau^{(1)},t) \tag{4.40}$$

betrachtet werden, wobei $C^{(1)}(t-\tau^{(1)},t)$ die Anzahl der fertig gestellten Auftragsbearbeitungen im Intervall $(t-\tau^{(1)},t)$ darstellt. Hiermit erhält man

$$B^{(1)}(t) = \max\,\{W^{(1)}(t-\tau^{(1)}) - z - C^{(1)}(t-\tau^{(1)},t), 0\}\,. \tag{4.41}$$

Folglich werden die Lieferrückstände sinken, wenn (1) $z^{(1)}$ wächst, (2) $\tau^{(1)}$ wächst.

4.4.1.3.2 Verteilungsfunktion der Lieferrückstände

In einer Zelle, die aus einer einzelnen Maschine mit exponentialverteilter Bedienzeit und exponentialverteilter Zwischenankunftszeit der Kundenaufträge besteht, betrachte man das Grenzverhalten für $t \to \infty$. Man erhält so

$$P\{B^{(1)} = u\}$$
$$= \lim_{t \to \infty} \sum_{v=0}^{\infty} P\{W^{(1)}(t-\tau^{(1)}) = u+v+z^{(1)}\} P\{C^{(1)}(t-\tau^{(1)},t) = v\} \tag{4.42}$$
für $u = 1, 2, \ldots$

Unter Verwendung von Ergebnissen eines $M/M/1$ Bediensystems ergibt sich

$$\underset{\to\infty}{\mathrm{im}}\, P\{W^{(1)}(t-\tau^{(1)}) = u+v+z^{(1)}\} = (1-\rho)\rho^{u+v+z^{(1}}. \tag{4.43}$$

Da ebenfalls $v < v + u + z^{(1)}$, ist die Bedienstelle im Intervall $(t-\tau^{(1)},t)$ stets ausgelastet. Somit ist

$$\lim_{t \to \infty} P\{C^{(1)}(t-\tau^{(1)},t) = v\} = \frac{(\mu\tau^{(1)})^v}{v!} e^{-\mu\tau^{(1)}} \text{ für } v = 0, 1, 2, \ldots \tag{4.44}$$

Es folgt demnach

$$P\{B^{(1)} = u\} = (1-\rho)\rho^{u+z^{(1)}} e^{-(\mu-\lambda)\tau^{(1)}} \text{ für } u = 1, 2, \ldots \tag{4.45}$$

Folglich ist der erwartete Lieferrückstand $E[B]$ gegeben durch

$$E[B^{(1)}] = \frac{\rho^{z^{(1)}+1}}{1-\rho} e^{-(\mu-\lambda)\tau^{(1)}}. \tag{4.46}$$

Aus einer ähnlichen Argumentation lässt sich zeigen, dass für $z^{(1)} \geq 1$

$$P\{B^{(1)} = Z^{(1)} = 0\} = (1-\rho)\rho^{z^{(1)}} e^{-(\mu-\lambda)\tau^{(1)}} \tag{4.47}$$

gilt.

Die Wahrscheinlichkeit P_{ND}, dass eine eingehende Lieferanforderung nicht warten muss, ist demnach

$$\begin{aligned} P_{ND} &= P\{Z^{(1)} > 0\} = 1 - P\{B^{(1)} = Z^{(1)} = 0\} - \sum_{u=1}^{\infty} P\{B^{(1)} = u\} \\ &= 1 - \rho^{z^{(1)}} e^{-(\mu - \lambda)\tau^{(1)}} . \end{aligned} \tag{4.48}$$

Es ist weiterhin möglich, den durchschnittlichen Lagerbestand $E[Z^{(1)}]$ unter Verwendung der Gleichung (4.38) zu bestimmen. Man erhält

$$E[Z^{(1)}] = E[B^{(1)}] + z^{(1)} - E[W^{(1)}] + E[A(t - \tau^{(1)}, t)] \tag{4.49}$$

oder unter Verwendung der Tatsache, dass in einem $M/M/1$ Bediensystem $E[W^{(1)}] = \rho \cdot (1 - \rho)^{-1}$ gilt und bei exponentialverteilter Zwischenankunftszeit die erwartete Zahl der Auftragseingänge im Intervall $(t - \tau^{(1)}, t)$ gleich $\lambda\tau^{(1)}$ ist,

$$E[Z^{(1)}] = E[B^{(1)}] + z^{(1)} - \frac{\rho}{1 - \rho} + \lambda\tau^{(1)} . \tag{4.50}$$

Betragen die Kosten für die Lagerung eines fertig gestellten Auftrages im Lager pro Zeiteinheit k_l und seien die Kosten eines Lieferrückstandes pro Zeiteinheit gleich k_b, so folgt für die Kosten pro Zeiteinheit $E[K]$ bei einem System mit den Parametern $z^{(1)}$ und $\tau^{(1)}$:

$$E[K] = (k_l + k_b)E[B^{(1)}] + k_l\left(z^{(1)} + \lambda\tau^{(1)} - \frac{\rho}{1 - \rho}\right) . \tag{4.51}$$

4.4.1.3.3 Zeitreserve oder Mengenreserve

Aus den Gleichungen (4.46) und (4.51) lassen sich weitere Schlüsse über die relativen Vorteile von Zeitreserven und Mengenreserven ziehen. Der Anfangsbestand $z^{(1)}$ kann als Sicherheitsbestand oder Mengenreserve angesehen werden, während $\tau^{(1)}$ die Zeitreserve darstellt. Die optimale Kombination der Parameter $z^{(1)}$ und $\tau^{(1)}$ wird also $E[K]$ minimieren. Man betrachte Kombinationen von $z^{(1)}$ und $\tau^{(1)}$, bei denen die Gleichung $z^{(1)} + \lambda\tau^{(1)} = s$ erfüllt ist, wobei s eine Konstante ist. Die optimale Parameterkombination minimiert $E[B^{(1)}]$; optimal ist also diejenige Kombination, die den Faktor

$$\rho^{z^{(1)}} e^{-(\mu - \lambda)\tau^{(1)}} = e^{(z^{(1)} \ln(\rho) - (\mu - \lambda)\tau^{(1)})} = e^{f(z^{(1)}, \tau^{(1)})} \tag{4.52}$$

minimiert.

Optimal ist also das System, welches

$$
\begin{aligned}
f(z^{(1)},\tau^{(1)}) &= z^{(1)} \ln(\rho) - (\mu - \lambda)\tau^{(1)} \\
&= (s \ln(\rho) - (\lambda \ln(\rho) + \mu - \lambda)\tau^{(1)})
\end{aligned}
\tag{4.53}
$$

minimiert. Da $f(z^{(1)},\tau^{(1)})$ linear über $\tau^{(1)}$ ist, muss für das optimale System entweder $\tau^{(1)} = 0$ oder $\lambda\tau^{(1)} = s$ gelten, d. h. das System nutzt entweder eine Zeitreserve oder eine Mengenreserve. Das Optimum wird $\lambda\tau^{(1)} = s$ sein, falls $\lambda \ln(\rho) + \mu - \lambda > 0$ oder $\ln(\rho) > -(1-\rho) \cdot \rho^{-1}$ gilt. Die Richtigkeit dieser Aussage kann gezeigt werden, da

$$
\begin{aligned}
\ln(\rho) &= \ln(1-(1-\rho)) \\
&= -(1-\rho) - (1-\rho)^2/2 - (1-\rho)^3/3 - \ldots \\
&\ldots > -(1-\rho) - (1-\rho)^2 - (1-\rho)^3 - \ldots \\
&= -\left(\frac{(1-\rho)}{\rho}\right).
\end{aligned}
\tag{4.54}
$$

Optimal ist folglich die Wahl von $z^{(1)} = 0$ und eine ausschließliche Nutzung der Zeitreserve.

Hieraus folgt, dass die erwarteten Kosten minimiert werden, wenn eine Zeitreserve zur Minimierung von $E[K]$ gewählt wird. Es lässt sich zeigen, dass dies zu einer durch

$$
e^{-(\mu-\lambda)\tau^{(1)}} = \frac{k_l}{k_l + k_b}
\tag{4.55}
$$

gegebenen optimalen Zeitreserve führt, d. h. zu

$$
\lambda\tau^{(1)} = \frac{(\ln(k_l + k_b) - \ln(k_l))\rho}{1-\rho}.
\tag{4.56}
$$

Man beachte, dass die optimale Zeit $\tau^{(1)}$ mit steigender Auslastung der Bedienstelle ansteigt.

Die Optimalität der Zeitreserve gegenüber der Mengenreserve kann generell für beliebige Verteilungen der Zwischenankunfts- und Bedienzeiten nachgewiesen werden (vgl. Buzacott/Shanthikumar 1994).

Der Nachweis der Vorteilhaftigkeit von Zeitreserven gegenüber Mengenreserven beruht auf einer Annahme, wonach der Eingang eines Auftrages eine perfekte Vorhersage (*perfect forecast*) der Eingangszeit eines Lieferabrufes enthält. Existiert ein Zeithorizont L^*, bis zu dem die Vorhersage perfekt ist und über welchen hinaus keine Informationen über zukünftige Auftragseingänge vorliegen, so ist es nicht sinnvoll, $\tau^{(1)} > L^*$ zu wählen. Folglich kann die Nutzung einer gewissen Mengenreserve vorteilhaft sein (vgl. Karaesman/Buzacott/Dallery 2002).

Nun sei $\tau^{(1)}$ zufällig, nicht konstant wie bisher, und man vergleiche zwei Systeme, wobei eines ausschließlich Zeitreserve und das zweite ausschließlich Mengenreserve verwendet. Schwankt $\tau^{(1)}$ stärker als die Zeit zwischen $z^{(1)}$ Auftragseingängen, so ist das System mit Mengenreserve im Allgemeinen vorzuziehen.

4.4.1.3.4 „Nervosität" MRP-gesteuerter Fertigungssysteme

Eines der Probleme MRP-gesteuerter Systemen ist das Phänomen der *MRP-Nervosität*. Es gibt zwei grundlegende Arten, MRP-Nervosität zu betrachten:

(1) die Variation der Freigabemengen von einer Periode zur nächsten und

(2) die Änderung der antizipierten Freigabemenge einer gegebenen Periode mit abnehmender zeitlicher Distanz zu dieser Periode.

Der Hauptgrund für MRP-Nervosität sind Änderungen im Master production schedule von einer Periode zur nächsten. Sei $\hat{D}_n(n+m)$ definiert als die zum Zeitpunkt n gemäß festgelegtem Master production schedule geplanten Lieferungen in der Periode $n+m$. Wenn sich der Master production schedule vom Zeitpunkt n zum Zeitpunkt $n+1$ ändert, so ist $\hat{D}_n(n+m) \neq \hat{D}_{n+1}(n+m)$. Auch können die in Periode $n+m$ tatsächlich erfolgten Auslieferungen von den im Master production schedule vorgesehenen Mengen abweichen. $D(n+m)$ seien die tatsächlichen Lieferungen in Periode $n+m$.

(1) MRP-Nervosität aufgrund von Änderungen der Freigabemengen

Im Falle der Änderung der Freigabemenge von einer Periode zur nächsten kann mittels Gleichung (4.36) und unter den Annahmen, dass $\sum_{m=1}^{l^{(1)}+1} \hat{R}^{(2)}(n+m) > 0$ und dass Freigaben in den Perioden $n+1$ und $n+2$ erfolgen, eine mathematische Erklärung der Nervosität gegeben werden. Sei $\hat{R}_n^{(j)}(n+m)$ definiert als die zum Zeitpunkt n geplante Materialfreigabe in der Periode $n+m$ an Zelle j. Somit erhält man

$$\begin{aligned} \hat{R}_n^{(1)}(n+1) &= z^{(1)} + z^{(2)} + B^{(2)}(n) - E^{(1)}(n) + \sum_{m=1}^{l^{(1)}+l^{(2)}+1} \hat{D}_n(n+m), \\ \hat{R}_n^{(1)}(n+j) &= \hat{D}_n(n+l^{(1)}+l^{(2)}+j), \quad j = 2, 3, \ldots, \end{aligned} \tag{4.57}$$

wobei

$$\begin{aligned}\hat{R}_{n+1}^{(1)}(n+2) &= z^{(1)} + z^{(2)} + B^{(2)}(n+1) - E^{(1)}(n+1) \\ &\quad + \sum_{m=1}^{l^{(1)}+l^{(2)}+1} \hat{D}_{n+1}(n+1+m)\,, \\ \hat{R}_{n+1}^{(1)}(n+1+j) &= \hat{D}_{n+1}(n+1+l^{(1)}+l^{(2)}+j), \quad j = 2, 3, \ldots\end{aligned} \tag{4.58}$$

Nimmt man weiterhin an, dass die tatsächliche Freigabemenge in Periode $n+1$ gleich $\hat{R}_n^{(1)}(n+1)$ ist, so erhält man

$$\begin{aligned}&E^{(1)}(n+1) - B^{(2)}(n+1) \\ &= E^{(1)}(n) - B^{(2)}(n) + \hat{R}_n^{(1)}(n+1) - D(n+1)\,,\end{aligned} \tag{4.59}$$

wobei $D(n+1)$ die tatsächlich erforderlichen Lieferungen von Lager 2 in Periode $n+1$ darstellt. Es folgt somit

$$\begin{aligned}\hat{R}_{n+1}^{(1)}(n+2) &= D(n+1) + \sum_{m=1}^{l^{(1)}+l^{(2)}+1} \hat{D}_{n+1}(n+1+m) \\ &\quad - \sum_{m=1}^{l^{(1)}+l^{(2)}+1} \hat{D}_n(n+m) \\ &= D(n+1) - \hat{D}_n(n+1) \\ &\quad + \sum_{m=1}^{l^{(1)}+l^{(2)}+1} (\hat{D}_{n+1}(n+m) - \hat{D}_n(n+m)) \\ &\quad + \hat{D}_{n+1}(n+2+l^{(1)}+l^{(2)})\,.\end{aligned} \tag{4.60}$$

Aus Gleichung (4.60) ist ersichtlich, dass die Änderung der Freigabemengen von Periode zu Periode größer ist als die Änderung der erforderlichen Lieferungen. Ebenso wächst diese Differenz mit dem Wechsel von einer Periode zur nächsten im Master production schedule der geplanten Lieferungen über die nächsten $l^{(1)} + l^{(2)} + 1$ Perioden. Diese Veränderung im Master production schedule wächst voraussichtlich mit $l^{(1)} + l^{(2)}$.

(2) MRP-Nervosität aufgrund von Änderung der antizipierten Freigabemenge

Im Falle der Änderung der antizipierten Freigabemenge einer gegebenen Periode mit abnehmender zeitlicher Distanz zu dieser Periode ergibt sich aus

$$\hat{R}^{(1)}_{n+1}(n+1+j) = \hat{D}_{n+1}(n+1+l^{(1)}+l^{(2)}+j), \quad j = 2, 3, \ldots, \tag{4.61}$$

dass diese der Änderung des Master production schedule entspricht. Die Veränderung der erwarteten Freigaben wird im Allgemeinen durch die angewendete Losbildungsregel verstärkt. Eine Veränderung im Master production schedule kann zu einer zeitlichen Veränderung einer Losfreigabe führen, welche wiederum die Freigabezeitpunkte von Komponentenlosen beeinträchtigt und so eine sich fortpflanzende Wirkung im Gesamtsystem hat.

Um die Stärke der Veränderungen der Freigabemengen zu reduzieren, wird in der Praxis ein Master production schedule manchmal für eine bestimmte Periodenzahl *eingefroren*, d. h. die folgenden Master production schedules werden so gewählt, dass für die Perioden $2, 3, \ldots, k$ die Gleichung $\hat{D}_n(n+m) = \hat{D}_{n+1}(n+m)$ gilt. Man beachte, dass ein Einfrieren des Master production schedule die Differenz $D(n+1) - \hat{D}_n(n+1)$ tendenziell erhöht, da $\hat{D}_n(n+1)$ nun nicht auf den aktuellsten Informationen basiert.

4.4.2 Fortschrittszahlenkonzept – FZK

Bei einer Fertigungssteuerung mittels Fortschrittszahlen soll der Produktionsfortschritt an definierten *Kontrollpunkten* innerhalb des Produktionssystems ermittelt werden. Das Konzept wurde in den 60er Jahren als ein Instrument zur Überwachung und Steuerung der Produktion unter den Bedingungen der Fließfertigung (vor allem in der Automobilindustrie) entwickelt (vgl. Adam 1998, S. 634 ff. und Glaser/Geiger/Rohde 1992, S. 232). Bedingung ist lediglich eine weitgehend lineare Verknüpfung der einzelnen Fertigungssegmente (Kontrollbereiche). Das Fortschrittszahlenkonzept ist jedoch nicht nur für Fließfertigungen einsetzbar, sondern kann auch der Verknüpfung unterschiedlich organisierter Fertigungsbereiche dienen.

Zur Umsetzung der angestrebten Steuerungsfunktion werden zwei Kennziffern definiert:

Die *Soll-Fortschrittszahl* (Soll-FZ) bezeichnet die kumulierte Menge eines Produktes (Einzelteil, Baugruppe), die ausgehend von einem definierten Zeitpunkt t_0 bis zu einem bestimmten Zeitpunkt t_n zu fertigen, bereitzustellen bzw. zu liefern ist (siehe Abb. 4-16). Grundlage für die Berechnung der Soll-FZ bildet die zentral durchzuführende Primärbedarfsplanung sowie die darauf basierende Nettosekundärbedarfs-

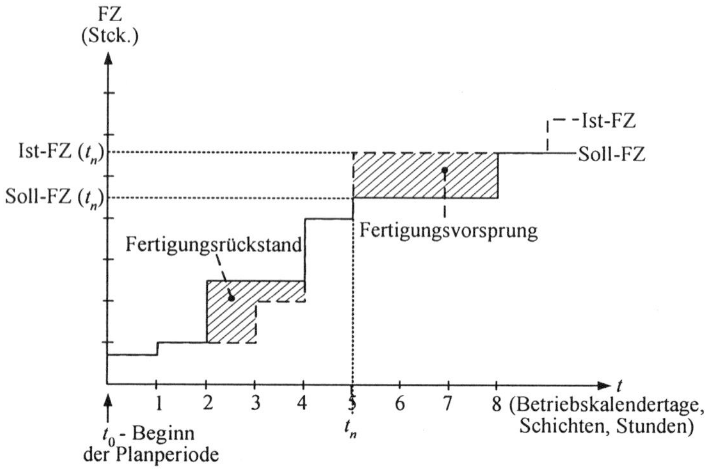

Abb. 4-16: Fortschrittszahlendiagramm für einen Kontrollpunkt

rechnung. Die mit der Berechnung der Nettosekundärbedarfe verknüpfte Vorlaufverschiebung (vgl. Abschnitt 3.2.3.1.3) setzt die erforderlichen Fertigungsmengen in Beziehung zum *Betriebskalender*. Damit ist zugleich der Schnittpunkt zur vorgelagerten zentralen Produktionsplanung definiert. Auf eine operative Kapazitätsplanung wird innerhalb des Fortschrittszahlenkonzeptes meist verzichtet. Es wird davon ausgegangen, dass unter den Bedingungen der (Groß-)Serien- oder Fließfertigung eine relative konstante Nachfrage zu befriedigen ist, die dazu notwendigen Kapazitäten vorgehalten werden und aufeinander abgestimmt (harmonisiert) sind. Die Terminplanung anhand der Vorlaufzeit-Rechnung setzt eine geringe Streuung der Durchlaufzeiten voraus (vgl. Adam 1998, S. 657).

Ist-Fortschrittszahlen (Ist-FZ) bezeichnen die tatsächlich durch das Fertigungssystem realisierten Produktionsmengen. Auch diese werden wiederum kumuliert für den Zeitraum $t_0 \ldots t_n$ ermittelt (siehe Abb. 4-16).

Aus der Differenz zwischen Soll- und Ist-Fortschrittszahl können Rückschlüsse auf einen möglichen Produktionsrückstand bzw. -vorlauf gezogen und entsprechende Steuerungsmaßnahmen abgeleitet werden.

4.5 Belastungsorientierte Verfahren

Ziel der nachfolgend beschriebenen Steuerungsverfahren

- Local control,
- Integral control,
- Constant work-in-process (CONWIP),
- Belastungsorientierte Auftragsfreigabe (BOA) sowie
- Optimized Production Technology (OPT)

ist eine möglichst hohe und gleichmäßige Auslastung des Fertigungssystems. Dazu wurden unterschiedliche Ansätze entwickelt, die entweder nur einzelne Fertigungszellen, Engpässe, größere Fertigungssegmente oder auch das Fertigungssystem insgesamt betrachten.

4.5.1 Local Control

Bei Einsatz des Steuerungsverfahrens Local control wird eine Ressource (Fertigungszelle) dann aktiviert, wenn die folgenden Bedingungen erfüllt sind:

(1) Die Ressource ist verfügbar und

(2) im vorgelagerten Lager sind Aufträge vorhanden.

Der Auftrag wird dann unmittelbar an die Zelle freigegeben. Bei Fertigstellung des Auftrages wird

(3) der Auftrag in das Ausgangslager der Zelle transportiert, sofern dort Kapazität vorhanden ist oder

(4) der Auftrag in der Zelle angehalten, wenn im Ausgangslager keine Kapazität frei ist.

Wird der Auftrag in der Zelle angehalten, so ist diese blockiert und kann folglich keinen weiteren Auftrag bearbeiten.

Man beachte, dass mit Local control der Materialfluss vom Zustand der unmittelbar vor- und nachgelagerten Lager sowie der Fertigungszelle selbst bestimmt wird.

Local control beschreibt den typischen Ansatz zum Betrieb mehrstufiger automatisierter Produktionssysteme. Das System besteht aus Stufen oder Zellen $j = 1, 2, \ldots, m$ in Reihe. Jeder Zelle j ist ein Lager j nachgeordnet. Das Lager j hat begrenzte Kapazität. Die Zelle j besteht aus $c^{(j)}$ Maschinen, die parallel arbeiten, wobei jede Maschine die von der Zelle geforderten Aufgaben erfüllen kann. Der

Transport von Aufträgen aus dem Lager $j-1$ in Zelle j wird nur freigegeben, wenn in Zelle j eine freie Maschine zur Verfügung steht. Ebenso kann ein Auftrag nach seiner Fertigstellung in Zelle j die Maschine nicht verlassen, bis für ihn ein Platz im Lager j verfügbar ist. Ist im Lager kein freier Platz vorhanden, so verbleibt der Auftrag auf der Maschine und blockiert die Maschine, so dass sie nicht mit der Fertigung eines anderen Auftrages beginnen kann. Es ist also möglich, dass alle Maschinen in einer Zelle gleichzeitig blockiert sind. Man beachte, dass bei Local control das Lager $j-1$ ausschließlich dann einen positiven Lagerbestand haben kann, wenn alle Maschinen in Zelle j belegt sind, d. h. entweder einen Auftrag bearbeiten oder blockiert sind. Man beachte weiterhin, dass eine Maschine in Zelle j nur blockiert werden kann, wenn das Lager j voll ist. Hat das Lager j die Kapazität $z^{(j)}-c^{(j)}$, so kann die Summe der Aufträge in Zelle j und Lager j den Betrag $z^{(j)}$ nicht übersteigen.

Die Produktnachfrage bleibt offensichtlich unbeachtet, so dass die Lager nur über begrenzte Kapazität verfügen sollten, um einerseits eine ununterbrochene Produktion zu ermöglichen und andererseits den Aufbau großer Lagerbestände zu vermeiden. Alternativ kann bei einer mehrere aufeinander folgende Fertigungsschritte umfassenden Zelle für die Freigabe an die erste Arbeitsstation ein anderer Ansatz zur Materialflusssteuerung und für die folgenden Stationen Local control genutzt werden.

4.5.2 Integral Control

Integral control basiert auf der Betrachtung eines aus mehreren Fertigungsressourcen oder Zellen bestehenden Segmentes eines Produktionssystems, nicht jedoch des gesamten Systems. Der gesamte Werkstattbestand wird begrenzt. Diese Begrenzung kann über die Anzahl von Aufträgen oder über die Arbeitsstunden vorgenommen werden. Bei Integral control erfolgen Auftragsfreigaben so, dass der sich nach Auftragsfreigabe einstellende tatsächliche Werkstattbestand möglichst genau dem festgelegten Höchstbestand entspricht, vorausgesetzt, in dem dem Segment vorgelagerten Lager sind hinreichend Aufträge vorhanden. Bezieht sich die Begrenzung auf die Anzahl der Aufträge und unterliegt die Losgröße keinen Beschränkungen, so kann die tatsächlich freigegebene Auftragsmenge genau dem Höchstbestand entsprechen. Liegen Losgrößenbeschränkungen vor, so sollte die Differenz zwischen tatsächlich freigegebenen Aufträgen und dem Höchstbestand kleiner als die Losgröße sein, vorausgesetzt es sind hinreichend Aufträge zur Freigabe verfügbar.

4.5.3 Constant Work-in-Process – CONWIP

CONWIP und Kanban weisen eine Reihe von verfahrensmethodischen Parallelen auf. CONWIP bleibt jedoch nicht auf den Einsatz in weitgehend linearen Fertigungssystemen mit einem relativ konstanten, in seiner Breite kaum schwankenden Produktspektrum beschränkt. Damit eignet es sich als Verfahren zur Steuerung der Fertigung auch für kleine bis mittlere Serien.

In Abb. 4-17 wird das Prinzip des Steuerungsverfahrens illustriert. Im Unterschied zu Kanban wird das gesamte Fertigungssystem in einem einzigen Regelkreis erfasst. Auf diese Anordnung lässt sich auch die universellere Anwendung des Systems zurückführen, da beispielsweise das zu einem Regelkreis zusammengefasste Fertigungssystem nicht zwangsläufig linear ausgerichtet sein muss.

Der Material- und der Informationsfluss sind gegenläufig, wobei sich die übertragene Information nicht auf den Bedarf eines zu fertigenden Einzelteils bzw. einer Baugruppe bezieht, sondern auf die Freigabe von Fertigungskapazitäten. Die *Backlog-Liste* enthält die zur Fertigung freizugebenden Fertigungsaufträge. Diese werden vom zentralen Planungssystem an die Planungsinstanz des Fertigungsabschnitts übergeben. Die Liste der Fertigungsaufträge wird nach dem Prinzip First come first served (FCFS)[17] abgearbeitet, wobei auf der Ebene des Fertigungssegmentes durchaus auch eine Umordnung der Fertigungsaufträge möglich ist (Gewährung von Steuerungskompetenz auf Segmentebene).

Der entscheidende Parameter für das Steuerungskonzept ist die Anzahl an Produktions-Kanban und die dazu gehörende Anzahl an Standardbehältern.

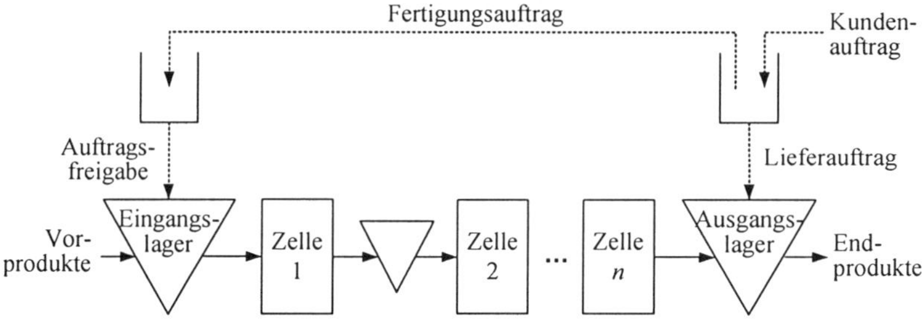

Abb. 4-17: Prinzipdarstellung von CONWIP (vgl. Spearman/Woodruff/Hopp 1990, S. 884)

Ein Standardbehälter repräsentiert jeweils eine konstante Menge an Arbeitsinhalt. Der Arbeitsinhalt wird dabei nicht als eine bestimmte Anzahl an Teilen sondern we-

[17] siehe Anlage 2

gen der häufiger wechselnden Produkte in Arbeitsstunden angegeben. Für unterschiedliche Fertigungsaufträge kann damit die Anzahl der in einem Los zu fertigenden Teile variieren, der zeitliche Arbeitsinhalt ist jedoch relativ konstant.

Die Anzahl der Standardbehälter und die Bearbeitungszeit für einen Standardbehälter bestimmen den Arbeitsinhalt im Fertigungssystem insgesamt. Unter der Bedingung, dass sich alle Standardbehälter ständig im Umlauf befinden, kann der Arbeitsinhalt im System (relativ) konstant gehalten werden (Constant work-in-process). Aufgrund dieses konstanten Arbeitsinhalts kann aus dem Zusammenhang von mittlerer Durchlaufzeit und mittlerem Bestand auf eine relativ konstante Durchlaufzeit der Standardbehälter geschlossen werden. Dadurch erhöht sich die Genauigkeit des Planungssystems, da hier mit einem (gesicherten) mittleren Wert für die Durchlaufzeit pro Standardbehälter und Auftrag die Durchlaufterminierung vorgenommen werden kann. Ein Auftrag aus der Backlog-Liste wird erst dann für die Fertigung freigegeben, wenn alle notwendigen Materialien bereitstehen und ein Produktions-Kanban zur Verfügung steht.

Die Anzahl der Produktions-Kanban und damit der durchschnittliche Bestand im Fertigungssystem muss, ähnlich wie bei der Belastungsorientierten Auftragsfreigabe (BOA, siehe Abschnitt 4.5.4), auf einem solchen Niveau eingestellt werden, dass die Durchlaufzeiten einen akzeptablen Wert erreichen und eine eventuell vorhandene Engpassarbeitsstation immer mit Arbeit bedient wird.

Störungen innerhalb des Fertigungssystems haben die Blockierung der Produktions-Kanban zur Folge. Es können erst dann wieder Fertigungsaufträge freigegeben werden, wenn die Störung beseitigt und der aufgebaute Bestand an Arbeitsinhalten abgebaut wurde. Ein störungsfreier Fertigungsablauf hat einen relativ zügigen Umlauf der Produktions-Kanban und damit ein zügiges Abarbeiten der in der Backlog-Liste stehenden Fertigungsaufträge zur Folge. CONWIP ist als Steuerungsverfahren für Fertigungssegmente mit häufiger wechselnden Produkten bei einer auf Fließfertigung orientierten Produktion gut geeignet, um die Vorgaben einer (zentralen) übergeordneten Planungsinstanz relativ eigenständig umzusetzen.

4.5.4 Belastungsorientierte Auftragsfreigabe – BOA

Die Belastungsorientierte Auftragsfreigabe BOA nach *Bechte, Kettner und Wiendahl* ordnet sich in das Phasenkonzept der Produktionsplanung und -steuerung nach Abschluss der Durchlaufterminierung ein. Die von der zentralen Produktionsplanung terminierten Fertigungsaufträge werden an das Planungsmodul der Belastungsorientierten Auftragsfreigabe übergeben und durch dieses Planungsmodul eingelastet.

Während bei einer Auftragsfreigabe nach dem konventionellen MRP-Verfahren (vgl. Abschnitt 4.4.1) die Einlastung der Fertigungsaufträge (meist) gegen infinite

Kapazitäten der Fertigungsressourcen erfolgt, wird bei BOA für die jeweilige Planperiode eine Beschränkung der Summe der jeweils vor einer Fertigungszelle wartenden und der in der Zelle in Bearbeitung befindlichen Fertigungsaufträge vorgenommen.

Grundlage des Einlastungsverfahrens bildet gemäß Little's Law der funktionale Zusammenhang zwischen mittlerer gewichteter Durchlaufzeit (gemessen in Betriebskalendertagen BKT)[18], mittlerem Bestand an Arbeitsinhalten (in Stunden) und mittlerer Leistung des Produktionssystems (siehe Abb. 4-18):

$$\tan\alpha \;=\; \text{mittlere Leistung einer Kapazitätseinheit (Std./BKT)}\,, \tag{4.62}$$

$$\begin{matrix}\text{mittlere gewichtete}\\ \text{Durchlaufzeit (BKT)}\end{matrix} = \frac{\text{mittlerer Bestand (Arbeitsinhalt in Std.)}}{\text{mittlere Leistung (Std./BKT)}}\,. \tag{4.63}$$

Durch Variation dieser interdependenten Parameter kann unter Beachtung des Zielsystems der Produktion – niedrige Bestände, kurze Durchlaufzeiten, hohe Kapazitätsauslastung, Lieferterminеinhaltung – ein geeigneter (optimaler) Arbeitspunkt des Fertigungssystems eingestellt werden. Dazu dienen zwei Steuerungsparameter: der Vorgriffshorizont (Terminschranke) und der Einlastungsprozentsatz (Belastungsschranke), die in Abhängigkeit von den oben genanten Größen und dem Zeitraum zwischen zwei Freigabeläufen zu bestimmen sind (vgl. Wiendahl 1987, S. 208 ff.).

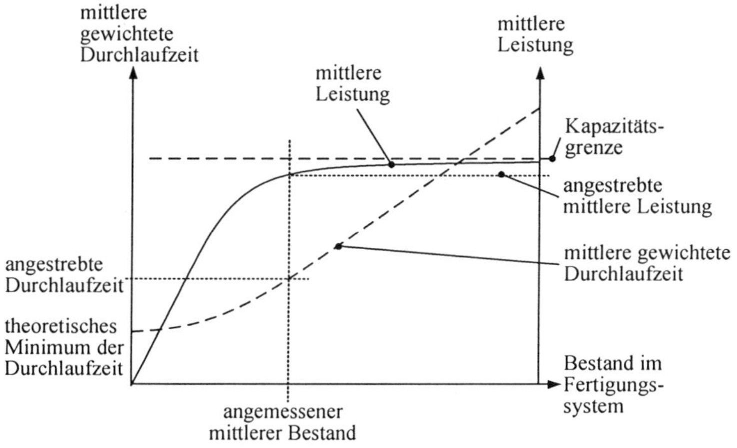

Abb. 4-18: Prinzipieller Zusammenhang zwischen Durchlaufzeit, Leistung und Bestand in der Fertigung (vgl. Wiendahl 1987, S. 207)

[18] Die mittlere gewichtete Durchlaufzeit ist die mit dem Auftragsinhalt (in Std.) gewichtete Durchlaufzeit, d. h. die mittlere Durchlaufzeit einer Stunde Arbeitsinhalt.

Der *Vorgriffshorizont* bestimmt den Zeitraum zwischen Planungszeitpunkt und Terminschranke. Alle Fertigungsaufträge, deren Anfangstermine (ermittelt im Rahmen der Durchlaufterminierung) innerhalb dieses Zeitintervalls liegen, werden als dringend eingestuft und sind zur probeweisen Einlastung in das Fertigungssystem zugelassen. Der Vorgriffshorizont, der i. d. R. mit ca. zwei Planungsperioden (z. B. Wochen) angegeben wird, verhindert, dass ein noch relativ weit in der Zukunft liegender Auftrag zu früh freigegeben wird und damit höhere Lagerkosten durch hohe Bestände in der Werkstatt oder im Zwischen- bzw. Fertigwarenlager verursacht.

Der *Einlastungsprozentsatz* (EPS) bestimmt den (mittleren) Bestand an Fertigungsaufträgen (zeitliche Arbeitsinhalte) vor den einzelnen Arbeitsstationen und stellt damit den wesentlichen Parameter für das Verfahren dar (siehe Abb. 4-19).

Die *Belastungsschranke* (BS) gibt den maximal erlaubten Bestand an Arbeitsinhalt vor einer Kapazitätseinheit an.[19] Der Einlastungsprozentsatz je Arbeitsstation ergibt sich dann aus dem Quotienten von Belastungsschranke und Periodenkapazität (Planabgang) der betreffenden Arbeitsstation:

$$\text{EPS} = \frac{\text{BS(Std.)}}{\text{Planabgang (Std.)}} \cdot 100(\%) . \tag{4.64}$$

Abwertung der Auftragsinhalte bei indirekter Belastung

Unterschiedliche Arbeitsgangfolgen (*different routing*) der einzelnen Aufträge und unterschiedliche Bearbeitungszeiten der Aufträge auf den Arbeitsstationen (Kapazitätseinheiten) machen eine deterministische Planung der Auftragsankunft an den Arbeitsstationen unmöglich. Um trotzdem eine möglichst hohe Auslastung aller Arbeitsstationen zu erreichen, wird eine höhere Einlastung vorgenommen als der Periodenkapazität entsprechen würde (in der Praxis werden EPS um 200% angenommen; der EPS ist i. d. R. je Kapazitätseinheit experimentell zu bestimmen). Da mit einem EPS größer 100% nur ein Teil der freigegebenen Fertigungsaufträge innerhalb der Planperiode abgearbeitet werden kann, liegt die Abgangswahrscheinlichkeit der Aufträge an der betreffenden Kapazitätseinheit unter Eins (bzw. beim Reziprokwert des EPS). Die Zugangswahrscheinlichkeit der Aufträge an den nachfolgenden Kapazitätseinheiten ist dann gleich dem Produkt aus den Abgangswahrscheinlichkeiten der in der Arbeitsgangfolge vorangegangenen Kapazitätseinheiten. Mit dieser Zugangswahrscheinlichkeit ist der zeitliche Arbeitsinhalt der einzulastenden Aufträge „abzuwerten", um einen angemessenen Bestand im gesamten Fertigungssystem aufrecht zu erhalten, der zur angestrebten möglichst hohen Kapazitätsauslastung bei einer angestrebten (bzw. tolerierten) mittleren gewichteten Durchlaufzeit führt.

[19] Dies schließt die innerhalb einer Kapazitätseinheit, die gegebenenfalls aus mehreren gleichartigen Maschinen bestehen kann, in Bearbeitung befindlichen Aufträge ein.

Auftragseinlastung

Ein Fertigungsauftrag wird für die aktuelle Planungsperiode dann freigegeben, wenn die probeweise Einlastung für keine der durch den Auftrag in Anspruch genommenen Kapazitätseinheiten (unter Berücksichtigung des mit der Zugangswahrscheinlichkeit abgewerteten Arbeitsinhalts) zur Überschreitung der Belastungsschranke geführt hat (siehe Abb. 4-19). Bei einer solchen Überschreitung wird der Fertigungsauftrag bis zum nächsten Planungslauf zurück gestellt.[20]

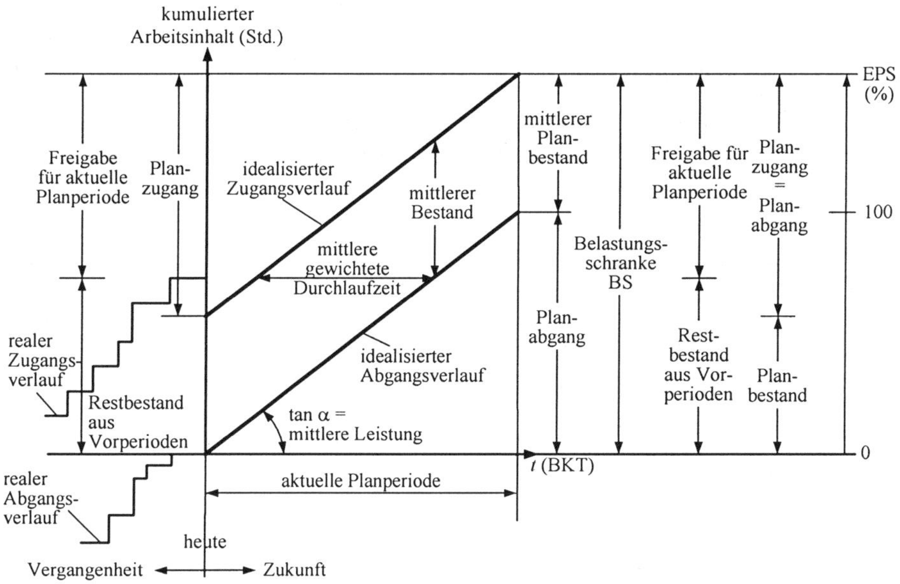

Abb. 4-19: Durchlaufmodell der Belastungsorientierten Auftragsfreigabe für ein Arbeitssystem (in Anlehnung an Wiendahl 1989, S. 254)

Die Belastungsorientierte Auftragsfreigabe stellt ein relativ einfach zu handhabendes Verfahren zur Produktionsdurchführungsplanung und Fertigungssteuerung unter den Bedingungen der Werkstatt- und Gruppenfertigung dar. Als Ansatz für die Behandlung der Fertigungsaufträge innerhalb der Warteschlage vor den Arbeitsstationen wird die Anwendung von Prioritätsregeln empfohlen. Vorzugsweise werden zwei Regeln – FCFS und Schlupfzeitregel[21] – angewandt. Begründet wird die Konzentration auf diese beiden Regeln mit der fehlenden differenzierenden Wirkung

---

[20] In der praktischen Realisierung des Verfahrens wird die erstmalige geringfügige Überschreitung der Belastungsschranke an einer Arbeitsstation toleriert.

[21] siehe dazu Anhang 2

unterschiedlicher Prioritätsregeln auf den Systemparameter mittlere gewichtete Durchlaufzeit (Wiendahl 1987, S. 257 ff.).

4.5.5 Optimized Production Technology – OPT

Im Gegensatz zur Belastungsorientierten Auftragsfreigabe verfolgt OPT nicht das Ziel, alle Kapazitätseinheiten möglichst gut auszulasten, sondern beschränkt sich auf die (optimale) Auslastung der Engpass-Kapazitätseinheiten. Das vordergründige Ziel des Verfahrens besteht in der Harmonisierung und Verstetigung des Materialflusses im Produktionssystem.

Das auf der *Theory of Constraints* (Goldratt 1990) beruhende Verfahren wird durch die folgenden neun Regeln umrissen (übernommen aus: Green et al. 1997, S. 13.7), die auch Anwendung finden können, ohne dass das inzwischen nicht mehr vertriebene Programm[22] zur Verfügung steht:

(1) „Do not balance capacity – balance the flow."

(2) „The level of utilization of a nonbottleneck resource is determined not by its own potential but by some other constraint in the system."

(3) „Bottlenecks govern both throughput and inventory in the system."

Im Fokus des Verfahrens stehen die Engpassressourcen. Sie bestimmen den Materialfluss durch das gesamte System. Kapazitätseinheiten, die sich vor einem Engpass befinden, können zwar entsprechend ihrer Kapazität fertigen, verursachen jedoch dadurch u. U. ein Ansteigen der Bestände vor der Engpasseinheit, was zu erhöhten Lager- und Kapitalbindungskosten sowie zur Verlängerung der Durchlaufzeiten führt (vgl. Goldratt 1988, S. 450 ff.). Alle nach der Engpasseinheit zu durchlaufenden Kapazitätseinheiten sind hinsichtlich des Materialflusses direkt von der Engpasseinheit abhängig. Sie können nur die Aufträge weiter bearbeiten, die bereits die Engpasseinheit passiert haben.

(4) „Activating a resource (making it work) is not synonymous with utilizing a resource."

Es bringt keinen Nutzen, auf einer freien Maschine zu produzieren, wenn der erzeugte Output aufgrund eines nachfolgenden Engpasses nicht weiter bearbeitet werden kann und lediglich die Bestände im Fertigungssystem erhöht. Nur Output, der in der Folge auch weiter bearbeitet werden kann, führt zum Erreichen der gesetzten unternehmerischen Zielstellungen.

(5) „An hour lost at a bottleneck is an hour lost for the entire system."

[22] OPT Software der Creative Output Inc. COI, Milford/Conn., USA 1979

(6) „An hour saved at a nonbottleneck is a mirage.“

Alle auf Nichtengpasskapazitäten gerichteten Anstrengungen können sich nicht positiv auf das Gesamtsystem auswirken, da dieses im wesentlichen von den Engpässen bestimmt wird. Auch wenn sich diese Feststellung vordergründig auf Maschinenkapazitäten bezieht, sind bottlenecks nicht nur auf diese beschränkt, sondern können beispielsweise auch Material- oder Personalengpässe betreffen.

(7) „The transfer batch may not and many times should not be equal to the process batch.“

(8) „The process batch should be variable both along its route and in time.“

Die Bestimmung einer zweckmäßigen Losgröße stellt ein weiteres zentrales Problem innerhalb von OPT dar. Es wird zwischen Transport- und Bearbeitungslosen unterschieden. Um einen relativ gleichmäßigen Fluss durch das Fertigungssystem zu gewährleisten, müssen sowohl Transportlose als auch Bearbeitungslose über der Zeit sowie in Abhängigkeit von der Ressource variabel sein. Für die Bestimmung der Bearbeitungslose sollte nicht das zu bearbeitende Teil, sondern die zu belastende Ressource den Ausschlag geben. Auf Engpasseinheiten sind ggf. große Lose zur Vermeidung von Rüstzeiten vorzuziehen, während auf Nichtengpasseinheiten kleinere Lose von Vorteil sein können, da sie zu einer Glättung des Materialflusses im System führen (vgl. Goldratt 1988, S. 447 f.).

(9) „Priorities can be set only by simultaneously examining all the system's constraints. Lead time is a derivative of the schedule.“

Auftragsprioritäten können nur unter Beachtung aller Systemengpässe festgelegt werden. Die Auftragsdurchlaufzeiten sind dann keine vorgegebene Größe, sondern ergeben sich aus den Belegungsterminen der Kapazitätseinheiten, die für alle vor dem Engpass liegenden Arbeitsstationen (upstream) durch Rückwärtsterminierung und für die nach dem Engpass liegenden Arbeitsstationen (downstream) durch Vorwärtsterminierung bestimmt werden.

5 Production Authorization Card (PAC) System – ein allgemeiner Modellierungsansatz für die Materialflusssteuerung in heterogenen Fertigungssystemen

5.1 Einführende Überlegungen zur Entwicklung des PAC-Konzeptes

Das PAC-Konzept wurde mit dem Ziel entwickelt, einen grundlegenden und allgemeingültigen Rahmen zu erhalten, der die meisten Standardverfahren zur Materialflusssteuerung, also Make to order, Make to stock, Base stock, Kanban, Material Requirements Planning (MRP) etc. umfasst bzw. abzubilden in der Lage ist. Um dies zu erreichen, müssen sowohl der Fluss der Vorstufen- und Fertigprodukte ebenso wie der Informationsfluss, also der Weg der Kunden- und Fertigungsaufträge sowie der Materialanforderungen, betrachtet werden. Insbesondere ist zu berücksichtigen, wie die Informationen über Kundenaufträge verwendet werden, um die Bewegung von Fertigungsaufträgen durch das System zu steuern.

Vor der Einführung der EDV in die Produktion in den 60er Jahren des vergangenen Jahrhunderts verwendeten große Unternehmen, wie General Electric in den USA oder Siemens in Deutschland, Karten bzw. Belege in Papierform, um innerhalb und zwischen den Werkstätten Informationen über zu bearbeitende Aufträge zu übermitteln. Jedem Auftrag wurde eine Auftragsbegleitkarte beigegeben. Eine Karte stand für jeweils einen durchzuführenden Arbeitsschritt und enthielt die notwendigen Bearbeitungsvorgänge, die dafür vorgesehenen Zeiten, evtl. den benötigten Fertigstellungstermin und die Kostenstelle für die Verbuchung der durch den Arbeitsschritt anfallenden Kosten. War der Arbeitsschritt fertig gestellt, so übermittelte der jeweilige Arbeiter den Beleg zusammen mit der Information über die tatsächlich benötigte Bearbeitungszeit an eine Abrechnungsstelle. Diese Belege wurde dann als Basis für die Lohnrechnung bzw. ganz allgemein für die Kostenrechnung genutzt.

Die Einführung der EDV in die Unternehmensabläufe veränderte auch die Planung und Steuerung der Produktion: Konzepte einer „papierlosen Fabrik“ wurden entwickelt, durch Prozessanalysen der Weg des Materials und der Informationen verfolgt und entsprechend dokumentiert. Zahlreiche spezifische Konzepte zur Informations- und Materialflusssteuerung entstanden, um den Besonderheiten der jeweiligen Fertigungsorganisation gerecht zu werden. In diesen Konzepten lösen unterschiedlichste Ereignisse und Zustände Informationen aus. Der Diversifizierung der rechnergestützten Verfahren steht die Notwendigkeit gegenüber, die Kommunikationsfähigkeit der einzelnen Systeme untereinander zu gewährleisten. Auf der informationstechnischen Ebene dienen dazu standardisierte Schnittstellen, die jedoch wenig nutzen, wenn die Informationen auf der Ebene der Fachkonzepte unterschiedlichen Semantiken folgen. Die Auftragsfreigabe bei BOA beispielsweise wird durch völlig andere Informationen ausgelöst als bei Kanban. Die Lösung des Problems ist folglich auf der Ebene des Fachkonzeptes zu suchen: Gleiche Ereignisse müssen durch die gleiche Art von Informationen abgebildet werden. Anstatt nun aber über Informationen weiterhin abstrakt nachzudenken, sollen diese im Folgenden durch Karten oder *Tags*[23] repräsentiert werden. Wie die Zuordnung der Tags zu den unterschiedlichen Informationen vorgenommen wird, sollen die folgenden Erläuterungen zeigen.

Für ein einfaches Make to stock-System mit einer Fertigungszelle und einem Ausgangslager, von dem aus Kundenaufträge bedient werden, stellt Abb. 5-1 die Nutzung von *Tags* zur Materialflusssteuerung dar. Jedem Kundenauftrag wird ein *Order Tag* zugeordnet, der generiert wird, sobald ein Auftrag eingeht. Bei Eintreffen des Order Tags im Lager wird er genutzt, um die Auslieferung eines Produktes vom Lager an den Kunden freizugeben; gleichzeitig wird eine *Production Authorization Card* (im Folgenden kurz als *PA Card* bezeichnet) generiert. Diese Karte gibt den Transport von Komponenten oder Teilen an die Zelle frei, so dass ein Produkt gefertigt werden kann, mit dem das Ausgangslager wieder aufgefüllt wird. Diesem Produkt wird während seines Durchlaufs durch das System ein *Material Tag* zugeordnet, der Informationen über das physische Produkt, welches verarbeitet und schließlich gelagert wird, enthält. Um die Auslieferung eines Produktes an den Kunden zu erlauben, muss folglich ein Order Tag – der einen Kundenauftrag repräsentiert – mit einem Material Tag – welcher das physische Vorhandensein eines Produktes anzeigt – im Ausgangslager zusammentreffen.

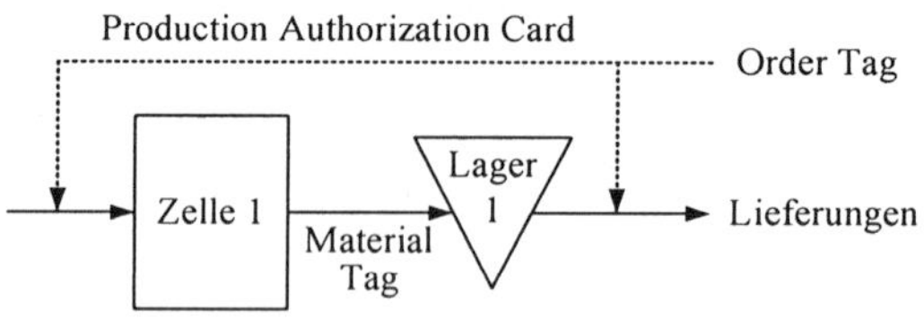

Abb. 5-1: Einfaches Make to stock-System – Steuerung mittels Tags

[23] Der in der Originalliteratur (z. B. Buzacott/Shanthikumar 1992) verwendete Terminus *Tag* wird ebenso wie die folgenden Bezeichnungen der Tags in englischer Schreibweise übernommen.

Dieses Kartenkonzept kann für zusätzliche Steuerungsaspekte des Materialflusses weiter angepasst werden. Abb. 5-2 zeigt, wie die Gesamtzahl an Aufträgen in der Zelle auf $k^{(1)}$ beschränkt werden kann. Dies erfolgt durch Einführung von $k^{(1)}$ *Process Tags*, die durch die Zelle zirkulieren. Bei Eingang im Lager wird der Order Tag in zwei Kopien aufgeteilt. Eine Kopie gibt – sofern auch ein Material Tag vorhanden ist – die Auslieferung vom Lager an den Kunden frei. Die zweite Kopie wird zu den wartenden Process Tags transportiert. Sind sowohl ein Process Tag als auch ein Order Tag vorhanden, so wird eine PA Card generiert; diese löst wiederum die Freigabe eines Auftrages an die Zelle aus. Wurde der Auftrag in der Zelle fertig gestellt und in das Lager transportiert, so wird der Process Tag abgelöst und wartet wieder am Ausgang der Zelle. Sind bei Eingang eines Order Tag im Lager keine wartenden Process Tags vorhanden, so wartet die Kopie des Order Tag und eine PA Card wird erst erstellt, sobald am Ausgang der Zelle ein Process Tag frei wird.

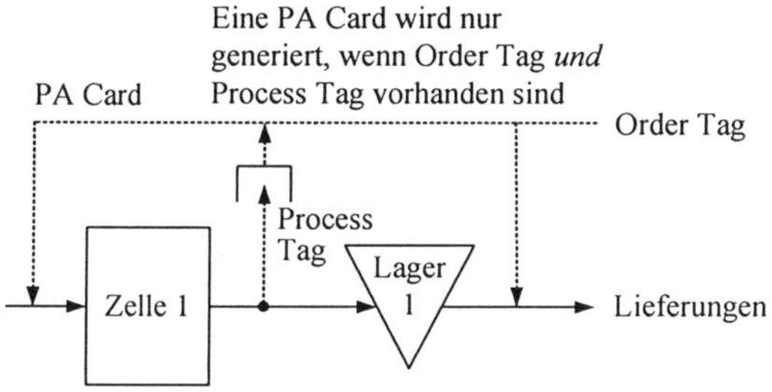

Abb. 5-2: Begrenzung des Werkstattbestands durch Tags

Ein weiterer möglicher Steuerungsmechanismus ist die Freigabe der Fertigung vor dem Eingang einer Lieferanforderung für ein Produkt. Ein Kunde übermittle einen Auftrag, der die Auslieferung eines Produktes nach einer Zeitverzögerung von $\tau^{(1)}$ fordert (siehe Abb. 5-3). Unter Verwendung von Tags entspricht dies dem Senden eines Order Tag zum Zeitpunkt des Auftragseingangs im Lager. Ein zweiter Tag, ein *Requisition Tag*, wird mit einer Zeitverzögerung von $\tau^{(1)}$ nach dem Order Tag übermittelt. Der Order Tag geht im Lager ein. Sind freie Process Tags vorhanden, so wird eine PA Card erstellt, andernfalls wartet der Order Tag auf einen frei werdenden Process Tag. Die PA Card löst die Freigabe eines Auftrages an die Zelle aus. Bei Fertigstellung des Auftrages in der Zelle wird der Process Tag abgetrennt und wartet am Ausgang der Zelle. Sobald der Requisition Tag im Lager eingeht (mit einer Zeitverzögerung von $\tau^{(1)}$ nach dem Eingang des Order Tag), wird die Auslieferung eines Produktes an den Kunden freigegeben.

Für die Anordnung mehrerer Zellen in Reihe stellt Abb. 5-4 beispielhaft den Fluss von Tags und PA Cards in einem System mit zwei in Reihe angeordneten Zellen dar. Das Zellenmanagement empfängt die PA Card, unmittelbar darauf wird ein Order Tag generiert und dem vorgelagerten Lager übermittelt. Das Zellenmanagement

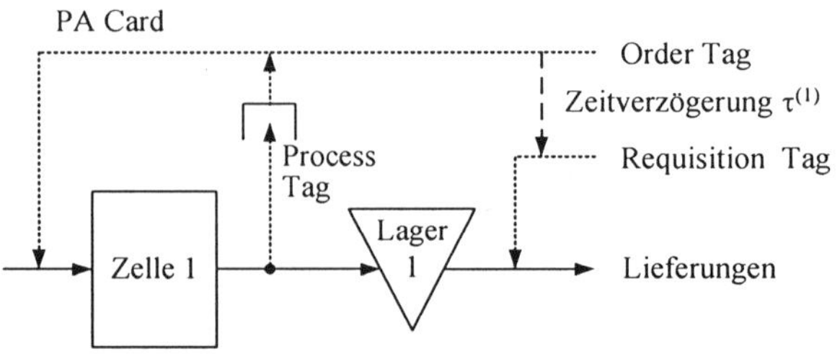

Abb. 5-3: Freigabe der Produktion vor dem benötigten Liefertermin

kann jedoch die Übermittlung des Requisition Tag an das vorgelagerte Lager verzögern; ebenso kann das Zellenmanagement entscheiden, ob Requisition Tags zu Losen zusammengefasst werden sollen, d. h. mehrere Requisition Tags gleichzeitig übermittelt werden.

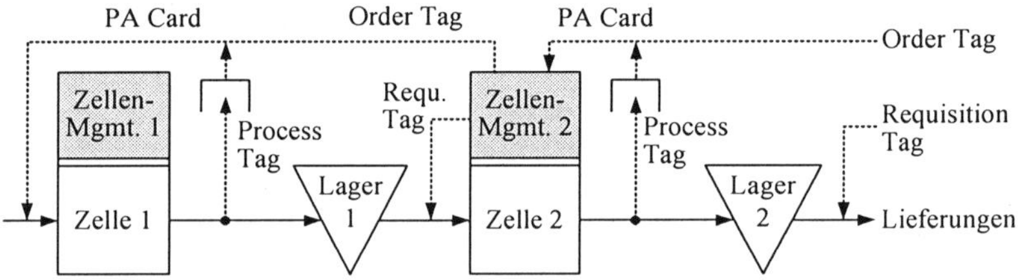

Abb. 5-4: Zwei in Reihe angeordnete Zellen mit Tag-Steuerung

5.2 PAC-System mit einer Fertigungszelle

5.2.1 Grundlagen

Das PAC(Production Authorization Card)-System, dessen Grundgedanken in Abschnitt 5.1 entwickelt wurden, bildet eine gemeinsame Basis für die Modellierung verschiedener Ansätze zur Materialflusssteuerung. Sein Ausgangspunkt ist sowohl die Beschreibung des Flusses physischer Produkte, d. h. ihrer Bestandteile und Komponenten, durch das Produktionssystem, wie auch die Darstellung des Informationsflusses, der die Produktbewegungen und Auftragsfreigaben an die Fertigungszellen steuert.

Da für die Ausführung aller Arbeitsschritte in der Produktion das Vorhandensein von Materialien, Teilen, Werkzeugen *und* Informationen über Art, Zeitpunkt und den Ausführenden des Arbeitsschrittes erforderlich ist, sind sowohl der Informations- als auch der Materialfluss zu modellieren. Für den Entwurf und den Betrieb eines Produktionssystems ist es notwendig, den Fluss von Material und Informationen durch das System sowie die durch Informationen ausgelösten Ereignisse zu definieren.

5.2.1.1 Materialfluss

Der Materialfluss wird bestimmt durch die Struktur des Produktes und die Organisation des Produktionssystems bzw. der Wertschöpfungskette. Eine Unterteilung des Produktionssystems in Zellen erweist sich als sinnvoll, wobei eine *Zelle* einen kompletten Betrieb, eine Abteilung oder auch eine Gruppe von Maschinen oder Mitarbeitern unter gemeinsamer Leitung darstellen kann. Zellen können verschiedene Hauptaufgaben ausführen, wie z. B. die maschinelle Bearbeitung, Montage, Kontrolle, Nachbearbeitung, Verpackung oder den Transport. Produkte (Teile, Komponenten, Baugruppen und Endprodukte) werden in Zellen gefertigt und nach ihrer Fertigstellung in Lagern aufbewahrt. Muss ein Produkt zum nächsten Bearbeitungsschritt transportiert werden, so kann dies als Bearbeitung durch eine Transportzelle angesehen werden, wobei das Produkt nach dem Transport am Eingang der nächsten Fertigungszelle gelagert wird. In der hier verwendeten Sicht des Produktionsprozesses fließen alle Materialien und Produkte von Lager zu Zelle zu Lager. Bei Montagezellen werden die einzelnen Bestandteile des Produktes aus jeweils eigenen Lagern bezogen. Andere Zellen wiederum produzieren unterschiedliche Produkte, wobei jedes Produkt von der Zelle aus zu einem eigenen Lager transportiert wird.

5.2.1.2 Informationsfluss

Informationen müssen zu allen Zellen und Lagern transportiert werden. Einige Informationen bestimmen die Arbeitsschritte, die in den Zellen ausgeführt werden (*Was* und *Wie*). Hier werden jedoch insbesondere die Informationen über die Zeitpunkte (*Wann*) der Teile- und Produktbewegungen von Lagern an Zellen und von Zellen an Lager betrachtet, d. h. die auf die Steuerung des Materialflusses durch das System bezogenen Informationen. Letztlich muss der Materialfluss durch die Nachfrage nach den Produkten des Systems bestimmt werden. Jede Beschreibung des Informationsflusses in Bezug auf die Materialflusssteuerung muss folglich von einer Beschreibung des Nachfrageprozesses ausgehen. Gegebenenfalls ist auch von einer

Beschreibung der für eine Vorhersage der Nachfrage verwendeten Methode auszugehen, da diese Vorhersage für weitergehende Aussagen über die Wahrscheinlichkeiten des Eintreffens von Kundenaufträgen herangezogen werden kann.

Wie in den Abschnitten 4.2 bis 4.4 gezeigt wurde, nutzen die meisten Konzepte der Materialflusssteuerung, wie Kanban, MRP oder Make to stock, ebenfalls Informationen über die Bestände in Zellen und Lagern. Die Beschreibung des Informationssystems muss daher auch die Art der Ermittlung und Anwendung dieser Bestandsinformationen einbeziehen.

5.2.1.3 Kopplung von Material- und Informationsfluss

Materialbewegungen können nicht (bzw. sollten nicht) ohne eine Freigabe durch das Informationssystem erfolgen. Bevor also ein Produkt aus einem Eingangslager an eine Zelle transportiert werden kann, muss neben dem physischen Produkt auch eine Information über die Freigabe des Produktes vorhanden sein. Diese Freigabeinformation basiert wiederum auf Informationen über eingegangene Kundenaufträge sowie Bestände, wobei die Bestandsinformation entweder auf einer direkten Zählung des Lagerbestandes oder einer Berechnung aus Zu- und Abgängen im Lager basieren kann. Für diese einführenden Betrachtungen ist es hilfreich, jede Information als physisches Dokument oder *Tag* anzusehen.

5.2.2 Materialflusssteuerung mittels Tags

Die unterschiedlich verwendeten Informationstypen zur Beschreibung der Materialflusssteuerung wurden bereits in Abschnitt 5.1 eingeführt. Sie sollen im folgenden zur Erläuterung eines einzelligen Fertigungssystems mit PAC-Steuerung dienen.

Allen Produkten (also Teilen, Komponenten, Baugruppen und Endprodukten) ist jeweils ein Tag zugeordnet. Dieser Tag wird grundsätzlich mit den Produkten transportiert und als *Material Tag* bezeichnet. Zwischen Material Tag und Produkt besteht stets eine 1:1-Beziehung. Der Material Tag übermittelt folglich die Information, dass an einem bestimmten Ort des Produktionssystems eine Einheit des Produktes vorhanden ist. Hat ein Lager 1 beispielsweise einen Anfangsbestand von $z^{(1)}$ Einheiten, so sind auch $z^{(1)}$ Material Tags im Lager vorhanden.

Wünscht das Management einer Fertigungszelle die Freigabe eines Produktes (z. B. eines Teils) vom Eingangslager an diese Zelle, so übermittelt es dem Lager einen so genannten *Requisition Tag*. Dieser Requisition Tag genehmigt die unverzügliche Lieferung einer Einheit des entsprechenden Teils. Die tatsächliche Auslieferung kann jedoch nur erfolgen, wenn sowohl ein Requisition Tag als auch eine physische Einheit des Teils, also ein Requisition Tag und ein Material Tag, im Lager vorliegen. Es ist offensichtlich, dass eine Zelle, welche einen Montageschritt ausführt, an jedes Komponentenlager einen Requisition Tag aussenden muss, so dass jede für die Montage benötigte Komponente an die Montagezelle freigegeben wird.

Damit eine Zelle einen Requisition Tag an ihr Eingangslager aussenden kann, muss sie vorher eine *Production Authorization Card* für das von ihr gefertigte Produkt erhalten haben. Diese PA Card wird entsprechend den Regeln des in der Zelle verwendeten Konzeptes der Materialflusssteuerung, wie Kanban oder Make to stock, erstellt. Die Zelle ist nicht gezwungen, bei Empfang der PA Card unmittelbar einen Requisition Tag zu erzeugen. Beispielsweise kann die Zelle die Erstellung des Requisition Tag um eine feste Zeit $\tau^{(1)}$ verzögern, oder sie kann abwarten, bis eine vorgegebene Anzahl $r^{(1)}$ der PA Cards vorhanden ist und anschließend ein Los von $r^{(1)}$ Requisition Tags gleichzeitig an das Eingangslager übermitteln.

Dennoch ist die Zelle gezwungen, die ihr vorgelagerten Lager über den Empfang einer PA Card zu informieren. Sobald die Zelle die PA Card empfängt, sendet sie demnach einen *Order Tag* an das entsprechende Eingangslager.

Kunden werden als den Zellen äquivalent betrachtet, d. h. ein Kunde übermittelt dem kundenseitigen Lager des Produktionssystems zuerst einen Order Tag, um das Lager über seinen Bedarf nach einer Einheit des Produktes zu informieren. Zum Zeitpunkt der erwünschten Lieferung sendet der Kunde schließlich einen Requisition Tag an das Ausgangslager. Der Order Tag, den der Kunde zum Zeitpunkt t sendet, kann demnach als ein Kundenauftrag mit einem erwünschten späteren Liefertermin $t + \tau^{(1)}$ verstanden werden. Er stellt somit eine Vorankündigung dar, dass zum Zeitpunkt $t + \tau^{(1)}$ ein Requisition Tag übermittelt werden wird. Alternativ kann der zum Zeitpunkt t empfangene Order Tag als eine zum Zeitpunkt t getroffene Vorhersage (Absatzprognose) verstanden werden, die für den Zeitpunkt $t + \tau^{(1)}$ den Eingang einer Kundennachfrage mit unverzüglichem Liefertermin anzeigt.

Der letzte Typ betrachteter Tags ist der *Process Tag*. Er wird verwendet, um die Menge der in Bearbeitung befindlichen Aufträge in einer Zelle zu steuern. Ein Process Tag wird erzeugt, sobald ein Produkt von einer Zelle an ein nachgelagertes Ausgangslager ausgeliefert wird. Bei Empfang eines Order Tag von einer nachgelagerten Zelle wird eine PA Card generiert, sofern ein Process Tag im Lager vorhanden ist; andernfalls wird die Erzeugung der PA Card verzögert, bis ein Process Tag verfügbar ist. Damit im System überhaupt produziert werden kann, muss ein anfänglicher Bestand von $k^{(1)} > 0$ Process Tags im Lager vorhanden sein.

Abb. 5-5 stellt die unterschiedlichen Tags anhand eines Systems mit einer Zelle, einem Eingangs- und einem Ausgangslager dar.

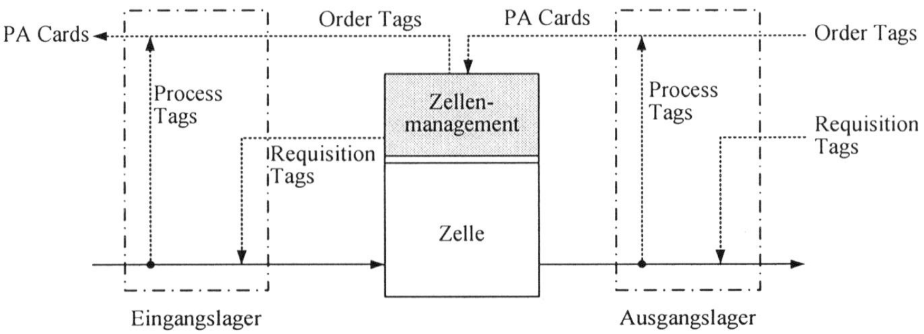

Abb. 5-5: Informationsfluss im PAC-System

5.2.3 Analyse eines PAC-Systems mit einer Fertigungszelle

Im Folgenden soll ein Einprodukt-System mit einer Fertigungszelle näher betrachtet werden. Der Zelle sei ein Ausgangslager, aus dem die Kundenaufträge bedient werden, nachgelagert. Ein Kunde sende einen Order Tag an das Ausgangslager. Das Lager generiert daraufhin eine PA Card, falls ein Process Tag im Lager vorhanden ist. Diese PA Card wird an das Zellenmanagement übermittelt. Da das betrachtete Produktionssystem nur über eine Fertigungszelle verfügt, wird – evtl. mit Zeitverzögerung $\tau^{(1)}$ – ein Requisition Tag an das Eingangslager des Produktionssystems gesandt. Dieser Requisition Tag löst die unverzügliche Freigabe eines Teils aus dem Lager an die Zelle aus. Nach einiger Zeit wird dieses Teil die Bearbeitung in der Zelle abgeschlossen haben und an das Ausgangslager geliefert. Mit der Ankunft des Produktes im Ausgangslager wird ein Process Tag erstellt und im Lager aufbewahrt, bis er benötigt wird. Mit einer Zeitverzögerung von $\tau^{(2)}$ nach Übermittlung des Order Tag sende der Kunde einen Requisition Tag an das Ausgangslager, was die sofortige Auslieferung eines Produktes an den Kunden veranlasst. Ist Lagerbestand vorhanden, so wird der Kunde unverzüglich beliefert, andernfalls wartet der Requisition Tag, bis ein Produkt aus der Zelle das Ausgangslager erreicht.

Der anfängliche Bestand im Ausgangslager sei $z^{(1)}$, die Zahl der Process Tags im Ausgangslager sei $k^{(1)}$. Im Eingangslager stehen ausreichend Teile zur Verfügung, so dass bei Eingang von Requisition Tags der Zelle stets sofort die Freigabe von Teilen an die Zelle erfolgen kann.

Die Analyse dieses Systems erfordert eine präzise mathematische Beschreibung.

5.2.3.1 Mathematische Beschreibung eines Einproduktsystems mit einer Fertigungszelle

Es soll die Anzahl der Ereignisse in $(0,t)$ betrachtet werden.

Es seien folgende Größen definiert:

$A(0,t)$	Anzahl der eingegangenen Kundenaufträge im Intervall $(0,t)$,
$A^{(1)}(0,t)$	Anzahl der vom Ausgangslager an die Zelle gesendeten PA Cards im Intervall $(0,t)$,
$R^{(1)}(0,t)$	$= A^{(1)}(0, t-\tau^{(1)})$ Anzahl der an die Zelle freigegebenen Requisition Tags im Intervall $(0,t)$,
$D(0,t)$	Anzahl der Lieferungen vom Ausgangslager an Kunden im Intervall $(0,t)$,
$C^{(1)}(0,t)$	Anzahl der in der Zelle fertiggestellten Aufträge im Intervall $(0,t)$,
$B^{(1)}(t)$	Anzahl der unbedienten Requisition Tags zum Zeitpunkt t (= Lieferrückstand),
$Z^{(1)}(t)$	Bestand im Ausgangslager zum Zeitpunkt t,
$W^{(1)}(t)$	Anzahl der an die Zelle freigegebenen, in Bearbeitung befindlichen Aufträge zum Zeitpunkt t,
$K^{(1)}(t)$	Anzahl der im Lager wartenden Process Tags zum Zeitpunkt t,
$G^{(1)}(t)$	Anzahl der im Lager wartenden Order Tags zum Zeitpunkt t,
$M^{(PAC)}(t)$	Anzahl der im Zellenmanagement wartenden PA Cards (PAC) zum Zeitpunkt t, für die noch kein Requisition Tag übermittelt wurde,
$M^{(OT)}(t)$	Anzahl der bis zum Zeitpunkt t empfangenen Order Tags (OT), für die im Ausgangslager noch keine Requisition Tags eingegangen sind.

Abb. 5-6 zeigt die Ereignisse und Warteschlangen in einem Einzellen-Einproduktsystem.

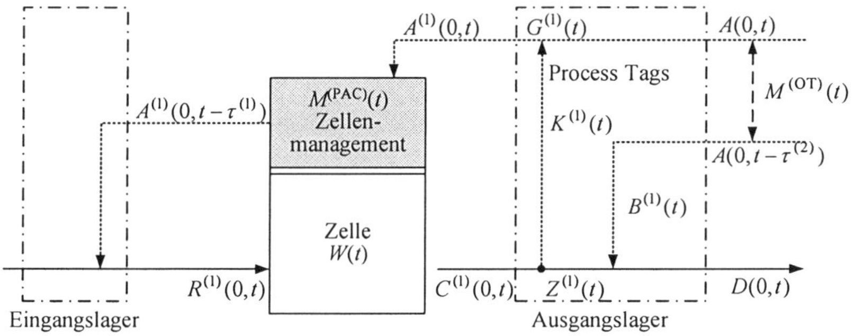

Abb. 5-6: Ereignisse und Warteschlangen in einem Einzellensystem

Aus Abb. 5-6 werden folgende Beziehungen deutlich:

$$G^{(1)}(t) = A(0,t) - A^{(1)}(0,t), \tag{5.1}$$

$$M^{(PAC)}(t) = A^{(1)}(0,t) - A^{(1)}(0,t-\tau^{(1)}), \tag{5.2}$$

$$W^{(1)}(t) = 0 + A^{(1)}(0,t-\tau^{(1)}) - C^{(1)}(0,t), \tag{5.3}$$

$$Z^{(1)}(t) = z^{(1)} + C^{(1)}(0,t) - D(0,t), \tag{5.4}$$

$$M^{(OT)}(t) = A(0,t) - A(0,t-\tau^{(2)}), \tag{5.5}$$

$$B^{(1)}(t) = A(0,t-\tau^{(2)}) - D(0,t), \tag{5.6}$$

$$K^{(1)}(t) = k^{(1)} + C(0,t) - A^{(1)}(0,t). \tag{5.7}$$

Man beachte, dass $Z^{(1)}(t) \times B^{(1)}(t) \equiv 0$ und $K^{(1)}(t) \times G^{(1)}(t) \equiv 0$.

Zwei grundlegende Gleichungen bestimmen das System. Die erste ist offensichtlich:

$$M^{(PAC)}(t) + W^{(1)}(t) + K^{(1)}(t) = k^{(1)}. \tag{5.8}$$

Für die zweite folgt mit $G^{(1)}(t) + M^{(PAC)}(t) + W^{(1)}(t) + Z^{(1)}(t)$ $= z^{(1)} + A(0,t) - D(0,t)$ und $A(0,t) - D(0,t) = M^{(OT)}(t) + B^{(1)}(t)$ somit

$$G^{(1)}(t) + M^{(PAC)}(t) + W^{(1)}(t) + Z^{(1)}(t) = z^{(1)} + M^{(OT)}(t) + B^{(1)}(t). \tag{5.9}$$

Eine weitere nützliche Eigenschaft ist

$$\begin{aligned} G^{(1)}(t) + M^{(PAC)}(t) &= A(0,t) - A^{(1)}(0,t-\tau^{(1)}) \\ &\geq A(0,t) - A(0,t-\tau^{(1)}) = A(t-\tau^{(1)},t). \end{aligned} \tag{5.10}$$

Zwei Eigenschaften können einfach gezeigt werden:

a) Der Bestand in der Zelle kann $k^{(1)}$ nicht übersteigen.

Aus Gleichung (5.8) folgt unmittelbar $W^{(1)}(t) \leq k^{(1)}$, wonach ersichtlich ist, dass der Parameter $k^{(1)}$ zur Begrenzung der Zahl der zur Bearbeitung in der Zelle befindlichen Aufträge dient.

b) Ist $\tau^{(1)} \geq \tau^{(2)} \geq 0$, *so kann der Lagerbestand* $z^{(1)}$ *nicht übersteigen.*

Gemäß Gleichungen (5.9) und (5.10) betrachte man

$$\begin{aligned} z^{(1)} + B^{(1)}(t) + A(t-\tau^{(2)}, t) &= Z^{(1)}(t) + W^{(1)}(t) + M^{(PAC)}(t) + G^{(1)}(t) \\ &\geq Z^{(1)}(t) + W^{(1)}(t) + A(t-\tau^{(1)}, t) . \end{aligned} \tag{5.11}$$

Da $B^{(1)}(t) = 0$ sofern $Z^{(1)}(t) > 0$ folgt

$$Z^{(1)}(t) \leq z^{(1)} + A(t-\tau^{(2)}, t) - A(t-\tau^{(1)}, t) . \tag{5.12}$$

Für $\tau^{(1)} \geq \tau^{(2)} \geq 0$ folgt demnach $Z^{(1)}(t) \leq z^{(1)}$.

Gilt jedoch $\tau^{(2)} \geq \tau^{(1)} \geq 0$, so ist $A(t-\tau^{(1)}, t) \leq A(t-\tau^{(2)}, t)$ und der Lagerbestand kann größer als $z^{(1)}$ werden.

5.2.3.2 Verhalten des Systems

5.2.3.2.1 $\tau^{(1)} = \tau^{(2)} = 0$ und $k^{(1)} \to \infty$

Da $k^{(1)} \to \infty$ folgt $G^{(1)}(t) = 0$ und da $\tau^{(1)} = \tau^{(2)} = 0$ folgen $M^{(PAC)}(t) = 0$ und $M^{(OT)}(t) = 0$. Somit vereinfacht sich Gleichung (5.9) zu

$$W^{(1)}(t) + Z^{(1)}(t) = z^{(1)} + B^{(1)}(t) \tag{5.13}$$

mit

$$\begin{aligned} B^{(1)}(t) &= \max\, \{0, W^{(1)}(t) - z^{(1)}\} , \\ Z^{(1)}(t) &= \max\, \{0, z^{(1)} - W^{(1)}(t)\} . \end{aligned} \tag{5.14}$$

Das System verhält sich also wie ein einfaches Make to stock-System mit einem Sollbestand $z^{(1)}$ (vgl. Abschnitt 4.2.2.1.1).

5.2.3.2.2 $\tau^{(1)} = \tau^{(2)} = 0$ und $k^{(1)}$ endlich

Es werden angenommen $\tau^{(1)} = \tau^{(2)} = 0$, $M^{(PAC)}(t) = 0$ und $M^{(OT)}(t) = 0$.

Ist $k^{(1)}$ endlich, so wird die Anzahl der im Intervall $(0,t)$ an die Zelle freigegebenen Aufträge mit sinkendem $k^{(1)}$ gleichfalls sinken. Es wäre also zu erwarten, dass das System eine geringere Leistungsfähigkeit aufweist. In einem System mit einer Fertigungszelle ist dies jedoch nicht notwendigerweise richtig. Man betrachte eine Zelle, die aus c parallel angeordneten Maschinen besteht. In diesem Fall ist die Leistungsfähigkeit des Systems für $k^{(1)} \geq c$ nicht vom tatsächlichen Wert von $k^{(1)}$ abhängig.

Das System würde wegen des endlichen $k^{(1)}$ Produktionsausfälle erleiden, wenn eine Maschine frei und unbeschäftigt ist und Order Tags im Lager auf Process Tags warten, d. h. wenn $W^{(1)}(t) < c$ und $G^{(1)}(t) > 0$. Aus Gleichung (5.8) folgt mit $W^{(1)}(t) < c$ auch $K^{(1)}(t) = k^{(1)} - W^{(1)}(t) > k^{(1)} - c$, d. h. wenn $k^{(1)} \geq c$, folgt $K^{(1)}(t) > 0$ oder $G^{(1)}(t) = 0$. Es ist somit unmöglich, $W^{(1)}(t) < c$ und $G^{(1)}(t) > 0$ zu erhalten. Demnach hat das System keinen Produktionsausfall wegen des endlichen $k^{(1)}$, wenn $k^{(1)} \geq c$. Ist jedoch $k^{(1)} < c$, so kann $G^{(1)}(t) > 0$ sein, wenn $W^{(1)}(t) < c$, und folglich kann das System wegen des endlichen Wertes von $k^{(1)}$ Produktionsausfälle erleiden.

Für $k^{(1)} < c$ wird die Einlastung und somit die Fertigstellung verzögert, wodurch die Lieferrückstände mit sinkendem $k^{(1)}$ wachsen. Der Bestand in Bearbeitung befindlicher Aufträge wird jedoch ebenso wie der Bestand im Ausgangslager sinken.

5.2.3.2.3 $\tau^{(2)} > \tau^{(1)} \geq 0$ und $k^{(1)} \to \infty$

Da $G^{(1)}(t) = 0$ ist, wenn $k^{(1)} \to \infty$, folgt $M^{(PAC)}(t) = A(0, t) - A(0, t - \tau^{(1)})$ und da $\tau^{(2)} > \tau^{(1)} \geq 0$ folgt $M^{(OT)}(t) - M^{(PAC)}(t) = A(t - \tau^{(2)}, t - \tau^{(1)})$. Gleichung (5.9) wird somit zu

$$W^{(1)}(t) + Z^{(1)}(t) = z^{(1)} + A(t - \tau^{(2)}, t - \tau^{(1)}) + B^{(1)}(t) \tag{5.15}$$

und folglich gilt

$$B^{(1)}(t) = \max \{0, W^{(1)}(t) - z^{(1)} - A(t - \tau^{(2)}, t - \tau^{(1)})\}. \tag{5.16}$$

Man beachte, dass der erste an die Zelle ausgesandte Requisition Tag nicht vor dem Zeitpunkt $\tau^{(1)}$ ankommt. Somit ist $W^{(1)}(t) = 0$ für $t < \tau^{(1)}$. Die Definition von $W^{(1)\prime}(t - \tau^{(1)}) = W^{(1)}(t)$ für $t \geq \tau^{(1)}$ ist demnach sinnvoll. $W^{(1)\prime}(t)$ wird sich ebenso entwickeln wie die Warteschlangenlänge in einem Wartesystem, dessen Ankunftsprozess durch $A(t)$ beschrieben wird. Somit lässt sich schreiben

$$\begin{aligned} B^{(1)}(t) &= \max \{0, W^{(1)\prime}(t - \tau^{(1)}) - z^{(1)} - A(t - \tau^{(1)} - \tau, t - \tau^{(1)})\} \\ &= \max \{0, W^{(1)\prime}(t - \tau^{(1)} - \tau) - z^{(1)} - C(t - \tau^{(1)} - \tau, t - \tau^{(1)})\}, \end{aligned} \tag{5.17}$$

wobei $\tau = \tau^{(2)} - \tau^{(1)}$. Das asymptotische Verhalten des Systems für $t \to \infty$ wird identisch zu dem in Abschnitt 4.4.1.3 beschriebenen MRP-System mit einer Fertigungszelle sein.

5.2.3.3 Entgangene Aufträge

Geht ein Kundenauftrag verloren, wenn bei seinem Eingang das Ausgangslager leer ist (im Gegensatz zur bisherigen Annahme, dass alle Kundenaufträge bedient werden müssen), so muss das System entsprechend modifiziert werden. Ist $\tau^{(2)} > 0$, so gehen Requisition Tags nach den zugehörigen Order Tags in das System ein. Um hierbei eine PAC-basierte Steuerung zu verwenden, muss ein weiterer Tag eingeführt werden, der so genannte *Cancellation Tag*. Geht ein Requisition Tag ein und ist das Ausgangslager leer, so wird der Requisition Tag automatisch in einen Cancellation Tag umgewandelt. Er wartet anschließend im Ausgangslager auf den nächsten eingehenden Order Tag. Bei Eintreffen des nächsten Order Tag trifft dieser auf den Cancellation Tag und wird nicht weitergeleitet (er wird zerstört). Man beachte, dass der Order Tag nicht mit einem Process Tag zusammengeführt wird, wenn er auf einen Cancellation Tag trifft.

Ist keine Verzögerung im System vorhanden ($\tau^{(2)} = 0$), so muss folglich ein Order Tag gleichzeitig mit dem Requisition Tag eingehen. Wird nun der Requisition Tag in einen Cancellation Tag umgewandelt, so wird der ihm zugeordnete Order Tag zerstört. Erreicht also der Bestand in Bearbeitung befindlicher Aufträge in der Zelle die Höhe $z^{(1)}$, so gehen alle weiteren eingehenden Kundenaufträge verloren. Der Bestand der in Bearbeitung befindlichen Aufträge hat folglich die gleiche Verteilung wie die Warteschlangenlänge in einem Bediensystem, bei dem mit Erreichen der Warteschlangenlänge $z^{(1)}$ alle weiteren Eingänge verloren gehen.

5.2.3.3.1 Servicegrad bei entgangenen Aufträgen

Sind die Auftragseingänge Poisson-verteilt und besteht die Zelle aus einer einzelnen Maschine mit exponentialverteilter Bedienzeit, so wird die begrenzende Verteilung von $W^{(1)}(t)$, dem Bestand der in Bearbeitung befindlichen Aufträge, durch die Gleichungen

$$\lambda P\{W^{(1)} = n\} = \mu P\{W^{(1)} = n+1\} \text{ für } n = 0, 1, 2, \ldots, z^{(1)} - 1 \tag{5.18}$$

gegeben, d. h.

$$P\{W^{(1)} = n\} = \rho^n \frac{1-\rho}{1-\rho^{z+1}} \text{ für } n = 0, 1, 2, \ldots, z^{(1)}. \tag{5.19}$$

Die Verteilung des Lagerbestands ist gegeben durch

$$P\{Z^{(1)} = n\} = P\{W^{(1)} = z^{(1)} - n\}. \tag{5.20}$$

Alle eingehenden Kundenaufträge gehen verloren, wenn das Ausgangslager leer ist; folglich ergibt sich der Servicegrad SL, der Anteil aller bedienten Aufträge, nach der Gleichung

$$\begin{aligned} SL &= 1 - P\{Z^{(1)} = 0\} = 1 - P\{W^{(1)} = z^{(1)}\} \\ &= 1 - \frac{\rho^{z^{(1)}}(1-\rho)}{1-\rho^{z^{(1)}+1}} = \frac{1-\rho^{z^{(1)}}}{1-\rho^{z^{(1)}+1}} . \end{aligned} \tag{5.21}$$

5.2.3.3.2 Weitere Anwendungen von Cancellation Tags

Cancellation Tags werden außer bei entgangenen Aufträgen auch in anderen Fällen verwendet. Storniert beispielsweise ein Kunde einen Auftrag, wird also trotz Eingang eines Order Tag kein Requisition Tag an das Ausgangslager gesendet, so sollte ein Cancellation Tag erstellt und der nächste eingehende Order Tag zerstört werden, bevor er eine PA Card generiert. Werden keine Cancellation Tags erstellt, so steigt der Lagerbestand im System an; ein Order Tag ohne einen zugeordneten Requisition Tag führt also zu einem Effekt, der der Erhöhung des anfänglichen Bestandes im Ausgangslager von $z^{(1)}$ auf $z^{(1)} + 1$ entspricht.

5.3 PAC-gesteuertes Fertigungssystem mit mehreren Zellen

In diesem Abschnitt bestehe das Produktionssystem aus m in Reihe angeordneten Fertigungszellen. Das im vorhergehenden Abschnitt dargestellte Steuerungssystem werde hier auf jede einzelne Zelle angewendet. Das Ausgangslager für Zelle j, $j = 1, 2, \ldots, m-1$, ist gleichzeitig das Eingangslager für Zelle $j+1$, so dass die Order Tags aus Zelle $j+1$ in das Ausgangslager von Zelle j eingehen und so eine PA Card für Zelle j generieren. Requisition Tags werden von Zelle $j+1$ an das Ausgangslager der Zelle j gesendet. Abb. 5-7 stellt den Material- und Informationsfluss dar.

Das Ausgangslager von Zelle j wird als Lager j bezeichnet. Sein Anfangsbestand sei $z^{(j)}$ und die anfängliche Zahl von Process Tags sei $k^{(j)}$. Der Zeitverzug zwischen dem Aussenden eines Order Tag von Zelle $j+1$ an Lager j und dem Aussenden eines Requisition Tag wird als $\tau^{(j+1)}$ angenommen.

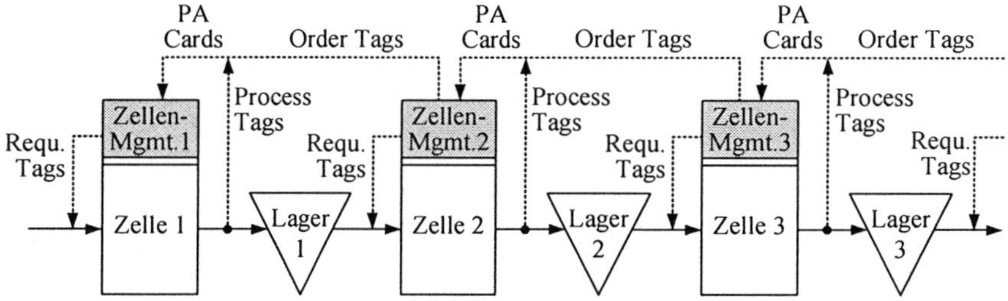

Abb. 5-7: PAC-gesteuertes Produktionssystem mit mehreren Fertigungszellen

5.3.1 Mathematische Beschreibung eines Fertigungssystems mit mehreren Zellen

5.3.1.1 Zählprozess-basierter Ansatz und Warteschlangen

Die das Systemverhalten beschreibenden Gleichungen können aus den Gleichungen der einzelnen Fertigungszellen abgeleitet werden.

Bei Verwendung des *Zählprozesses* (Anzahl der Ereignisse im Intervall $(0,t)$) seien die folgenden Ausdrücke definiert:

- $A(0, t)$ Anzahl der von Kunden im Intervall $(0,t)$ empfangenen Order Tags,
- $A^{(j)}(0, t)$ Anzahl der von Lager j an Zelle j gesendeten PA Cards im Intervall $(0,t)$, $j = 1, 2, \ldots, m$,
- $R^{(j)}(0, t)$ Anzahl der an Zelle j freigegebenen Aufträge im Intervall $(0,t)$, $j = 1, 2, \ldots, m+1$,
- $D(0, t)$ Anzahl der vom Ausgangslager m an Kunden gelieferten Aufträge im Intervall $(0,t)$,
- $C^{(j)}(0, t)$ Anzahl der von Zelle j in Lager j transportierten Aufträge im Intervall $(0,t)$, $j = 1, 2, \ldots, m$,
- $B^{(j)}(t)$ Anzahl der unbedienten Requisition Tags in Lager j zum Zeitpunkt t, $j = 1, 2, \ldots, m+1$,
- $Z^{(j)}(t)$ Bestand im Lager j zum Zeitpunkt t, $j = 1, 2, \ldots, m$,
- $W^{(j)}(t)$ Anzahl der an Zelle j freigegebenen, noch nicht fertiggestellten Aufträge zum Zeitpunkt t, $j = 1, 2, \ldots, m$,
- $K^{(j)}(t)$ Anzahl der im Lager j wartenden Process Tags zum Zeitpunkt t, $j = 1, 2, \ldots, m$,
- $M^{(j)}(t)$ Anzahl der in Zelle j eingegangenen PA Cards, für die bisher noch keine Requisition Tags freigegeben wurden, $j = 1, 2, \ldots, m+1$ mit $M^{(j)}(t) = A^{(j)}(t - \tau^{(j)}, t)$,

$G^{(j)}(t)$ Anzahl der im Lager j auf Process Tags wartenden Order Tags, $j = 1, 2, \ldots, m + 1$.

Man beachte, dass $G^{(j)}(t) \times K^{(j)}(t) \equiv 0$, $G^{(j)}(t) = A^{(j+1)}(0, t) - A^{(j)}(0, t)$ und $Z^{(j)}(t) \times B^{(j)}(t) \equiv 0$ für alle t und j.

Abb. 5-8 stellt die Zählprozesse sowie weitere mit Zelle j zusammenhängende Variablen dar.

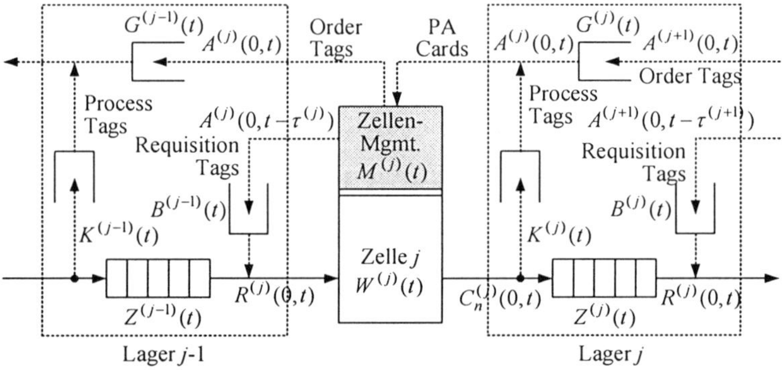

Abb. 5-8: Mit Zelle j zusammenhängende Zählprozesse

Daraus ergibt sich, dass die folgende Gleichung (analog Gleichung (5.8)) für jede Zelle gilt:

$$M^{(j)}(t) + B^{(j-1)}(t) + W^{(j)}(t) + K^{(j)}(t) = k^{(j)} . \qquad (5.22)$$

Ebenso gilt, analog zu Gleichung (5.9)

$$\begin{aligned} &G^{(j)}(t) + M^{(j)}(t) + W^{(j)}(t) + B^{(j-1)}(t) + Z^{(j)}(t) \\ &= z^{(j)} + M^{(j+1)}(t) + B^{(j)}(t) . \end{aligned} \qquad (5.23)$$

Durch Subtraktion der Gleichung (5.22) von Gleichung (5.23) erhält man

$$G^{(j)}(t) - K^{(j)}(t) + Z^{(j)}(t) + k^{(j)} = z^{(j)} + M^{(j+1)}(t) + B^{(j)}(t) . \qquad (5.24)$$

5.3.1.2 Begrenzungen des Bestandes in den Zellen

Aus Gleichung (5.22) folgt somit $W^{(j)}(t) \le k^{(j)}$; der Parameter $k^{(j)}$ begrenzt also den Bestand in Bearbeitung befindlicher Aufträge. Ebenso folgt $B^{(j-1)}(t) \le k^{(j)}$.

Eine weitere Begrenzung dieses Bestandes erhält man bei Betrachtung der Gleichung (5.23) für Zelle j und (5.22) für Zelle $j + 1$.

$$\begin{aligned} & G^{(j)}(t) + M^{(j)}(t) + W^{(j)}(t) + B^{(j-1)}(t) + Z^{(j)}(t) \\ & = z^{(j)} + k^{(j+1)} - W^{(j+1)}(t) - K^{(j+1)}(t) . \end{aligned} \tag{5.25}$$

Hieraus folgt, dass eine weitere Begrenzung von $W^{(j)}(t)$ gegeben ist durch

$$W^{(j)}(t) \le k^{(j+1)} + z^{(j)} . \tag{5.26}$$

Es folgt somit, dass in Zelle j die Wahl eines $k^{(j)} > k^{(j+1)} + z^{(j)}$ nicht sinnvoll ist.

Aus Gleichung (5.24) für Zelle j, Gleichung (5.22) für Zelle $j + 1$ und Gleichung (5.25) folgt

$$\begin{aligned} & G^{(j)}(t) + k^{(j)} - K^{(j)}(t) + Z^{(j)}(t) \\ & \quad = G^{(j)}(t) + M^{(j)}(t) + W^{(j)}(t) + B^{(j-1)}(t) + Z^{(j)}(t) \\ & \quad = z^{(j)} + k^{(j+1)} - W^{(j+1)}(t) - K^{(j+1)}(t) \\ & \quad \le z^{(j)} + k^{(j+1)} . \end{aligned} \tag{5.27}$$

Es ergibt sich

$$\dot{G}^{(j)}(t) - K^{(j)}(t) + Z^{(j)}(t) \le 0 \tag{5.28}$$

für $k^{(j)} \ge k^{(j+1)} + z^{(j)}$. Demnach ist $G^{(j)}(t) = 0$, da zu jedem Zeitpunkt entweder $G^{(j)}(t)$ oder $K^{(j)}(t)$ Null sein muss. Falls also $G^{(j)}(t) > 0$ ist Gleichung (5.28) nicht erfüllt.

Dies bedeutet, dass die PA Card an Zelle j ohne eine Verzögerung nach dem Eingang des Order Tag in Lager j weitergegeben wird.

Dass die Wahl eines $k^{(j)} > k^{(j+1)} + z^{(j)}$ in Zelle j nicht sinnvoll ist, kann im Fall von $\tau^{(j+1)} = 0$ auch über den Zustand des Lagers j gezeigt werden. Zur Beschreibung des Zustands von Lager j gibt es zwei Möglichkeiten. Die erste Möglichkeit bezieht sich auf die *Bestandsposition*, womit die Differenz zwischen Lagerbestand und Lieferrückstand $Z^{(j)}(t) - B^{(j)}(t)$ bezeichnet wird. Hierbei ist zu beachten, dass $Z^{(j)}(t) \times B^{(j)}(t) \equiv 0$ für alle t. Die Bestandsposition kann Werte zwischen $z^{(j)}$ und $-k^{(j+1)}$ annehmen, da die Zahl wartender Requisition Tags $k^{(j+1)}$ nicht übersteigen kann.

Die zweite Möglichkeit der Zustandsbeschreibung des Lagers betrachtet die *Informationsposition*, womit die Differenz zwischen vorhandenen Process Tags und wartenden Order Tags im Lager bezeichnet wird. Die Bestände an Order Tags und Process Tags können niemals gleichzeitig positiv sein. Die beiden Möglichkeiten der Zustandsbeschreibung des Lagers müssen äquivalent sein (siehe Abb. 5-9). Zu Anfang ist die Bestandsposition $z^{(j)}$, die Informationsposition ist $k^{(j)}$. Demnach muss eine Bestandsposition von $z^{(j)} - x$ mit einer Informationsposition von $k^{(j)} - x$ identisch sein. Für $k^{(j)} > k^{(j+1)} + z^{(j)}$ gibt es folglich $k^{(j)} - (k^{(j+1)} + z^{(j)})$ Process Tags, die niemals genutzt werden.

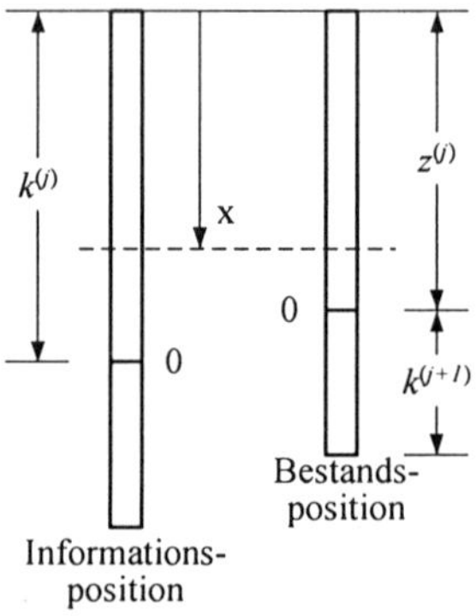

Abb. 5-9: Bestandsposition und Informationsposition

Als weitere Beschränkung lässt sich zeigen, dass für $\tau^{(j)} \geq \tau^{(j+1)} \geq 0$ auch $Z^{(j)}(t) \leq z^{(j)}$ gilt.

Bekannt ist:

$$\begin{aligned} G^{(j)}(t) + M^{(j)}(t) &= A^{(j+1)}(0, t) - A^{(j)}(0, t - \tau^{(j)}) \\ &\geq A^{(j+1)}(0, t) - A^{(j+1)}(0, t - \tau^{(j)}) \\ &= A^{(j+1)}(t - \tau^{(j)}, t) . \end{aligned} \tag{5.29}$$

Ist $\tau^{(j)} \geq \tau^{(j+1)} \geq 0$ und $G^{(j)}(t) + M^{(j)}(t) \geq M^{(j+1)}(t)$, so ergibt sich $W^{(j)}(t) + B^{(j-1)}(t) + Z^{(j)}(t) \leq z^{(j)} + B^{(j)}(t)$ aus Gleichung (5.23); da weiterhin $Z^{(j)}(t) \times B^{(j)}(t) \equiv 0$ gilt, erhält man

$$Z^{(j)}(t) \leq z^{(j)} . \tag{5.30}$$

Der Lagerbestand kann demnach $z^{(j)}$ nicht übersteigen. Man beachte jedoch, dass für den Fall $0 \leq \tau^{(j)} < \tau^{(j+1)}$ die Relation $Z^{(j)}(t) \leq z^{(j)}$ nicht länger erfüllt ist.

5.3.1.3 Staffelbestand (Echelon stock)

Bei Addition der Gleichungen (5.23) für $j = u, u+1, \ldots, m$ ergibt sich, dass der Staffelbestand $E^{(u)}(t) = \sum_{j=u}^{m} (W^{(j)}(t) + Z^{(j)}(t))$ die Gleichung

$$E^{(u)}(t) \\ = e^{(u)} + M^{(m+1)}(t) + B^{(m)}(t) - M^{(u)}(t) - B^{(u-1)}(t) - \sum_{j=u}^{m} G^{(j)}(t) \tag{5.31}$$

erfüllt, wobei $e^{(u)} = \sum_{j=u}^{m} z^{(j)}$ oder, da $G^{(j)}(t) = A^{(j+1)}(0,t) - A^{(j)}(0,t)$, $B^{(u-1)}(t) + M^{(u)}(t) + \sum_{j=u}^{m} G^{(j)}(t) = A(0,t) - R^{(u)}(0,t)$ und demnach

$$E^{(u)}(t) = e^{(u)} + B^{(m)}(t) + R^{(u)}(0,t) - A(0, t - \tau^{(m+1)}) . \tag{5.32}$$

Gemäß Gleichung (5.31) kann man schreiben

$$B^{(u-1)}(t) \\ = e^{(u)} + B^{(m)}(t) - E^{(u)}(t) + M^{(m+1)}(t) - M^{(u)}(t) - \sum_{j=u}^{m} G^{(j)}(t) . \tag{5.33}$$

5.3.2 Parameter-Einstellung für die Äquivalenz zu …

5.3.2.1 Make to Order

In einem Make to order-System erfolgt keine Bearbeitung vor dem Eingang eines Kundenauftrages. Im Allgemeinen wird nicht versucht, die Anzahl der in Bearbeitung befindlichen Aufträge zu steuern. Sobald ein Auftrag eine Bearbeitungsstufe abgeschlossen hat, wird er umgehend an die nachfolgende Stufe freigegeben. Ein solches System ist äquivalent einem PAC-System mit den Parametern $z^{(j)} = 0$, $k^{(j)} \to \infty$ und $\tau^{(j)} = 0$ für $j = 1, 2, \ldots, m$.

5.3.2.2 Base Stock

In einem Base stock-System werden die Freigaben so gesteuert, dass weitestgehend $E^{(j)}(t) = e^{(j)} + B^{(m)}(t)$, $j = 1, 2, \ldots, m$, gilt, sofern hinreichend Bestand im Lager $j - 1$ vorhanden ist. Ist diese Bedingung erfüllt, so folgt aus Gleichung (5.32) $R^{(j)}(0, t) = A(0, t - \tau^{(m+1)})$. Die einzige Parameterkonstellation im PAC-System, in der dies erfüllt ist, ist $\tau^{(j)} = 0$ für $j = 1, 2, \ldots, m + 1$ und $k^{(j)} \to \infty$ für $j = 1, 2, \ldots, m$. Demnach wird jeder vom Kunden eingehende Order Tag unmittelbar nach seinem Empfang an alle Zellen weitergegeben.

5.3.2.3 Kanban

In konventionellen Kanban-Systemen gilt $z^{(j)} > 0$, $k^{(j)} = z^{(j)}$ und $\tau^{(j)} = 0$ für $j = 1, 2, \ldots, m$.

Man beachte, dass Kanban sowohl den Zellenbestand begrenzt als auch den Informationstransport durch das System verzögert.

Gemäß Gleichung (5.24) beachte man auch, dass in einem Kanban-System $G^{(j)}(t) - K^{(j)}(t) = B^{(j)}(t) - Z^{(j)}(t)$ oder

$$\begin{aligned} G^{(j)}(t) &= B^{(j)}(t), \\ K^{(j)}(t) &= Z^{(j)}(t) \end{aligned} \tag{5.34}$$

gilt.

5.3.2.4 MRP

Man betrachte ein System mit $k^{(j)} \to \infty$ und $\tau^{(j)} > 0$, $j = 1, 2, \ldots, m$. Hieraus folgt, dass die Freigabezeitpunkte der PA Cards für jede Fertigungsstufe identisch sind, also $G^{(j)}(t) = 0$ für alle t und j. Nach Gleichung (5.33) wird der Rückstand nicht freigegebener Aufträge im Lager $u - 1$ gegeben durch

$$\begin{aligned} B^{(u-1)}(t) &= e^{(u)} + B^{(m)}(t) - E^{(u)}(t) + M^{(m+1)}(t) - M^{(u)}(t) \\ &= e^{(u)} + A(t - \tau^{(m+1)}, t - \tau^{(u)}) + B^{(m)}(t) - E^{(u)}(t) . \end{aligned} \tag{5.35}$$

Das Produktionssystem verhält sich also so, als sei ein Sollbestand von $e^{(u)} + B^{(m)}(t) + A(t - \tau^{(m+1)}, t - \tau^{(j)})$ gegeben, wobei die gewünschte Freigabemenge der Differenz zwischen dem Sollbestand und dem Staffelbestand $E^{(u)}(t)$ entspricht. Dies ist identisch mit einem MRP-System, sofern die Zeitverzögerung

$\tau^{(u)} = \sum_{j=0}^{u-1} l^{(j)}$ für $u = 1, 2, \ldots, m+1$, wobei $l^{(j)} \geq 0$ die Vorlaufzeit in Stufe j des konventionellen MRP-Systems darstellt. Die Äquivalenz zu MRP erfordert demnach $\tau^{(u)} \geq \tau^{(u-1)}$, $u = 1, 2, \ldots, m+1$.

5.3.2.5 Integral Control

Integral control bezeichnet Freigaberegeln, bei denen die Freigabeentscheidung unter Berücksichtigung des gesamten Bestandes zwischen dem Ort der Freigabe und einem weiteren, nachgelagerten Ort im System erfolgt. Beispielsweise erfolge eine Freigabe an Zelle n aufgrund des Bestandes in den Zellen und Lagern $n, n+1$, $n+2, \ldots, j$. Ist dieser gesamte Bestand kleiner als ein Zielbestand $e^{(n,j)}$, so erfolgt eine Auftragsfreigabe.

In einem PAC-System wird ein solches Verhalten durch Wahl der Parameter

$$\tau^{(u)} = 0, \; u = n, n+1, n+2, \ldots, j;$$
$$k^{(u)} = z^{(u)} + k^{(u+1)}, \; u = n, n+1, n+2, \ldots, j-1;$$
$$k^{(j)} = z^{(j)} \text{ und}$$
$$\sum_{u=n}^{j} z^{(u)} = e^{(n,j)} \text{ erreicht.}$$

Für diese Parameterkonstellation folgt aus Abschnitt 5.3.1.1, dass $G^{(u)}(t) = 0$ für $u = n, n+1, n+2, \ldots, j-1$.

Sobald also ein Order Tag im Lager j eintrifft und in eine PA Card umgewandelt wird, erfolgt die Weiterleitung eines Order Tag an Zelle n. Die Umwandlung des Order Tag in eine PA Card in Lager j erfolgt nur, falls ein Process Tag im Lager vorhanden ist. Da $k^{(j)} = z^{(j)}$, ist ein Process Tag nur dann im Lager j vorrätig, wenn sich auch ein Produkt im Lager j befindet. Demnach ist (siehe Gleichung (5.34))

$$G^{(j)}(t) = B^{(j)}(t). \tag{5.36}$$

Somit gilt gemäß Gleichung (5.33)

$$B^{(n-1)}(t) = e^{(n,j)} - E^{(n,j)}(t). \tag{5.37}$$

Wird also eine PA Card im Lager j generiert, so verlässt auch ein Produkt das Lager j. Gleichzeitig führt die Erzeugung der PA Card im Lager j zur Weiterleitung eines Requisition Tag an Lager $n-1$. Das System versucht demnach die Gesamtzahl der

Aufträge in den Zellen und Lagern $n, n+1, n+2, \ldots, j$ konstant bei $e^{(n,j)} = \sum_{u=n}^{j} z^{(u)}$ zu halten.

5.3.2.6 CONWIP

CONWIP ist ein Spezialfall von Integral control. Bei CONWIP basiert die Freigabeentscheidung in Zelle 1 auf dem gesamten Bestand in den Zellen und Lagern $1, 2, \ldots, m$. Wird Integral control auf das gesamte System angewandt, so führt dies zur Wahl der folgenden Parameterkombination:

$$z^{(j)} \geq 0\,,\ j = 1, 2, \ldots, m\,;$$
$$k^{(j)} = z^{(j)} + k^{(j+1)}\,,\ j = 1, 2, \ldots, m-1\,;\ k^{(m)} = z^{(m)} \text{ und}$$
$$\tau^{(j)} = 0\,,\ j = 1, 2, \ldots, m\,.$$

Man betrachte nun den Spezialfall mit $z^{(j)} = 0\,,\ j = 1, 2, \ldots, m-1$. Eine konstante Grenze z^* für den Bestand in Bearbeitung befindlicher Aufträge wird durch die Festlegung von $z^{(m)} = z^*$ erreicht. Hieraus ergibt sich ein CONWIP-System mit den Parametern

$$z^{(j)} = 0\,,\ j = 1, 2, \ldots, m-1\,,\ z^{(m)} = z^*\,;$$
$$k^{(j)} = k^{(j+1)} = \ldots = k^{(m)} = z^*\,,\ j = 1, 2, \ldots, m-1 \text{ und}$$
$$\tau^{(j)} = 0\,,\ j = 1, 2, \ldots, m\,.$$

Wird eine PA Card im Lager m generiert, so verlässt auch ein Endprodukt das System. Gleichzeitig führt die Erzeugung der PA Card in Lager m zur Weiterleitung eines Requisition Tag an Lager 0 (das Rohmateriallager) und somit zur unverzüglichen Freigabe von Rohmaterial an das System.

Die gesamte Zahl aller Aufträge im System liegt stets konstant bei $e^{(l)} = \sum_{j=1}^{m} z^{(j)}$.
Das System ist also äquivalent dem CONWIP-System nach Hopp und Spearman.

5.3.2.7 Local Control

Local control bezeichnet eine Politik, in der eine Zelle ein Produkt immer dann produziert, wenn (1) Teile verfügbar sind, (2) Maschinen und Arbeitskraft zur Verfügung stehen und (3) das Ausgangslager nicht voll ist, wobei „voll" sich auf einen vorgegebenen Maximalbestand bezieht. Zur Darstellung von Bedingung (2) gehe man davon aus, dass Zelle j aus $c^{(j)}$ parallel angeordneten Bedienstellen bestehe.

Man betrachte nun die folgende Parameterkombination:

$$z^{(j)} > k^{(j)}, j = 1, 2, \ldots, m;$$
$$k^{(j)} = c^{(j)}, j = 1, 2, \ldots, m;$$
$$\tau^{(j)} = 0, j = 1, 2, \ldots, m.$$

Weil für $\tau^{(j)} = 0$ auch $M^{(j)} = 0$ gilt, so erhält man nach Gleichung (5.23)

$$B^{(j-1)}(t) = z^{(j)} - W^{(j)}(t) - Z^{(j)}(t) + B^{(j)}(t) - G^{(j)}(t). \tag{5.38}$$

Weiterhin folgt aus Gleichung (5.24)

$$G^{(j)}(t) - K^{(j)}(t) = z^{(j)} - c^{(j)} + B^{(j)}(t) - Z^{(j)}(t). \tag{5.39}$$

Man erkennt drei unterschiedliche Möglichkeiten:

(1) $Z^{(j)} = 0$, wofür $G^{(j)}(t) = z^{(j)} - c^{(j)} + B^{(j)}(t)$ gilt, und folglich
$B^{(j-1)}(t) = c^{(j)} - W^{(j)}(t)$;

(2) $0 < Z^{(j)} \le z^{(j)} - c^{(j)}$, wobei $G^{(j)}(t) = z^{(j)} - c^{(j)} - Z^{(j)}(t)$ und
$B^{(j-1)}(t) = c^{(j)} - W^{(j)}(t)$ sowie

(3) $z^{(j)} - c^{(j)} < Z^{(j)} \le z^{(j)}$, wofür $G^{(j)}(t) = 0$ und
$B^{(j-1)}(t) = z^{(j)} - W^{(j)}(t) - Z^{(j)}(t)$.

Auftragsfreigaben erfolgen demnach, um sicherzustellen, dass der Gesamtbestand in der Zelle und im Lager kleiner ist als $z^{(j)}$, vorausgesetzt es steht eine Maschine zur Verfügung. Ist keine Maschine verfügbar, so erfolgt keine Auftragsfreigabe.

5.3.3 Qualitative Beschreibung der Wirkung von Parametereinstellungen

Bezüglich der Wirkungen von Parametern auf die Systemleistung sind einige grundlegende Eigenschaften formal beweisbar. Die Leistungsfähigkeit des Systems werde hierzu zum Zeitpunkt t über den Lieferrückstand $B^{(m)}(t)$ im kundenseitigen Lager bestimmt. Es lassen sich nun die folgenden Eigenschaften zeigen:

(1) $B^{(m)}(t)$ sinkt, wenn ein beliebiges $z^{(j)}, j = 1, 2, \ldots, m$, steigt.

(2) $B^{(m)}(t)$ sinkt, wenn ein beliebiges $k^{(j)}, j = 1, 2, \ldots, m$, steigt.

(3) $B^{(m)}(t)$ steigt im Falle, dass jede Zelle über eine einzelne Bedienstelle verfügt, wenn die Bedienzeit eines beliebigen Auftrages in einer beliebigen Zelle größer wird.

(4) $B^{(m)}(t)$ steigt, wenn ein beliebiges $\tau^{(j)}, j = 1, 2, \ldots, m$, wächst, $B^{(m)}(t)$ sinkt jedoch mit wachsendem $\tau^{(m+1)}$.

Der Beweis von Eigenschaft (4) lässt sich über Gleichung (5.31) darstellen. Offensichtlich führt ein wachsendes $\tau^{(m+1)}$ zu einem sinkenden $B^{(m)}(t)$. Steigende $\tau^{(j)}$, $j = 1, 2, \ldots, m$, führen dagegen zu einem steigenden $B^{(m)}(t)$, da $M^{(j)}(t)$ wächst.

Mit $\tau^{(m+1)}$ und der Bedingung $\tau^{(j)} \geq \tau^{(j-1)}$, $j = 2, 3, \ldots, m+1$, erhält man für die $\tau^{(j)}$, die ein minimales $B^{(m)}(t)$ ergeben, $\tau^{(1)} = \tau^{(2)} = \ldots = \tau^{(m)} = 0$. Muss folglich den einzelnen Zellen eine gesamte Vorlaufzeit L zugeordnet werden, so ist die Zuordnung mit minimalem $B^{(m)}(t)$ entsprechend $l^{(j)} = 0$, $j = 0, 1, 2, \ldots$, $m-1$ und $l^{(m)} = L$.

5.3.4 Losbildung in Einproduktsystemen

Die bisherige Analyse ging davon aus, dass im System keine Lose gebildet werden. Losbildung ist in realen Systemen jedoch oft ökonomisch sinnvoll. Dies kann insbesondere aus drei Gründen der Fall sein:

- Die technologischen Gegebenheiten des Prozesses machen die Fertigung in Losen vorteilhaft.
- Die Rüstkosten sind hinreichend hoch, so dass es kosteneffizienter ist, einmal zu rüsten und im Anschluss mehrere Produkte unmittelbar nacheinander zu fertigen.
- Die Rüstzeiten sind so groß, dass ein Rüstvorgang vor der Bearbeitung jedes Auftrages zu einem unzumutbaren Kapazitätsverlust führen würde.

Ist die Losbildung notwendig, so ergeben sich zwei Fragestellungen:

(a) Welcher Ansatz der Losbildung ist geeignet?

(b) Wo im PAC-System soll die Losbildung erfolgen?

Auf Frage (a) wird in den Abschnitten 3.2.5, 4.2.2 und 4.4.1 eingegangen, so dass sich die Diskussion an dieser Stelle auf Frage (b) beschränkt.

Es gibt drei mögliche Orte, an denen Lose für Zelle j gebildet werden können. Nutzt die Zelle fixe Losgrößen $r^{(j)}$, so sind diese Orte:

(1) *Am Lager j bei Erzeugung der PA Card*
Ein Process Tag kann also keine Erzeugung einer PA Card auslösen, bevor $r^{(j)}$ Order Tags eingegangen sind. Ein Process Tag repräsentiert dann anstatt eines einzelnen Produktes $r^{(j)}$ Einheiten (bzw. Aufträge).

(2) *Bei der Freigabe des Requisition Tag in Zelle j*
Das Management von Zelle j gibt also nicht jeden einzelnen Requisition Tag mit einem Zeitverzug $\tau^{(j)}$ nach Empfang eines Order Tag frei; vielmehr wartet das Zellenmanagement von Zelle j mit der Freigabe, bis sich $r^{(j)}$ Requisition Tags angesammelt haben (jedes mit einem Zeitverzug $\tau^{(j)}$ nach dem Eingang des zugehörigen Order Tag).

(3) *Am Eingang von Zelle j*
Die Requisition Tags werden an Lager $j-1$ übermittelt; die Losbildung erfolgt erst nach dem Empfang der Bauteile in der Zelle.

Der hauptsächliche Nachteil des Ansatzes (1) ist die Verzögerung bei der Informationsübermittlung über Auftragseingänge an die vorgelagerten Zellen. Diese Verzögerung tritt auf, da die Erzeugung von PA Cards verzögert wird, bis das Los gebildet ist. Die Ansätze (2) und (3) unterscheiden sich nicht wesentlich. Der größte Unterschied liegt in der eindeutigen Zuständigkeit des Zellenmanagements für die Wahl der Losgrößen und die Steuerung der Lose bei Ansatz (2). Bei Alternative (3) ist es für die Mitarbeiter in der Zelle leichter möglich, Entscheidungen über Losgrößen zu verändern. Insbesondere können sie die Bearbeitung eines Loses einleiten, obwohl noch nicht alle Material Tags des Loses eingegangen sind. Um mit der Implementierung der Zeitverzögerung $\tau^{(j)}$ bei der Freigabe von Requisition Tags durch das Zellenmanagement konsistent zu bleiben, erscheint es sinnvoll, die Losgröße $r^{(j)}$ ebenfalls bei der Freigabe von Requisition Tags durch das Zellenmanagement zu implementieren. Aus diesem Grund wird im Allgemeinen Ansatz (2) bevorzugt.

5.4 Alternativen und Erweiterungen

5.4.1 Extended Kanban Control System (EKCS)

Dallery/Liberopoulos 2000 stellten einen alternativen Aufbau für die Beschreibung von Kanban, Base stock und weiteren Systemen zur Materialflusssteuerung vor. Abb. 5-10 vergleicht den Informationsfluss im Extended Kanban Control System (EKCS) und im PAC-System, sofern keine Vorlaufzeiten oder Zeitverzögerungen ($\tau^{(j)} = 0$ für $j = 1, 2, \ldots, m$) vorhanden sind und im System $k^{(j)}$ die maximale Anzahl der gleichzeitig in der Zelle befindlichen Aufträge sowie $z^{(j)}$ der maximale Bestand im der Zelle nachgeordneten Lager j ist.

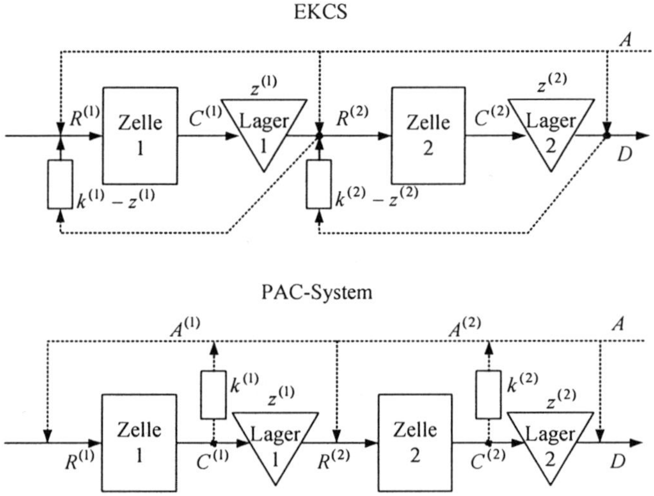

Abb. 5-10: Gegenüberstellung von EKCS und PAC-System

Im EKCS befinden sich anfänglich $z^{(j)}$ Produkte im Lager j und es warten $k^{(j)} - z^{(j)}$ Kanban am Freigabepunkt der Zelle j. Man beachte, dass in EKCS die Relation $k^{(j)} < \max\{1, z^{(j)}\}$ in keiner Zelle erfüllt sein kann. Da EKCS weniger Parameterkombinationen als das PAC-System darstellen kann, ist es etwas weniger flexibel. Dennoch kann es unter bestimmten Voraussetzungen leistungsfähiger sein als das PAC-System. Eine tiefer gehende Betrachtung der relativen Vorteile ist dafür jedoch unerlässlich.

5.4.2 Verknüpfung mit der Finanzwirtschaft

Der Informationsfluss innerhalb des PAC-Systems kann auch genutzt werden, um den Fluss von Finanzmitteln innerhalb des Unternehmens zu überwachen und die entsprechenden Konten ständig zu aktualisieren.

Wird ein Produkt an einen Kunden ausgeliefert, so kann die Information über dieses Ereignis – also der Requisition Tag, welcher die Freigabe des Produktes aus dem kundenseitigen Lager ausgelöst hat – verwendet werden, um den Kontenstand ausstehender Einzahlungen um den Verkaufspreis des Produktes zu erhöhen. Bezahlt der Kunde schließlich das Produkt, so kann die Information über den Zahlungseingang den Stand des Kontos ausstehender Einzahlungen senken und die erhaltenen liquiden Mittel können auf die entsprechenden Konten geleitet werden. Analog kann die an einen Lieferanten übertragene Information – also der Requisition Tag, welcher den Lieferanten zur Warenlieferung auffordert – bei Eingang der Ware genutzt werden, um den Stand des Kontos ausstehender Auszahlungen zu erhöhen. Wird die Lieferung bezahlt, wird die Information genutzt, um den Stand dieses Kontos wieder zu senken. Bestandskonten für den Werkstattbestand können ebenso aktualisiert werden, indem die Bewegungen von Requisition Tags und Process Tags verfolgt werden. Eine weiterführende Beschreibung dieser Möglichkeiten findet sich in Buzacott/Zhang 2003.

5.5 PAC-gesteuertes Fertigungssystem für mehrere Produkte

Im vorhergehenden Abschnitt wurde ein aus mehreren in Reihe angeordneten Fertigungszellen bestehendes Einproduktsystem betrachtet. Im folgenden Abschnitt wird nunmehr ein System mit Fertigungszellen in Reihe analysiert, welches mehrere Produkte herstellt (vgl. Baynat/Buzacott/Dallery 2002).

Die einzelne Fertigungszelle stellt mehrere Produkte auf gemeinsam genutzten Anlagen her. Jedes fertig gestellte Produkt wird in einem ihm zugeordneten Lager aufbewahrt; der anfängliche Lagerbestand für Produkt i, $i = 1, 2$, beträgt $z_i^{(j)}$. Alle Produkte werden aus den gleichen Rohmaterialen erstellt, die stets in ausreichender Menge zur Verfügung stehen.

(1) Verwendung produktspezifischer oder gemeinsamer Process Tags

Die Verwendung *produktspezifischer Process Tags* (Abb. 5-11) bedeutet, dass $k_i^{(j)}$, $i = 1, 2$, Process Tags dem Produkt i zugeordnet werden. Folglich können sich niemals mehr als $k_i^{(j)}$ Einheiten des Produktes i gleichzeitig in einer Zelle j in

Bearbeitung befinden. Ist $k_1^{(j)} = k_2^{(j)} = 1$, so ergibt sich bei produktspezifischen Process Tags und einer Zelle mit einer einzelnen Bedienstelle eine ausgeprägte Tendenz, die beiden Auftragstypen in abwechselnder Reihenfolge zu bearbeiten. Wird also gerade Produkt 1 bearbeitet, so kann ausschließlich ein Auftrag für Produkt 2 warten, da die einzige PA Card für Produkt 1 besetzt ist. Dies geschieht auch, wenn Order Tags für Produkt 1 auf die Zusammenführung mit Process Tags warten und diese vor dem Order Tag des Typs 2, welcher die PA Card des Typ 2 freigegeben hat, im Lager eingetroffen sind.

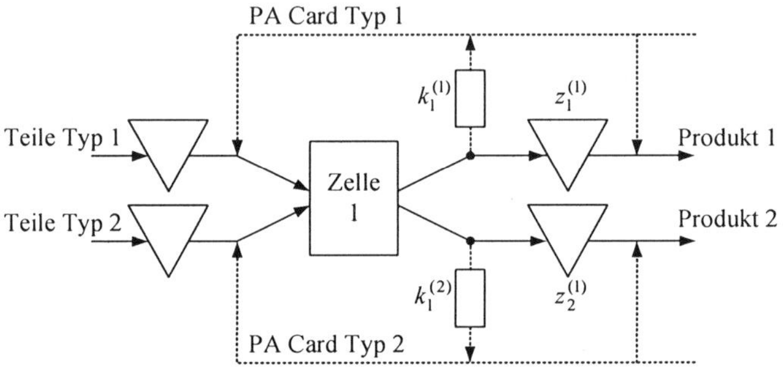

Abb. 5-11: Mehrproduktsystem mit gesonderten (produktspezifischen) Process Tags

Die Verwendung *gemeinsamer Process Tags* (Abb. 5-12) bedeutet, dass jeder Zelle $k^{(j)}$ Process Tags zugeordnet sind. Diese Process Tags haben anfänglich keinen Produkttyp. Wird einer dieser gemeinsamen Process Tags mit einem Order Tag des Typs i zu einer PA Card zusammengeführt, so wird der generierten PA Card der Typ i zugeordnet. Diese PA Card löst die Erstellung eines Requisition Tag des Typs i im Zellenmanagement sowie die Produktion eines Produktes i in der Zelle aus. Ist die Bearbeitung des Produktes vom Typ i in der Zelle abgeschlossen und wird das Produkt zum nachgeordneten Lager des Typs i transportiert, so wird ein Process Tag generiert. Dieser Process Tag ist jedoch wiederum keinem Produkttyp zugeordnet.

Besteht die Zelle j aus $c^{(j)}$ parallel angeordneten Bedienstellen, so bringt es bei Verwendung gemeinsamer Process Tags keinen Vorteil, wenn mehr als $c^{(j)}$ gemeinsame Process Tags vorhanden sind. Gemeinsame Process Tags bieten den Vorteil, dass die Bearbeitungsreihenfolge der Produkte in der Zelle durch die Reihenfolge, in der die Order Tags der unterschiedlichen Produkttypen mit Process Tags zusammentreffen, bestimmt wird. Werden beispielsweise die Process Tags nach der Prioritätsregel First come first served (FCFS) abgearbeitet, so wird auch die Bearbeitungsreihenfolge der Aufträge in der Zelle FCFS entsprechen. Dies ist dann von Wert, wenn die Leistungsfähigkeit eines durch gemeinsame Process Tags gesteuerten Produktionssystems mit einer Fertigungszelle abgeschätzt werden soll, insbe-

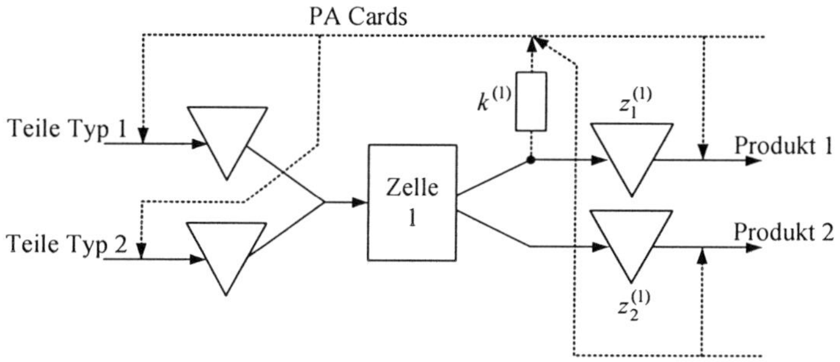

Abb. 5-12: Mehrproduktsystem mit gemeinsamen Process Tags

sondere wenn die Ankunftsverteilung der Auftragseingänge und der Bedienprozesse einem gebräuchlichen Wartesystem entspricht. Dies wird im nächsten Abschnitt näher dargestellt.

(2) Einzellen-System mit gemeinsamen Process Tags

Eine Zelle mit einer einzelnen Maschine, die zu jeder Zeit jeweils nur einen Auftrag bearbeiten kann, fertige zwei Produkte. Die allgemein verfügbaren Ergebnisse der Warteschlangentheorie erlauben die Analyse eines Systems mit Poisson-verteilten Zwischenankunftszeiten λ_i, $i = 1, 2$, für jeden Produkttyp und einer exponentialverteilten Bedienzeit mit der Abfertigungsrate μ, identisch für beide Produkttypen. Es sei $\rho_i = \lambda_i \cdot \mu^{-1}$, $i = 1, 2$, und $\rho = \rho_1 + \rho_2$. Die Wahrscheinlichkeit, dass n Produkte beider Typen in der Zelle vorhanden sind (d. h. als gemeinsame PA Cards) oder auf den Eintritt in die Zelle warten (d. h. als Order Tags) ergibt sich zu $P(n) = (1-\rho)\rho^n$. Die Wahrscheinlichkeit, dass von diesen n Aufträgen n_1 vom Typ 1 und $n_2 = n - n_1$ vom Typ 2 sind, ist

$$P(n_1, n_2 | n_1 + n_2 = n) = \binom{n}{n_1}\frac{\rho_1^{n_1}\rho_2^{n-n_1}}{\rho^n}. \tag{5.40}$$

Somit folgt

$$P(n_1, n_2) = (1-\rho_1-\rho_2)\binom{n}{n_1}\rho_1^{n_1}\rho_2^{n_2}. \tag{5.41}$$

Da $\binom{n}{n_1} = \binom{n}{n_2}$, ergibt sich die Grenzverteilung $P(n_1)$ zu

$$
\begin{aligned}
P(n_1) &= \sum_{n_2=0}^{\infty} P(n_1, n_2) = (1-\rho_1-\rho_2)\rho_1^{n_1} \sum_{n_2=0}^{\infty} \binom{n_1+n_2}{n_2} \rho_2^{n_2} \\
&= (1-\rho_1-\rho_2)\rho_1^{n_1} \frac{1}{(1-\rho_2)^{n_1+1}} \\
&= (1-\hat{\rho}_1)\hat{\rho}_1^{n_1},
\end{aligned}
\tag{5.42}
$$

wobei $\hat{\rho}_1 = \frac{\rho_1}{1-\rho_2}$. Analog folgt $P(n_2) = (1-\hat{\rho}_2)\hat{\rho}_2^{n_2}$, wobei $\hat{\rho}_2 = \frac{\rho_2}{1-\rho_1}$.

Ist der Anfangsbestand des Produktes i im Ausgangslager der Zelle z_i, $i = 1, 2$, so folgt für den erwarteten Lieferrückstand des Produktes i

$$
E[B_i] = \frac{\hat{\rho}_i^{z_i+1}}{1-\hat{\rho}_i}. \tag{5.43}
$$

Wegen der Annahme der Zuordnung von Process Tags zu Order Tags nach FCFS-Reihenfolge ist dieses Ergebnis unabhängig von der Anzahl der Zelle zugeordneter Process Tags.

Für produktspezifische Process Tags existiert in der gleichen Situation mit Poisson-verteilten Auftragseingängen und einer einzelnen Bedienstelle mit exponentialverteilter Bedienzeit leider keine explizite Lösung. Die Lösung stellt sich als Funktion von $k_1^{(1)}$ und $k_2^{(1)}$ dar. Hier kann eine Simulation helfen, um die Leistungsfähigkeit des Systems zu ermitteln.

5.6 PAC-gesteuerte Montagezellen

In diesem Abschnitt wird die Anpassung des PAC-Systems zur Steuerung von Montagezellen betrachtet. Zunächst werden hierzu die grundlegenden Ideen anhand eines einfachen Systems demonstriert, in dem ein einzelnes Endprodukt aus zwei Komponenten montiert wird.

Jede Montage kann als aus zwei Vorgängen bestehend angesehen werden: Der erste Vorgang ist die Zusammenstellung eines Bausatzes (*logische Montage, kitting, Kommissionierung*), welcher aus allen zum Aufbau des Endproduktes benötigten Komponenten besteht. Der zweite Vorgang ist die Umwandlung des Bausatzes in das fertige Endprodukt. Er beinhaltet alle Füge- und Montagevorgänge (*physische Montage*). Typischerweise erfordert die Zusammenstellung des Bausatzes, die Kommissionierung, nur eine vernachlässigbar kurze Zeit, sofern alle benötigten

Bauteile verfügbar sind. Hier wird davon ausgegangen, dass für die Zusammenstellung keine Zeit benötigt wird. Die Umwandlung des Bausatzes in das Endprodukt kann dagegen einen signifikanten Zeitbedarf haben und knappe Produktionsmittel belegen.

(1) Trennung von logischer und physischer Montage

Statt den gesamten Montagevorgang in einer Zelle anzuordnen, wird im Folgenden die Montage als in zwei getrennten Zellen stattfindend betrachtet. Zuerst werden in der Zelle der logischen Montage die benötigten Komponenten zu Bausätzen zusammengestellt. Der komplette Bausatz wird als *ein* Ausgang anschließend an die Montagezelle weitergegeben, die mit diesem kompletten Materialeingang die Montage durchführt und als einzigen Ausgang das fertig montierte Endprodukt an das Fertiglager weitergibt. Es ist offensichtlich, dass sich die Montagezelle nicht von den anderen, bisher betrachteten Zellen unterscheidet. Auf sie wird hier daher nicht näher eingegangen. Die Zelle der logischen Montage dagegen hat mehrere Eingänge und einen einzelnen Ausgang. Sie ist daher anders aufgebaut als normale Fertigungszellen. Ihr Betrieb und ihre Steuerung werden deshalb hier näher betrachtet.

(2) Bevorratung für die logische Montage

Die Zelle der logischen Montage habe ein Ausgangslager K mit einem Anfangsbestand von $z^{(K)}$ Bausätzen und mit $k^{(K)}$ Process Tags. Wird also vom Ausgangslager eine PA Card generiert, so wird diese an das Zellenmanagement der logischen Montagezelle übermittelt. Das Zellenmanagement erstellt daraufhin unmittelbar einen Order Tag für jedes Produkt, das für den Bausatz benötigt wird, und übermittelt die Order Tags an die entsprechenden Zellen, die die Komponenten herstellen. Nach einer Zeitverzögerung, die je nach Komponente unterschiedlich sein kann, sendet das Zellenmanagement Requisition Tags an die Komponentenlager und fordert somit die unverzügliche Auslieferung der Komponenten an die logische Montagezelle. Selbstverständlich können einige der Komponentenlager leer sein, so dass die logische Montagezelle einen Bestand an Komponenten hat, die noch nicht zu einem Bausatz zusammengestellt werden können, da einige der benötigten Komponenten fehlen. Die vorhandenen Komponenten warten also gegebenenfalls, bis ein vollständiger Bausatz zusammengestellt und an das Ausgangslager der logischen Montagezelle übertragen werden kann.

Da die Zusammenstellung von Bausätzen keine Zeit benötigt, gibt es offensichtlich keinen Grund, mehr als einen Process Tag für die logische Montagezelle zu verwenden. Dennoch ist es aufschlussreich, die Abläufe des Montagesystems formal zu analysieren und einige weitere nützliche Erkenntnisse über den Betrieb des Montagesystems zu entwickeln.

Das Produkt werde aus m Komponenten, $1, 2, \ldots, m$, montiert. Die Komponenten werden in den Lagern $1, 2, \ldots, m$, die den Zellen $1, 2, \ldots, m$ nachgelagert sind, aufbewahrt. Es wird jedoch nicht allgemein vorausgesetzt, dass jede Komponenete in einer einzelnen Zelle gefertigt wird. Tatsächlich können mehrere Produkte auch in der gleichen Zelle gefertigt werden. Die Zelle der logischen Montage sei K (kitting) und die Zelle der Montagedurchführung sei A (assembly). Der logischen Montagezelle sei das Lager K und der Zelle der Montagedurchführung das Lager A nachgeordnet. Die Parameter des Systems sind $z^{(j)}$, die Anfangsbestände in den Lagern j, $j = 1, 2, \ldots, m, K, A$, sowie $k^{(j)}$, die Anzahl der Process Tags in den Lagern j, $j = 1, 2, \ldots, m, K, A$. Die Zeitverzögerung, mit der die Zelle der Montagedurchführung Requisition Tags an das Ausgangslager der logischen Montage sendet, ist $\tau^{(A)}$. Es ist jedoch vorstellbar, dass die logische Montagezelle unterschiedliche Zeitverzögerungen für verschiedene Produkte verwendet; daher sei $\tau^{(K,j)}$, $j = 1, 2, \ldots, m$, die Zeitverzögerung, mit der die logische Montagezelle einen Requisition Tag an das Komponentenlager j aussendet. $\tau^{(D)}$ sei die Zeitverzögerung zwischen dem Empfang von Order Tags und Requisition Tags von Kunden. Abb. 5-13 zeigt die Struktur des Montagesystems.

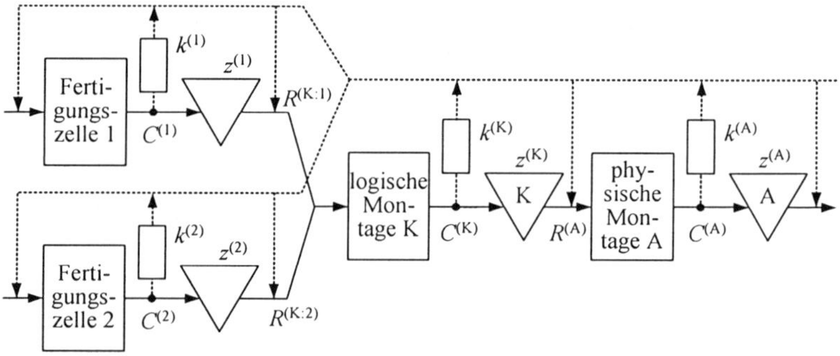

Abb. 5-13: Montagesystem

Es gibt zwei nützliche Eigenschaften bei der Wahl der PAC-Parameter in einem Montagesystem. Man betrachte zwei Montagesysteme P und Q, die bis auf die Wahl der Parameter $z^{(j)}$, $j = 1, 2, \ldots, m, K$, und $k^{(K)}$ identisch sind.

(1) Haben beide Systeme die gleichen $k^{(K)}$ und die gleichen $z^{(j:K)} = z^{(j)} + z^{(K)}$ für $j = 1, 2, \ldots, m$, so wird das System mit den größeren $z^{(j)}$ die kleineren erwarteten Rückstände bei der Auftragsfreigabe an Zelle A aufweisen. Es besteht folglich kein Grund, einen Anfangsbestand fertiggestellter Bausätze zu haben; $z^{(K)}$ sollte also gleich Null sein.

(2) Nutzen beide Systeme eine Kanban-Steuerung für Zelle K, d. h. $k^{(K)} = z^{(K)}$, und haben beide Systeme identische $z^{(j:K)} = z^{(j)} + z^{(K)}$ für $j = 1, 2, \ldots, m$, so werden beide Systeme die gleichen erwarteten Rückstände freigegebener Aufträge an Zelle A zeigen.

Obwohl ein formeller Beweis dieser Eigenschaften den Rahmen dieses Buches übersteigt, lassen sich die Grundlagen der Ergebnisse mit der folgenden Argumentation veranschaulichen: Es sei $z^{(j:K)} = 3$ für $j = 1, 2$ und $k^{(K)} = 1$. Der Einfachheit halber nehme man an, dass alle $\tau^{(K;j)} = 0$ und $\tau^{(A)} = 0$.

Zur Veranschaulichung von Eigenschaft (1) vergleiche man die beiden Systeme. Im System *P* sei $z^{(K)} = 3$ und im System *Q* sei $z^{(K)} = 0$. Zelle 1 habe eine außergewöhnlich lange Bedienzeit. Sowohl in *P* als auch in *Q* führt der Eingang des ersten Order Tag am Lager *K* zur Freigabe eines Order Tag (und des dazugehörigen Requisition Tag) an Lager 1. Der Requisition Tag von Zelle *A* führt weiterhin zur unmittelbaren Freigabe eines Auftrages an Zelle *A*, da im System *Q* die Bausatzzusammenstellung keine Zeit benötigt. Geht nun der zweite Order Tag von Zelle *A* am Lager *K* ein, so wird im System *P* kein Process Tag im Lager *K* vorhanden sein (da Zelle 1 langsamer ist) und der Order Tag wird somit im Lager *K* warten. Im System *Q* wird dagegen ein Process Tag im Lager *K* vorhanden sein und ein Order Tag an Lager 1 übermittelt; dessen zugeordneter Requisition Tag führt zur unverzüglichen Lieferung eines Bausatzes an Lager *K*. Während also der Requisition Tag von Zelle *A* an Lager *K* in keinem der beiden Systeme im Lager *K* aufgehalten wird, so ist in System *P* ein wartender Order Tag im Lager *K* vorhanden, wogegen sich ein Order Tag in Lager 1 befindet. Hat Zelle 1 mehr als ein Process Tag, so bedeutet dies, dass eine weitere PA Card an Zelle 1 freigegeben werden kann. Bei Eingang des dritten Order Tag von Zelle *A* in Lager *K* spielen sich die Vorgänge erneut nach dem gleichen Muster ab: Der dem Order Tag zugeordnete Requisition Tag von Zelle *A* an Lager *K* wird im Lager *K* nicht aufgehalten. In System *P* erhöht sich die Anzahl wartender Order Tags im Lager *K* um 1. In System *Q* dagegen wird ein weiterer Order Tag an Lager 1 übermittelt und, sofern Zelle 1 über ausreichend Process Tags verfügt, erfolgt die Freigabe einer PA Card an Zelle 1. Geht der vierte Order Tag von Zelle *A* im Lager *K* ein, so wird der zugeordnete Requisition Tag von Zelle *A* an Lager *K* in beiden Systemen im Lager *K* aufgehalten. Im System *P* wird ein weiterer Order Tag im Lager *K* warten, wogegen im System *Q* ein weiterer Order Tag an Lager 1 übermittelt wird; sein zugeordneter Requisition Tag wird nun jedoch im Lager 1 warten müssen. Der wesentliche Unterschied ist folglich, dass in *P* alle Order Tags außer dem ersten am Lager *K* warten, wogegen in *Q* die ersten vier Order Tags unmittelbar zur Übermittlung von Order Tags an Lager 1 führen. Es ist offensichtlich, dass dies zu einer größeren Anzahl freigegebener Aufträge an Zelle 1 in System *Q* führen kann und somit *Q* leistungsfähiger sein wird (geringere Wartezeiten aufweist) als System *P*.

Zur Verdeutlichung von Eigenschaft (2) nehme man an, System *P* habe $k^{(K)} = z^{(K)} = 3$ und in System *Q* sei $k^{(K)} = z^{(K)} = 1$. Unter Verwendung der obigen Argumentation lässt sich zeigen, dass in beiden Systemen nach Eingang des vierten Order Tag von Zelle *A* an Lager *K* die ersten drei zugeordneten Requisition Tags ohne Verzögerung im Lager *K* übermittelt werden, der vierte Requisition Tag dagegen im Lager *K* warten muss. In diesem Fall wird in beiden Systemen in Lager *K* je ein Order Tag warten, wogegen drei Order Tags an Lager 1 übersandt wurden. Folglich besteht kein Unterschied im Verhalten der beiden Systeme.

6 Simulation von PAC-Modellen

6.1 Grundlagen der Modellierung

Zum Verständnis der Funktionsweise von Materialflusssteuerungen in der Produktion ist es hilfreich, Modelle zu entwickeln, die diese Funktionsweise abbilden. Dazu können drei unterschiedliche Modellierungsansätze gewählt werden:

(1) Entwicklung eines physikalischen Modells des Produktionssystems, das mit einer Software zur Auftragssteuerung ausgestattet ist;

(2) Programmierung eines Simulationsmodells am Computer, das den Materialfluss sowie seine Steuerung nachbildet;

(3) Nutzung formaler mathematischer Modelle, die Systemverhalten und -steuerung durch algebraische Gleichungen beschreiben.

Welcher der drei im Folgenden näher erläuterten Ansätze gewählt werden sollte, begründet sich aus der Systemkomplexität und den Zielen der Modellierung.

6.1.1 Physikalische Modelle von Produktionssystemen mit Software zur Auftragssteuerung

In dieser Art von Modellsystemen werden reale Systeme, also z. B. Maschinen und Anlagen, durch verkleinerte funktionsfähige Modelle repräsentiert. Diese Modelle stellen den Aufbau des realen Systems exakt nach und können gegebenenfalls sogar wesentliche Abläufe des Produktionsprozesses und des Materialtransportes abbilden. Solche Modellsysteme werden demzufolge hauptsächlich für den Erkenntnisgewinn hinsichtlich des Materialflusses beim räumlichen Aufbau des Produktionssystems verwendet. Die Modellsysteme erlauben zudem das Testen von Steuerungssoftware, die in realen Systemen zum Einsatz kommen soll. Da diese Modellsysteme nur mit größerem Aufwand modifiziert werden können, ist es nicht sinnvoll, sie in frühen Entwicklungsphasen des Produktionssystems zu nutzen, wenn mehrere verschiedene Konzepte ausprobiert und ihre Leistungsfähigkeit verglichen werden soll. Auch die Überprüfung von Software unter verschiedenen Arbeitsbedingungen nimmt in solchen Modellen viel Zeit in Anspruch. Dennoch sind sie für Demonstrationswecke sowie zur Ausbildung von Systemoperatoren sehr nützlich.

6.1.2 Computersimulation

Bei einer Simulation handelt es sich um „...das Nachbilden eines dynamischen Prozesses in einem System mit Hilfe eines experimentierfähigen Modells, um zu Erkenntnissen zu gelangen, die auf die Wirklichkeit übertragbar sind“ (vgl. VDI 3633).

Von Simulation wird im Allgemeinen gesprochen, wenn bei der Analyse eines Systems die Experimente an einem Modell statt an dem realen System durchgeführt werden. Falls bei der Erstellung des Modells das Originalsystem mit allen seinen relevanten Eigenschaften abgebildet wurde, lassen sich die Vorgänge des realen Systems am Modell nachvollziehen und Kenntnisse über das Verhalten des Realsystems sammeln. Das ermöglicht es dem Experimentator, in einem gewissen Rahmen Rückschlüsse auf das Verhalten des Realsystems zu ziehen.

Die Computersimulation ist der am weitesten verbreitete Modellierungsansatz. Eine Vielzahl verschiedener Sprachen und Modellierungssysteme sind verfügbar, um Entwicklung und Einsatz der Simulationsmodelle zu vereinfachen. Die Computersimulation wird meist verwendet, um den Systembetrieb über eine längere Zeit abzubilden. Da die Geschwindigkeit der Abläufe in der Simulation durch die Leistung des verwendeten Rechners bestimmt wird, ist es möglich, in Echtzeit lange Betriebsperioden des Systemmodells innerhalb kurzer Zeit am Rechner zu simulieren. Während der Simulation werden Statistiken aufgenommen, die eine Bewertung des Leistungsvermögens des modellierten Systems erlauben. Häufig betrachten Computersimulationen insbesondere Zufallseffekte im Systemverhalten, so dass Simulationssysteme oft die Möglichkeit einer Simulation von stochastischen Einflüssen bei bekannter statistischer Verteilung bieten.

6.1.3 Formale mathematische Modelle

Mathematische Modelle beschreiben das abzubildende Produktionssystem durch ein System algebraischer Gleichungen. In einigen Fällen können diese Gleichungen so gelöst werden, dass sich die Bestimmungsgrößen der Systemleistung in Abhängigkeit von den Systemparametern ergeben. Die Lösung kann hierbei eine Formel oder auch eine Berechnungsvorschrift sein, durch welche die gesuchten Leistungsgrößen in begrenzter Rechenzeit bestimmt werden können. Oft sind die Gleichungen zu komplex, um exakt lösbar zu sein. In manchen Fällen können jedoch Näherungslösungen berechnet werden, die zumindest für bestimmte Bereiche der Parameterwerte nahe der exakten Lösung liegen. Da beim Aufstellen der Bestimmungsgleichungen des Systemverhaltens im Allgemeinen von einer Vielzahl von Annahmen ausgegangen wird, stellt das daraus resultierende Modell trotz exakter Lösbarkeit nicht notwendigerweise eine korrekte Abbildung des Systemverhaltens dar. „Exakt“ bedeutet, dass die Lösung der Gleichung keiner weiteren Annahmen und Vereinfachungen bedarf.

6.1.4 Simulation vs. formale mathematische Modelle

Im Allgemeinen werden Simulationsmodelle in der Praxis von Unternehmen und Unternehmensberatungen verwendet, während formale mathematische Modelle (analytische Modelle) hauptsächlich im Bereich der Wissenschaft zum Einsatz kommen.

Häufig entscheiden die folgenden Aspekte über die Verwendung von exakten oder Simulationsmodellen:

- *Einfachheit der Entwicklung:* Unter Nutzung moderner Simulationssysteme ist es für Ingenieure oder andere Anwender verhältnismäßig einfach, ein Simulationsmodell eines durchschnittlich komplexen Systems nach rund einer Woche Einarbeitung zu erstellen. Dagegen benötigt die Entwicklung analytischer Modelle eine ausgeprägte akademische Vorbildung sowie die Beherrschung von Analyseverfahren, mit deren Anwendung viele Ingenieure nur unzureichend vertraut sind.
- *Darstellbarkeit der Komplexität:* Die Erweiterung des Funktionsumfangs oder die Erhöhung des Detaillierungsgrades eines Simulationsmodells führt im Allgemeinen lediglich zu einem höheren Komplexitätsgrad des Modells und einer längeren Simulationslaufzeit. Bei einem analytischen Modell kann die Modellerweiterung jedoch leicht dazu führen, dass das Gleichungssystem nicht mehr lösbar ist.
- *Einfachheit der Benutzung:* In dieser Hinsicht verringern sich die Vorteile der Simulation. Die meisten analytischen Modelle geben entweder eine Lösungsformel vor oder erfordern eine einfache rekursive Berechnung, so dass sie praktisch immer in Form einer Tabellenkalkulation implementiert werden können. Dies macht ihre Benutzung sehr einfach und erlaubt, innerhalb kurzer Zeit eine Vielzahl von Parameterwerten auszuprobieren. Darüber hinaus ist die Berechnungsvorschrift meist recht überschaubar. Die Eigenschaften der analytischen Modelle führen im Allgemeinen zu einer geringen Anzahl im Modell benötigter Parameter, was wiederum zu einer einfachen Nutzung beiträgt.
- *Validität und Verifikation:* Die Validität eines Modells drückt aus, inwieweit das Modell eine adäquate Abbildung des realen Systems darstellt. Verifikation bezeichnet die Möglichkeit, die Korrektheit der Aussage des Modells über das Systemverhalten – bei angenommener Richtigkeit der Modellannahmen – sicherzustellen.

Simulationsmodelle und analytische Modelle sind gleichermaßen schwer zu validieren, da die Leistungsfähigkeit des Produktionssystems von einer enorm großen Anzahl von Einflussfaktoren abhängig ist. Der Entwickler des Modells ist immer gezwungen, die relevanten Faktoren zu identifizieren, um lediglich diese im Modell zu berücksichtigen. Hierbei können leicht systematische Fehler gemacht oder relevante Faktoren ignoriert werden. Entwickler analytischer Modelle neigen im Allgemeinen eher zu restriktiven Grundannahmen, da sie eine zu große Modellkomplexität und damit die Unlösbarkeit des Modells vermeiden wollen. Daher ist das Risiko, relevante Faktoren zu vernachlässigen, bei analytischen Modellen tendenziell größer.

Die Verifikation von analytischen Modellen ist einfacher, da erprobte Verfahren zur Verfügung stehen, mit denen die Ableitung von Schlussfolgerungen aus den Annahmen überprüft werden kann. Auch werden die meisten analytischen Modelle in frei zugänglicher Literatur veröffentlicht, so dass sie durch von den Modellentwicklern unabhängige Wissenschaftler überprüft werden können. Simulationsmodelle haben dagegen häufig ausgeprägte Nachteile bezüglich ihrer Verifikation, da ihre Entwickler nur selten genügende Daten für eine Überprüfung veröffentlichen. Es ist daher wichtig, dass die Entwickler von Simulationsmodellen einige Standardmethoden zur Überprüfungen der Korrektheit der Modelle kennen und auch ihre Modellaussagen mit denen bekannter analytischer Modelle vergleichen.

6.2 Grundlagen der Simulation eines PAC-Systems

Ein PAC-gesteuertes Produktionssystem lässt sich als ein System mit einer stetigen Zeitachse und diskreten Veränderungen der Zustandsvariablen (Informations- und Materialbestände in den einzelnen Elementen) charakterisieren.

Zur Modellierung derartiger Systeme stehen unterschiedliche Ansätze zur Verfügung. Einfache Systeme lassen sich durch bedienungstheoretische Ansätze beschreiben. Für komplexere Systeme mit mehreren Produkten, mehreren Produktionsstufen und konvergierenden Produktstrukturen, wie sie in der industriellen Praxis vorherrschend sind, scheidet aufgrund der Vielfalt der Entscheidungsparameter und Zustandsvariablen die Bedienungstheorie aus. In diesem Kontext scheint die Methode der *diskreten Simulation* das einzig praktikable Analyseinstrument zu sein.

Eine diskrete Simulation ist zur Abbildung einer großen Bandbreite von realen Systemen, wie Produktions- und Distributionssystemen und -netzwerken, Verkehrs- und Transportsystemen sowie Telekommunikationsnetzwerken geeignet.

6.2.1 Systemelemente zur Simulation eines PAC-gesteuerten Produktionssystems

Werden die in Kapitel 5 beschriebenen Modellierungsansätze zugrunde gelegt, so setzt sich ein PAC-gesteuertes Produktionssystem aus den statischen Elementen

- Zelle,
- logische Montage,
- Lager,
- Zellenmanagement,
- Losbildungsinstanz und
- Prognoseinstanz

zusammen. Diese statischen Elemente interagieren durch den Austausch von dynamischen Elementen in Form von

- PA Cards,
- Requisition Tags,
- Order Tags,
- Process Tags und
- Material Tags,

welche die Informationsflüsse repräsentieren. Den Ausgangspunkt für die Erzeugung der dynamischen Elemente bilden die von der Systemumwelt auf das Produktionssystem treffenden Anforderungen, bestehend aus den von den Kunden übermittelten *Requisition Tags* und evtl. zuvor gesendeten *Order Tags* für die verkaufsfähigen Zwischen- und Endprodukte. Basierend auf diesem externen Informationsstrom werden innerhalb des Modells des Produktionssystems im Laufe der Simulation interne Informationen im Sinne der PAC-Funktionslogik erzeugt und später wieder vernichtet. Die Informationen können dabei in identifizierende Informationen, welche den Materialfluss beschreiben (*Material Tags*) sowie Steuerungsinformationen (*PA Cards*, *Order Tags*, *Requisition Tags*, *Process Tags*), welche Produktions- und Transportvorgänge steuern, unterschieden werden. Die Systemumwelt ist Quelle des internen Informationsstroms und Senke für die Endprodukte. Sie kann durch die statischen Elemente Auftragsquelle und Auftragssenke repräsentiert werden. In diesem Abschnitt sollen die Besonderheiten bei der Modellierung der genannten statischen Elemente vorgestellt und darauf aufbauend allgemeine Anforderungen an ein zu verwendendes Simulationstool formuliert werden.

Auftragsquelle

Die Auftragsquelle erzeugt den von außen auf das Simulationsmodell einwirkenden Informationsstrom. Die zugrunde liegende Folge der Auftragsankunft ist zumeist stochastischer Natur, d. h. die zwischen der Ankunft von zwei Requisitionen Tags vergehende Zeitspanne wird durch eine diskrete Zufallsverteilung charakterisiert. Darüber hinaus wäre es denkbar, dass die Menge der zu einem Zeitpunkt nachgefragten Produkte (und damit die Anzahl der gesendeten Requisition Tags) größer als Eins ist, wobei die zu einem Zeitpunkt nachgefragte Menge konstant ist oder durch eine diskrete Wahrscheinlichkeitsverteilung charakterisiert werden kann.

Zelle

In einer Zelle findet der eigentliche Fertigungs- oder Montageprozess statt, durch welchen eine Ressource zeitlich in Anspruch genommen wird. Hier wird vorerst ein einstufiger Produktionsprozess angenommen, bei dem an einem Objekt (dem Werkstück oder Montagebausatz) genau ein Bearbeitungs- bzw. Montagevorgang ausgeführt wird, bevor das Produkt die Zelle wieder verlässt. Die Vorgänge innerhalb der Zelle orientieren sich am bedienungstheoretischen Grundmodell: Objekte treten in eine Bedienstelle ein; sind alle parallelen Bedienstellen besetzt, so warten die ankommenden Objekte auf die Bedienung. Bei Freiwerden einer Bedienstelle wird ein nächstes zu bedienendes Objekt gemäß der anzuwendenden Prioritätsregel aus der Warteschlange ausgewählt und bedient (vgl. Košturiak/Gregor 1995, S. 47 ff. und Anhang 2).

Die Dauer des Bearbeitungsprozesses, durch die die Zeitpunkte der Auftragsabgänge aus der Zelle determiniert werden, hängt vom Verteilungstyp und den Verteilungsparametern der Bedienzeiten der einzelnen Produkte, der Anzahl der identischen parallelen Aggregate, den Losgrößen, den Rüstzeiten sowie der verwendeten Prioritätsregel ab. Darüber hinaus wird die Weitergabemenge durch die Art der Losweitergabe und gegebenenfalls durch den Anfall von Rüstzeiten beeinflusst. Bei der Art der Losweitergabe ist eine offene und eine geschlossene Weitergabe zu unterscheiden. Bei der offenen Weitergabe werden bereits fertig gestellte Teilmengen eines Loses an das downstream gelegene Lager weitergegeben. Bei einer geschlossenen Weitergabe wird das Los erst dann weitergegeben, wenn es in der Zelle komplett fertig gestellt wurde. Rüstzeiten können entweder bei einem Wechsel der gefertigten Produkte oder bei einer Unterbrechung der Produktion anfallen.

Logische Montage

Die logische Montage (kitting) nimmt die Zuordnung von Komponenten zu Montagebausätzen entsprechend der in den Stücklisten enthaltenen Produktionskoeffizienten vor. Dabei wird idealisierend angenommen, dass mit dieser Zuordnung, die auch als Kommissionierprozess bezeichnet werden kann, kein Ressourcenverbrauch durch Inanspruchnahme von Mitarbeiter- und Maschinenkapazität verbunden ist. Sobald ein Montagebausatz vollständig vorliegt, d. h. alle darin enthaltenen

Komponenten zugeordnet wurden, wird er ohne Zeitverzögerung an die nachgeordnete (downstream gelegene) Zelle übergeben. Die Zuordnung der Komponenten erfolgt auftragsanonym ohne Zugrundelegung einer Auftragsnummer. Die Zuordnung kann dabei durch verschiedene Prioritätsregeln gesteuert werden.

Lager

Jedem in einem Produktionssystem hergestellten Zwischen- und Endprodukt ist mindestens ein Lager zugeordnet. Das Lager hat die Funktionen der Lagerung sowie der Beschränkung des Auftragsbestandes in der vorgeordneten (upstream gelegenen) Zelle zu erfüllen. Die erstgenannte Funktion wird in der PAC-Logik durch einen Abgleich zwischen Material Tags und Requisition Tags beschrieben. Sobald beide Tag-Arten in einem Lager gleichzeitig vorhanden sind, wird eine Delivery Advice Note erzeugt, welche an die downstream gelegene Zelle übergeben wird und dort die Ankunft des zu bearbeitenden Ausgangsmaterials signalisiert. Der Anfangsbestand an Material Tags (und damit an Ausgangsmaterialien) wird durch den Parameter $z_i^{(j)}$ beeinflusst.

Für Montagebausätze und Vorprodukte kann auf die Lagerung verzichtet werden. Montagebausätze werden in der Regel nach erfolgter Fertigstellung sofort an die downstream gelegene Zelle übergeben, was dem Übertragungsverhalten eines „kurzgeschlossenen" Lagers ($z_i^{(j)} = 0$ und $k_i^{(j)} \to \infty$) gleichkommt. Für Vorprodukte wird in der Regel angenommen, dass die Ankunft eines Requisition Tag zur sofortigen Einsteuerung eines Vorproduktes in das Produktionssystem führt.

Die zweite Funktion des Lagers besteht in einem Abgleich zwischen Order Tags und Process Tags, wobei der Anfangsbestand der Process Tags durch den Parameter $k_i^{(j)}$ determiniert wird.

Beiden Abgleichvorgängen liegt dieselbe Funktionsweise zugrunde. Sie lassen sich als „Montage" von Informationen ansehen.

Zellenmanagement

Das Zellenmanagement, das jeweils einer Zelle zugeordnet ist, nimmt eine einstufige Stücklistenauflösung vor. Dazu werden auf Basis der eingehenden PA Cards unter Verwendung der Produktionskoeffizienten für alle benötigten Vorgängerprodukte eine entsprechende Anzahl Order Tags und, verzögert um eine produktspezifische Zeitspanne τ_i, die gleiche Anzahl Requisition Tags generiert und an das upstream gelegene Lager weitergeleitet. Das Zellenmanagement muss im Falle von Mehrfachverwendungsteilen darüber hinaus mit der logischen Montage interagieren, da für bestimmte Prioritätsregeln (z. B. FCFS) Informationen über die Ankunftsreihenfolge der PA Cards benötigt werden.

Losbildungsinstanz

Die Losbildung kann, wie in Abschnitt 5.3.4 beschrieben wurde, an unterschiedlichen Stellen des Systems stattfinden. Dies erfordert dann auch die Zusammenfassung (Bündelung) unterschiedlicher Tag-Arten:

- Losbildung zwischen Lager und Zelle – Bündelung der Material Tags,
- Losbildung zwischen Zellenmanagement und Lager – Bündelung der Requisition Tags,
- Losbildung zwischen Lager und Zellenmanagement – Bündelung der PA Cards.

Bei der Losbildung wird die Weitergabe der Tags so lange verzögert, bis eine entsprechende Anzahl an Tags angesammelt wurde. Setzt man die Losgröße $r_i^{(j)}$ gleich Eins, wird dadurch die Losbildung deaktiviert, d. h. es findet eine Einzelstückproduktion statt.

Prognoseinstanz

Eine Prognoseinstanz ist erforderlich, wenn die Kunden nur Requisition Tags und keine Order Tags übermitteln und bezüglich der Endprodukte m mit einer Vorlaufzeit τ_m gearbeitet wird.

Dieses Element prognostiziert für die kundenseitig nachgefragten Produkte die Ankunftszeitpunkte der einzelnen Requisition Tags. Basierend auf dieser Prognose wird eine entsprechende Menge an Order Tags generiert und um eine für jedes Endprodukt spezifische Vorlaufzeit τ_m vor der Ankunft der korrespondierenden Requisition Tags versandt. Im Falle einer perfekten Prognose kann die Prognoseinstanz den Ankunftszeitpunkt jedes Requisition Tag genau vorhersagen und durch die Versendung von Order Tags zuvor eine rechtzeitige Einlastung der Aufträge in das Produktionssystem vornehmen. In der Regel ist eine Prognose jedoch mit einer gewissen Unsicherheit behaftet, d. h. der Ankunftszeitpunkt der Requisition Tags kann nur mit einer gewissen zeitlichen Unschärfe vorhergesagt werden. Eine unsichere Prognose lässt sich abbilden, indem der Parameter τ_m durch eine diskrete Zufallsvariable repräsentiert wird. Je höher die Standardabweichung dieser Zufallsvariable im Verhältnis zu ihrem Mittelwert ist, desto unsicherer ist die Prognose.

6.2.2 Kenngrößen zur Leistungsbewertung einer PAC-Materialflusssteuerung

Für ein PAC-gesteuertes Produktionssystem können eine Vielzahl von Kenngrößen berechnet werden. Eine wichtige Gruppe von Kenngrößen sind die Bestände. Es sind vier verschiedene Bestandsarten zu unterscheiden:

- *Lagerbestand (Store Inventory, $Z_i^{(j)}$)*: die in einem Lager befindlichen Produkte. Dieser Bestand kann durch die Auszählung der Material Tags im Lager ermittelt werden.
- *Werkstattbestand (Cell Inventory, $W_i^{(j)}$)*: die in einer Zelle befindlichen Produkte, welche entweder auf eine Weiterbearbeitung warten oder sich gerade in Bearbeitung befinden. Dieser Bestand kann durch die Auszählung der Material Tags in einer Zelle ermittelt werden.
- *Montagebestand (Kitting Inventory, $KI_i^{(j)}$)*: die in der logischen Montage befindlichen Komponenten, die darauf warten, in einem Montagebausatz zusammengefasst und an die nachfolgende Zelle weitergereicht zu werden. Dieser Bestand kann durch die Auszählung der Material Tags in der logischen Montage ermittelt werden.
- *Auftragsgrößenbestand (Batch Inventory, $BI_i^{(j)}$)*: die in einer Losbildungsinstanz befindlichen Tags, die darauf warten, an das nachfolgende Element weitergereicht zu werden. Je nachdem, ob eine Bündelung der Material Tags, der PA Cards oder der Requisition Tags erfolgt, handelt es sich bei dieser Bestandsart um einen (physischen) Materialbestand oder einen Informationsbestand.

Um zwei verschiedene Bestandsarten über eine definierte Zeitspanne miteinander zu vergleichen, wird von den genannten Beständen der zeitliche Mittelwert berechnet. Dieser ergibt sich, indem man die Fläche unter der Bestandskurve berechnet und durch die Länge des Messintervalls ($t_{\text{Ende}} - t_{\text{Start}}$) dividiert (siehe Abb. 6-1).

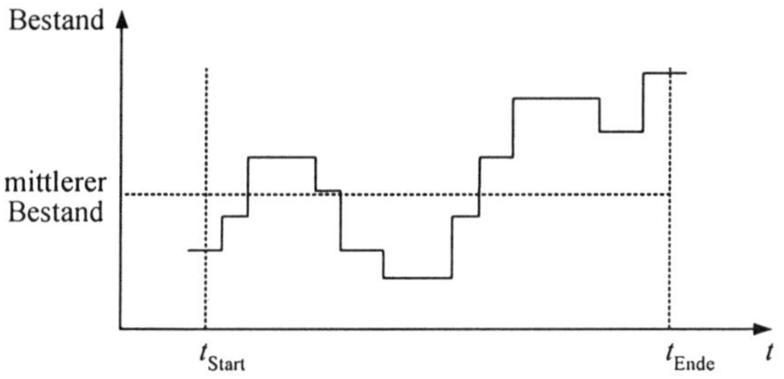

Abb. 6-1: Bestimmung des mittleren Bestandes

Weiterhin lässt sich als produktionssystemweite Bestandsgröße der Gesamtbestand aller in einem Produktionssystem gebundenen Vorprodukte (*Echelon stock* oder Staffelbestand der Vorprodukte, E_i) ermitteln. Diese Berechnung soll anhand eines Beispiels verdeutlicht werden (siehe Abb. 6-2 und Abb. 6-3):

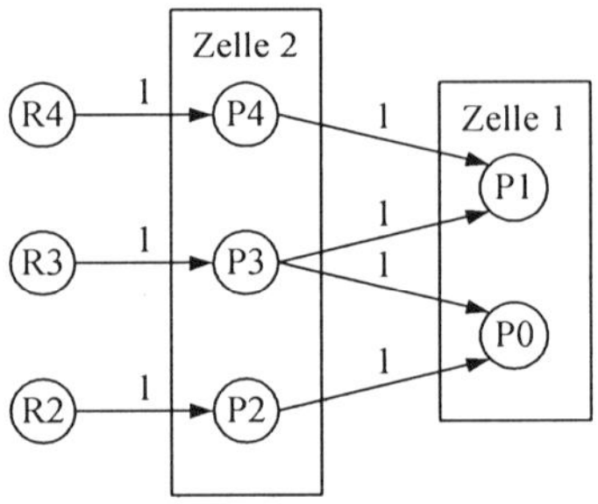

Abb. 6-2: Beispiel zur Berechnung des Staffelbestandes

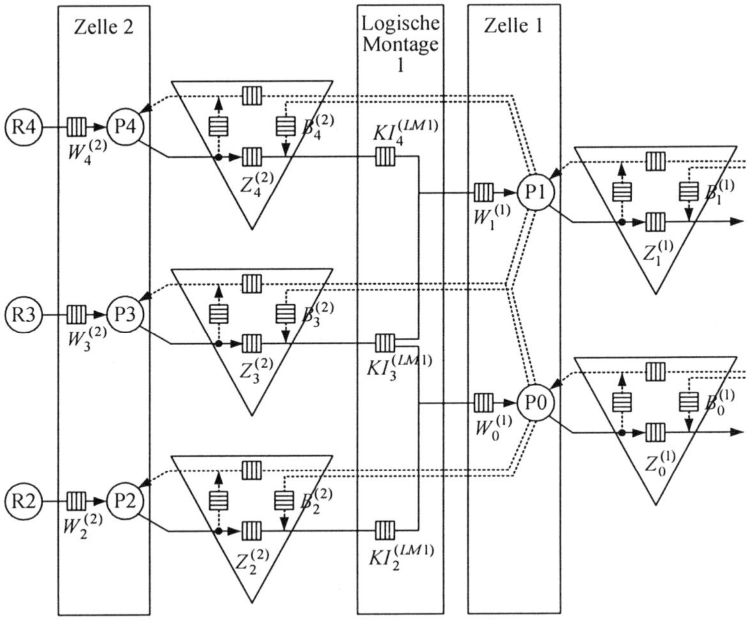

Abb. 6-3: Informations- und Materialflüsse sowie Bestände des Beispiels zur Berechnung des Staffelbestandes (Abb. 6-2)

Sofern

- keine Losbildung vorgenommen wird,
- die Montagebausätze nicht zwischengelagert werden und
- die Lagerbestände der Vorprodukte R2, R3 sowie R4 unberücksichtigt bleiben,

kann der Staffelbestand[24] der Vorprodukte R2, R3 sowie R4 wie folgt berechnet werden:

$$
\begin{aligned}
E_{R2} &= W_2^{(2)} + Z_2^{(2)} + KI_2^{(LM1)} + W_0^{(1)} + Z_0^{(1)} , \\
E_{R3} &= W_3^{(2)} + Z_3^{(2)} + KI_3^{(LM1)} + W_0^{(1)} + Z_0^{(1)} + W_1^{(1)} + Z_1^{(1)} , \\
E_{R4} &= W_4^{(2)} + Z_4^{(2)} + KI_4^{(LM1)} + W_1^{(1)} + Z_1^{(1)} .
\end{aligned}
\tag{6.1}
$$

Neben den Beständen spielt die Messung der Liefertreue in den Lagern eine wichtige Rolle. Hier lassen sich drei Kenngrößen unterscheiden:

- *Lieferrückstand (Backlog, $B_i^{(j)}$)*: die Anzahl der Produkte in einem Lager, welche nicht rechtzeitig ausgeliefert werden können. Diese Kenngröße lässt sich durch die Auszählung der wartenden Requisition Tags ermitteln.
- *Wartezeit (Lead time, $L_i^{(j)}$)*: die Zeitspanne, welche ein Requisition Tag auf seine Bedienung warten muss. Dieser Kennwert lässt durch die Auswertung der Wartezeit der Requisition Tags im Lager ermitteln.
- *Servicegrad (Service level, $SL_i^{(j)}$)*: der Quotient aus der Anzahl der ohne Wartezeit bedienten Requisition Tags und der Gesamtanzahl der Requisition Tags.

Alle diese Kenngrößen werden für eine definierte Betrachtungsperiode (t_{Start}; t_{Ende}) ermittelt. Der durchschnittliche Lieferrückstand kann analog zu einem durchschnittlichen Bestand berechnet werden (siehe Abb. 6-1).

Die Verbindung zwischen dem durchschnittlichen Lieferrückstand $B_i^{(j)}$ und der durchschnittlichen Wartezeit $L_i^{(j)}$ kann für jedes Produkt durch die fundamentale Beziehung $B_i^{(j)} = \lambda_i \cdot L_i^{(j)}$ (Little's Law) hergestellt werden, wobei λ_i die Ankunftsrate des Produktes i in dem betrachteten Lager kennzeichnet. Unter Zugrundelegung dieser Beziehung lässt sich weiterhin aus jedem durchschnittlichen Bestand die durchschnittliche Wartezeit eines Produktes an einer bestimmten Stelle im System bestimmen. So kann beispielsweise aus dem durchschnittlichen Werkstattbestand die durchschnittliche Durchlaufzeit eines Produktes durch eine Zelle berechnet werden.

Eine dritte wichtige Kenngröße einer Zelle ist die Kapazitätsauslastung (utilization, $U^{(j)}$). Diese lässt sich schon vor Durchführung einer Simulation (ex ante) unter der Zugrundelegung der folgenden Gleichungen abschätzen:

---

[24] In Kapitel 6 und im Anhang 4 werden, abweichend von der bisherigen Darstellung, Produkte und Zellen vom Endprodukt bzw. von der letzten Zelle aus *upstream* mit aufsteigender Zahlenfolge bezeichnet. Dies ist für mehrstufige Mehrproduktmodelle bei variierender Anzahl von Produkten und Fertigungsstufen praktischer für die Gestaltung der Simulationsmodelle.

$$U^{(j)} = \sum_{i \in M^{(j)}} \frac{\lambda_i}{\mu_i} = \sum_{i \in M^{(j)}} \frac{E(S_i)}{E(A_i)} \text{ mit } \lambda_i = \frac{1}{E(A_i)} \text{ und } \mu_i = \frac{1}{E(S_i)}. \qquad (6.2)$$

S_i Bedienzeit des Produktes *i*
A_i Zwischenankunftszeit des Produktes *i*
λ_i Ankunftsrate des Produktes *i*
μ_i Bedienrate des Produktes *i*
$M^{(j)}$ Menge (Gesamtheit) aller in der Zelle *j* innerhalb des betrachteten Intervalls gefertigten Produkte

Je nachdem, ob man bei der Messung die rüstzeitbedingte Kapazitätsauslastung mit berücksichtigen will, werden bei der Berechnung der durchschnittlichen Bedienzeiten die Rüstzeiten zugrunde gelegt oder vernachlässigt.

Nach erfolgter Simulation lässt sich die Kapazitätsauslastung (ex post) ermitteln, indem man die Summe aller in der betrachteten Periode angefallenen Bedienzeiten einer Zelle berechnet und durch die mit der Anzahl der Aggregate multiplizierten Länge des Betrachtungsintervalls (t_{Start}; t_{Ende}) dividiert. Ex ante sowie ex post ermittelte Messgrößen stimmen, sofern das System stabil bleibt, bis auf kleine stochastisch bedingte Abweichungen überein.[25] Wird ein System instabil, so werden aufgrund einer Kapazitätsüberlastung Bestände aufgebaut, die im Zeitablauf gegen unendlich wachsen.

Ein wichtiger Aspekt bei der Ermittlung aller genannten Messgrößen ist die Vermeidung von Anfangs- und Endeffekten der Simulation.[26]

---

25 Diese Abweichungen ergeben sich aufgrund fehlender Übereinstimmung des vorgegebenen Mittelwertes der Bedien- und Zwischenankunftszeiten mit dem tatsächlichen Mittelwert in einer Simulationsperiode.

26 Anfangs- und Endeffekte der Simulation entstehen, wenn sich zu Beginn der Messung schon Aufträge im System befinden bzw. zum Ende der Messung das System noch nicht vollständig entleert ist. Diese Effekte lassen sich vermeiden, indem man bei der Ermittlung der mittleren Warte-, Zwischenankunfts- und Bedienzeiten diejenigen Zeitkomponenten eliminiert, die außerhalb der Betrachtungsperiode liegen. Nur wenn diese Voraussetzung erfüllt ist, können die Mengengrößen und die Zeitgrößen unter Zugrundelegung von Little's Law exakt ineinander überführt werden.

6.2.3 Anforderungen an ein Tool zur Simulation einer PAC-Materialflusssteuerung

6.2.3.1 Eigenschaften der Elemente eines PAC-gesteuerten Produktionssystems

Die Anforderungen an ein Tool zur Simulation werden im Wesentlichen durch die in Abschnitt 6.2.1 beschriebenen Elemente und deren Interaktion im Rahmen eines PAC-gesteuerten Produktionssystems sowie durch die in Abschnitt 6.2.2 beschriebenen Kenngrößen determiniert. Ein PAC-gesteuertes Produktionssystem zeichnet sich durch folgende Eigenschaften und Besonderheiten aus:

- *Komplexe Interaktion von Material- und Informationsflüssen:* Die Material- und Informationsflüsse sind in den betrachteten Elementen miteinander verknüpft. Produkte dürfen nur dann von einem Lager an die nachfolgende Zelle ausgeliefert werden, wenn ein Material Tag und ein Requisition Tag vorliegt (UND-Verknüpfung zwischen Material Tag und Requisition Tag). Weiterhin interagieren die Informationsflüsse miteinander. Einerseits darf eine Zelle von dem downstream gelegenen Lager nur dann mit der Produktion (durch eine PA Card) beauftragt werden, wenn ein Order Tag und ein Process Tag vorliegen (UND-Verknüpfung zwischen Order Tag und Process Tag). Andererseits darf das Zellenmanagement erst dann die Produktion und Auslieferung der Vorprodukte veranlassen, wenn es durch eine PA Card dazu beauftragt wurde. Damit gehen die Anforderungen bezüglich der Modellierung weit über das bedienungstheoretische Grundmodell zur Beschreibung der Materialflüsse in einer Zelle hinaus.

- *Wiederkehrende Funktionalität einzelner Modellelemente:* Auf der Ebene des Produktionssystems werden die in Abschnitt 6.2.1 beschriebenen Modellelemente mehrfach eingesetzt. Sie unterscheiden sich lediglich hinsichtlich weniger, produktspezifischer Parameter, ihre Funktionsweise bleibt dagegen gleich. Auch innerhalb der in Abschnitt 6.2.1 beschriebenen Elemente wiederholen sich manche Teilfunktionen. Beispielsweise wird innerhalb eines Lagers beim Abgleich zwischen Material Tags und Requisition Tags sowie beim Abgleich zwischen Order Tags und Process Tags zweimal auf den gleichen Mechanismus zurückgegriffen. Ebenso basiert die Auswahl des nächsten abzufertigenden Auftrages aus einer Warteschlange unter Zugrundelegung von elementaren Prioritätsregeln in einer Zelle und in einer logischen Montage auf dem gleichen grundlegenden Funktionsprinzip.

- *Komplexe Vorgänge innerhalb der Elemente:* Zelle und logische Montage zeichnen sich durch eine hohe Komplexität aus. Obwohl die Zelle ein verhältnismäßig einfaches reales System (z. B. eine Gruppe von parallelen identi-

schen Maschinen) repräsentiert, verfügt sie über relativ viele Systemparameter. So ist die Modellierung von
- unterschiedlichen produktspezifischen Bedienzeiten,
- einer variierenden Anzahl identischer paralleler Aggregate,
- variierenden Rüstzeiten,
- verschiedenen Prioritätsregeln,
- offener und geschlossener Losweitergabe sowie
- unterschiedlichen Bedingungen für den Anfall von Rüstzeiten

erforderlich. Als sehr komplex erweist sich auch die Zuordnung von Komponenten zu Montagebausätzen. Hier besteht eine Vielzahl von Allokationsmöglichkeiten durch unterschiedliche Prioritätsregeln. Für manche dieser Prioritätsregeln ist es erforderlich, die Reihenfolge der eingegangenen Aufträge zu speichern. Dafür ist die zusätzliche Interaktion mit dem Zellenmanagement erforderlich.

- *Simultane Ereignisse:* Bei konvergierender Produktion treten durch die einstufige Stücklistenauflösung des Zellenmanagements, bei der simultan mehrere Order Tags bzw. Requisition Tags generiert werden, im upstream gelegenen Lager eine Reihe von gleichzeitigen Ereignissen auf, welche sich auf die Bearbeitungsreihenfolge der Produkte in der upstream vom Lager gelegenen Zelle auswirken. Die Reihenfolge dieser Ereignisse muss vom Benutzer beeinflussbar sein.

- *Zufallszahlen:* Bezüglich der Generierung von Zufallszahlen werden in den unterschiedlichen Elementen die gängigsten stetigen und diskreten Verteilungstypen benötigt. Darüber hinaus haben die Zufallszahlen einen Einfluss auf die Auslastung der Systeme. Wenn man verschiedene Einstellungen der PAC-Parameter miteinander vergleicht, so möchte man das bei exakt der gleichen Systemauslastung tun. Daher ist es von Vorteil, wenn die Zufallszahlenströme der verschiedenen Zwischenankunftszeiten, Auftragsmengen, Bedienzeiten sowie Vorlaufzeiten in der Prognoseinstanz in verschiedenen Simulationsläufen reproduzierbar und für verschiedene Produkte voneinander unabhängig sind. Dann wird bei Verwendung der gleichen Verteilungsparameter für die Zwischenankunftszeiten und Bearbeitungszeiten der einzelnen Produkte exakt dieselbe Zufallszahlenfolge erzeugt. Daraus resultiert dieselbe Systembelastung für unterschiedlich eingestellte PAC-Parameter, wodurch ein ceteris paribus-Vergleich von verschiedenen PAC-Parameterkombinationen ermöglicht wird (vgl. Page 1991, S. 140).

- *Spezielle Messgrößen:* Die in Abschnitt 6.2.2 diskutierten Messgrößen zur Bewertung der Leistung eines PAC-gesteuerten Produktionssystems sind teilweise sehr speziell auf die Struktur eines solchen Produktionssystems zugeschnitten. Die Elimination von Anfangs- und Endeffekten verkompliziert die Berechnung zusätzlich.

- *Komplexe Informationen:* Die zwischen den verschiedenen statischen Elementen ausgetauschten dynamischen Elemente müssen im einfachsten Fall nur eine Produktnummer beinhalten, welche das angeforderte bzw. mitgeschickte Produkt eineindeutig identifiziert. Um die Menge der zwischen den Elementen ausgetauschten Informationen gering zu halten, ist es jedoch darüber hinaus sinnvoll, neben der Produktnummer auch die angeforderte Menge auf dem Tag zu verzeichnen. Darüber hinaus sollten die dynamischen Elemente um beliebige Informationen (z. B. Auftragsnummern oder Qualitätsmerkmale) erweitert werden können, um für spätere Erweiterungen des Simulationsmodells offen zu sein.

Aus diesen Eigenschaften der Elemente leiten sich eine Reihe von Anforderungen an das Simulationstool ab, die im Folgenden allgemein und ohne Bezug zu einem spezifischen Simulationstool beschrieben werden.[27]

6.2.3.2 Anforderungen an das Simulationstool

6.2.3.2.1 Objektorientierung

Beim Aufbau eines Produktionssystems aus Bausteinen sind im Allgemeinen zwei verschiedene Sichten denkbar: Bei der materialorientierten Sicht repräsentiert ein Baustein eine bestimmte Funktion (z. B. lagern, bearbeiten oder kommissionieren). Bei der maschinenorientierten Sicht stellt ein Baustein ein bestimmtes Objekt eines realen Systems, beispielsweise eine Maschine oder ein Lager, dar. Bei letztgenannter Betrachtungsweise kann das Layout der Fertigung direkt in das Modell übertragen werden, was zu einer besseren Verständlichkeit führt (vgl. Page 1991, S. 28). Für die Modellierung eines PAC-gesteuerten Produktionssystems erscheint daher der maschinenorientierte Ansatz besser geeignet, da üblicherweise in den PAC-Objektkategorien (Lager, Produktionssegment, Montagesegment etc.) gedacht wird.

Diese Vorgehensweise hat eine hohe Affinität zu dem Grundgedanken der (softwaretechnischen) Objektorientierung, weshalb bei der Modellierung auf ein objektorientiertes Softwaretool zurückgegriffen werden sollte. Die Objektorientierung (vgl. Košturiak/Gregor 1995, S. 152) ist gekennzeichnet durch die Übertragung realer Strukturen in Softwarestrukturen, indem die Objekte des Realsystems durch Softwareobjekte dargestellt werden. Softwareobjekte lassen sich als aktive Datenstrukturen begreifen, die durch Eigenschaften (Attribute) und verhaltensbestimmende Methoden charakterisiert werden, durch Nachrichten miteinander kommunizieren und dadurch bei den anderen angesprochenen Objekten bestimmte Aktionen veranlassen. Bei der Modellierung versucht man, die Objekte des realen Systems

---

[27] Zur Simulation der Modelle PAC-gesteuerter Produktionssysteme wurde das Simulationstool MLDesigner® eingesetzt (siehe Anhang 3).

und ihre zugehörigen Eigenschaften und Methoden sowie die Relationen zwischen den Objekten zu identifizieren und in einem Modell abzubilden.

Dieses programmiertechnische Paradigma ist weiterhin durch die Zusammenfassung der Daten und der darauf aufbauenden Zugriffsfunktionen in einem Objekt (Modularisierung) sowie die Ableitbarkeit von individuellen Objekten aus einer übergeordneten Klasse (Instanziierung) gekennzeichnet. Eine Klasse stellt eine Sammlung von ähnlichen Objekten dar. Durch Instanziierung werden den individuellen Objekten die Eigenschaften sowie Methoden der übergeordneten Klasse übertragen. Die konkrete Ausgestaltung der Objekteigenschaften ist dabei jedoch individuell.

Diese Mechanismen erhöhen die Effizienz der Programmierung beträchtlich. Durch Instanziierung können sehr schnell verschiedene Modellvarianten aufgebaut werden. Daneben hilft diese Funktion, Redundanzen, Inkonsistenzen sowie die gehaltene Datenmenge zu reduzieren. Die zwischen den Objekten ausgetauschten Nachrichten sollten dabei mehrere Informationen beinhalten können.

6.2.3.2.2 Programmierbares universales Bausteinsystem

Es ist nicht zu erwarten, dass ein bestehendes, auf die Simulation von Produktionssystemen zugeschnittenes Simulationstool mit vorgefertigten Bausteinen alle zuvor genannten Besonderheiten und Eigenschaften eines PAC-gesteuerten Produktionssystems berücksichtigt. Daher ist nach einem universellen Tool zu suchen, in welchem die interne Logik der verschiedenen Elemente des PAC-Systems von Grund auf definiert werden kann.

Eine reine Simulationssprache ohne die Möglichkeit der grafischen Systemrepräsentation ist für diesen Zweck jedoch nicht geeignet, weil dann für die Modellerstellung immer nur Simulationsspezialisten eingesetzt werden könnten. Vielmehr ist eine Software vorzuziehen, die eine zweistufige Modellerstellung unterstützt.

In einem *ersten Modellierungsschritt*, der im Vorfeld der Simulationsanwendung stattfindet, müssen durch einen Simulationsexperten vorgefertigte Bausteine erstellt werden. Diese Bausteine müssen die verschiedenen in Abschnitt 6.2.1 beschriebenen Objekte repräsentieren und sind mit geeigneten Schnittstellen für die Parametrisierung durch den späteren Nutzer zu versehen. Die Modellierungsmöglichkeiten der Software müssen mächtig genug sein, um den zuvor geschilderten Eigenschaften des Modells (z. B. Zufallszahlengenerierung, Berechnung von Kenngrößen, simultane Ereignisse) gerecht zu werden. Dabei kann die Software für die fundierte Beschreibung der einzelnen Teilobjekte auf Sprachelemente zurückgreifen, da in diesem Stadium der Modellierung Experten tätig sind.

Im *zweiten Modellierungsschritt* müssen diese grundlegenden Bausteine durch den Nutzer entsprechend der Struktur des abzubildenden Realsystems zu einem lauffähigen Simulationsmodell zusammengestellt und durch Hinterlegen der PAC-Parameter ($z_i^{(j)}$, $k_i^{(j)}$, $r_i^{(j)}$ und τ_i) sowie der Verteilungsparameter der Zwischenankunfts- und Bedienungsprozesse konfiguriert werden. Auf dieser Modellierungsebene sollte das Modell idealerweise grafisch repräsentiert werden und auf bewährte softwareergonomische Paradigmen, wie z. B. drag-and-drop, zurückgreifen.

Dieses zweistufige Vorgehen entspricht dem Grundgedanken der (softwaretechnischen) Objektorientierung. Im ersten Modellierungsschritt werden Objekte definiert, im zweiten Schritt die Instanzen von diesen Objekten abgeleitet.

6.2.3.2.3 Hierarchischer Modellaufbau

Es ist wünschenswert, dass das eingesetzte Simulationstool einen hierarchischen Aufbau besitzt, um wiederkehrende Elementarfunktionen innerhalb der Elemente durch elementare Bausteine realisieren zu können. Beispielsweise kann der Komplexbaustein Lager zweimal denselben Elementarbaustein zur Realisierung eines Tag-Abgleichs beinhalten, welcher zum einen den Abgleich zwischen Order Tags und Process Tags und zum anderen den Abgleich zwischen Requisition Tags und Material Tags vornimmt.

6.2.3.2.4 Dynamische Veränderbarkeit der Parameter

Um verschiedene Modellvarianten, die sich durch die Einstellung der PAC-Parameter unterscheiden, miteinander vergleichbar zu machen, ist es häufig erforderlich, durch iterative Variation der Modellparameter bestimmte Kenngrößen eines Simulationsmodells (beispielsweise die Wartezeit der Endprodukte) auf denselben Wert einzustellen (vgl. Anhang 4). Daher sollte es im Simulationstool möglich sein, eine automatische Einstellung der Kenngrößen eines Modells durch eine zielgerichtete Variation der Modellparameter vorzunehmen.

Auf Basis der in diesem Abschnitt formulierten Anforderungen wurde für die Simulationsexperimente der PAC-Systeme das Softwaretool MLDesigner® ausgewählt. Mit Hilfe dieses Simulationstools wurde eine Bibliothek aus allgemeinen Modellbausteinen zur Modellierung und Simulation eines PAC-gesteuerten Produktionssystems entwickelt (vgl. Anhang 3).

Anhang 1: Mathematische Beschreibung von Warteschlangensystemen

A 1.1 Kurzschreibweise für Warteschlangensysteme

Zur einfachen Beschreibung verschiedener Warteschlangensysteme wird im Folgenden die Notation nach Kendall verwendet. Ein Warteschlangensystem wird durch die Notation *A/S/c* beschrieben, wobei *A* die Verteilung der Zeit zwischen Eingängen wartender Elemente in das System beschreibt. *S* bezeichnet die Verteilung der Bedienzeit eines wartenden Elements, *c* gibt die Anzahl identischer paralleler Bedienstellen an, die die Elemente der Warteschlange abfertigen. Für die Bezeichnung häufig auftretender Verteilungen im Zusammenhang mit Warteschlangensystemen sind folgende Darstellungen gebräuchlich:

M Exponentialverteilung,

D konstant (deterministisch),

E_n *n*-phasige Erlang-Verteilung, d. h. die Verteilung ist die Summe *n* unabhängiger, identisch verteilter, exponentieller Zufallsvariablen.

GE Verallgemeinerte Exponentialverteilung mit einer Wahrscheinlichkeitskonzentration bei Null. Die Wahrscheinlichkeit, dass eine Zufallsvariable *A* einen Wert *y* übersteigt, $y \geq 0$, ist gegeben durch $P\{A > y\} = pe^{-\lambda y}$, wobei $0 < p < 1$. Es folgt hieraus $P\{A = 0\} = 1 - p$. Die Verteilung hat zwei Parameter *p* und λ.

GI Allgemeine Verteilung, bei der aufeinander folgende Zwischenankunftszeiten (bzw. Bedienzeiten) unabhängig und identisch verteilt sind. Das *I* wird häufig ausgelassen.

DMRL Sinkende mittlere Restlebensdauer (decreasing mean residual life). Gilt bei einer Zufallsvariablen *A* für zwei beliebige Werte y_1 und y_2 mit $y_1 > y_2 \geq 0$ die Beziehung $E\langle A - y_1 | A > y_1 \rangle \leq E\langle A - y_2 | A > y_2 \rangle$, so hat *A* eine sinkende mittlere Restlebensdauer. $\langle A - y_1 | A > y_1 \rangle$ ist die verbleibende Zeit zwischen y_1 und dem Eintreten des Ereignisses. Ein Beispiel für *DMRL* ist die *n*-phasige Erlang-Verteilung.

IMRL Wachsende mittlere Restlebensdauer (increasing mean residual life). Gilt bei einer Zufallsvariablen *A* für zwei beliebige Werte y_1 und y_2 mit $y_1 > y_2 \geq 0$ die Beziehung $E\langle A - y_1 | A > y_1 \rangle \geq E\langle A - y_2 | A > y_2 \rangle$, so hat A eine wachsende mittlere Restlebensdauer. $\langle A - y_1 | A > y_1 \rangle$ ist die verbleibende Zeit zwischen y_1 und dem Eintreten des Ereignisses. Ein Beispiel für *IMRL* ist die verallgemeinerte Exponentialverteilung, da $E\langle A - y | A > y \rangle = p \cdot \lambda^{-1}$ für $y = 0$, wogegen $E\langle A - y | A > y \rangle = \lambda^{-1}$ für $y > 0$.

Beispiele:

M/M/1: ein Warteschlangensystem mit einer Bedienstelle, exponentialverteilten Zwischenankunftszeiten und exponentialverteilten Bedienzeiten;

$E_n/G/1$: ein Warteschlangensystem mit einer Bedienstelle, n-phasig Erlang-verteilten Zwischenankunftszeiten und allgemeinen (unabhängigen) Bedienzeiten;

M/M/c: ein Warteschlangensystem mit c Bedienstellen, exponentialverteilten Zwischenankunftszeiten und exponentialverteilten Bedienzeiten.

A 1.2 Gleichungen für Warteschlangensysteme

Mathematische Gleichungen der Warteschlangensysteme werden meist in Abhängigkeit diverser Parameter der Verteilungen von Zwischenankunfts- und Bedienzeit dargestellt. Ein Schlüsselparameter ist die Verkehrsdichte ρ, welche als der Quotient der mittleren Bedienzeit und der mittleren Zwischenankunftszeit definiert ist.

A 1.2.1 Analyse des *M/M/1*-Warteschlangensystems

Es sei der Parameter der Verteilung der Zwischenankunftszeit λ und der Verteilungsparameter der Bedienzeit μ. Die mittlere Zwischenankunftszeit ist demnach λ^{-1} und die mittlere Bedienzeit μ^{-1}. Die Verkehrsdichte ρ ergibt sich somit zu $\rho = \lambda \cdot \mu^{-1}$.

Das *M/M/1*-Warteschlangensystem kann sehr detailliert beschrieben werden. Beispielsweise bezeichne die Zufallsvariable N die Anzahl der wartenden Elemente in der Warteschlange (inklusive des derzeit bedient werdenden Elementes). Es kann nun gezeigt werden, dass

$$P\{N = n\} = (1 - \rho)\rho^n, n = 0, 1, 2, 3, \ldots \qquad \text{(A1.1)}$$

Hieraus lässt sich eine Vielzahl verschiedener Messgrößen für die Leistungsfähigkeit des Systems ableiten.

Durchschnittliche Zahl der Elemente im System:

$$E[N] = \frac{\rho}{1-\rho}. \tag{A1.2}$$

Durchschnittliche Zahl wartender Elemente:

$$E[L_{WS}] = \frac{\rho^2}{1-\rho} = E[N] - \rho. \tag{A1.3}$$

Verteilung der Zufallsvariable *T*, d. h. die Zeit, die ein Element im System verbringt (Wartezeit + Bedienzeit):

$$P\{T > t\} = e^{-(\mu - \lambda)t}, t \geq 0. \tag{A1.4}$$

Durchschnittliche Zeit, die ein Element im System verbringt (Wartezeit + Bedienzeit):

$$E[T] = \frac{1}{\mu - \lambda}. \tag{A1.5}$$

Dies kann auch aus $E[N]$ unter Verwendung von Little's Law abgeleitet werden:

$$E[N] = \lambda \times E[T]. \tag{A1.6}$$

A 1.2.2 Analyse des *M/M/c*-Warteschlangensystems

Im *M/M/c*-Warteschlangensystem befinden sich *c* parallele Bedienstellen. Auftragseingänge erfolgen als Poisson-Prozess, d. h. die Zwischenankunftszeit ist exponentialverteilt mit dem Parameter λ. Die Aufträge werden in FCFS-Reihenfolge der jeweils ersten freien Bedienstelle zugewiesen. Die Bedienzeit eines Auftrages ist exponentialverteilt mit dem Parameter μ. Es sei $\rho = \lambda \cdot (c\mu)^{-1}$. Nun lautet die Verteilung von *N*, der Anzahl der im System befindlichen Aufträge, wie folgt:

$$\begin{aligned} P\{N = n\} &= \frac{(c\rho)^n}{n!} P\{N = 0\}, n = 0, 1, \ldots, c-1 \\ &= \frac{c^c \rho^n}{c!} P\{N = 0\}, n = c, c+1, \ldots \end{aligned} \tag{A1.7}$$

mit $P\{N = 0\} = \frac{1}{\left\{\sum_{k=0}^{c-1}\left[\frac{(c\rho)^k}{k!} + \frac{(c\rho)^c}{(1-\rho)c!}\right]\right\}}$.

Die durchschnittliche Anzahl an Aufträgen im System ergibt sich folglich zu:

$$E[N] = c\rho + \left\{\frac{(c\rho)^c}{c!}\frac{\rho}{(1-\rho)^2}\right\}P\{N = 0\}. \tag{A1.8}$$

Man beachte, dass für die durchschnittliche Anzahl der Aufträge, die auf Bearbeitung warten, gilt:

$$E[L_{WS}] = E[N] - c\rho. \tag{A1.9}$$

A 1.2.3 Analyse des *M/G/∞*-Warteschlangensystems

Sind unendlich viele parallele Bedienstellen verfügbar, müssen Aufträge niemals auf Bearbeitung warten. Die Bedienzeit ist allgemein ein Mittelwert der Verteilung von μ^{-1}. Aufträge gehen in einem Poisson-Prozess mit dem Parameter λ ein. Es sei $\rho = \lambda \cdot \mu^{-1}$. Die Verteilung von *N*, d. h. die Anzahl belegter Bedienstellen (und die Anzahl der Aufträge im System), ist gegeben durch:

$$P\{N = n\} = \frac{\rho^n}{n!}e^{-\rho}, \tag{A1.10}$$

d. h. *N* ist Poisson-verteilt. Es folgt

$$E[N] = \rho. \tag{A1.11}$$

A 1.2.4 Erwartete Warteschlangenlänge in anderen Warteschlangensystemen mit einer Bedienstelle

Für die meisten anderen Warteschlangensysteme lassen sich derartige Gleichungen nicht ableiten. Dennoch existieren exakte Ergebnisse für einige Systeme. Darüber hinaus gibt es Grenzwerte, die häufig sehr gute Resultate liefern.

A 1.2.4.1 Einige exakte Ergebnisse

***M/GI/1*-Warteschlangensystem**

$$E[N] = \frac{\rho^2(1 + C_S^2)}{2(1-\rho)} + \rho, \tag{A1.12}$$

wobei C_S^2 der quadratische Variationskoeffizient der Bedienzeit ist.

***GE/GI/1*-Warteschlangensystem**

$$E[N] = \frac{\rho C_a^2 - \rho(1-\rho) + \rho^2 C_S^2}{2(1-\rho)} + \rho, \tag{A1.13}$$

wobei C_a^2 der quadratische Variationskoeffizient der *GE*-Zwischenankunftszeitverteilung ist, welche gleich $(2-\rho) \cdot \rho^{-1}$ ist.

A 1.2.4.2 Einige Grenzwerte

***E_n/G/1*-Warteschlangensystem**

Oberer Grenzwert:

$$E[N] \le \frac{\rho^2 C_a^2 + \rho^2 C_S^2}{2(1-\rho)} + \rho, \tag{A1.14}$$

wobei für E_n-Ankünfte $C_a^2 = n^{-1}$ gilt.

***GI/GI/1*-Warteschlangensystem**

Oberer Grenzwert:

$$E[N] \le \frac{C_a^2(1-(1-\rho)^2) + \rho^2 C_S^2}{2(1-\rho)} + \rho. \tag{A1.15}$$

Dies ist ein allgemeiner Grenzwert. Sofern mehr über die Verteilung der Zwischenankunftszeit bekannt ist, kann der Grenzwert enger bestimmt werden. Beispielsweise lautet in einem *IMRL/GI/1*-Warteschlangensystem der engere obere Grenzwert

$$E[N] \le \frac{\rho C_a^2 - \rho(1-\rho) + \rho^2 C_S^2}{2(1-\rho)} + \rho, \tag{A1.16}$$

wobei zu beachten ist, dass bei *IMRL*-Verteilungen $C_a^2 > 1$ gilt.

Unterer Grenzwert:

Ein allgemeiner unterer Grenzwert nach Stoyan und Stoyan (vgl. Müller/Stoyan 2002, S. 225 f.) ist

$$E[N] \geq \frac{\max\{0, -\rho(1-\rho) + \rho^2 C_S^2\}}{2(1-\rho)} + \rho . \tag{A1.17}$$

Ein engerer unterer Grenzwert, welcher für *DMRL*-Zwischenankunftszeiten gilt, ist der Grenzwert nach Marshall (vgl. Marshall 1968, S. 651 ff.)

$$E[N] \geq \frac{\max\{0, \rho C_a^2 - \rho(1-\rho) + \rho^2 C_S^2\}}{2(1-\rho)} + \rho . \tag{A1.18}$$

A 1.2.4.3 Approximationen

Es wurden mehrere Approximationen für die Kennzahlen der Systemleistungsfähigkeit entwickelt.

GI/GI/1-Warteschlangensystem

Durchschnittliche Anzahl der Aufträge im System:

$$E[N] \approx \frac{\rho^2(1 + C_S^2)}{1 + \rho^2 C_S^2} \frac{C_a^2 + \rho^2 C_S^2}{2(1-\rho)} + \rho . \tag{A1.19}$$

Verteilung der Anzahl der im System befindlichen Aufträge:

$$\begin{aligned} P\{N = 0\} &= 1 - \rho , \\ P\{N = n\} &\approx \rho(1-\sigma)\sigma^{n-1} , \end{aligned} \tag{A1.20}$$

wobei σ so gewählt wird, dass die mittlere Warteschlangenlänge dem angenäherten $E[N]$ entspricht, d. h. $\sigma = (E[N] - \rho) \cdot (E[N])^{-1}$.

GI/GI/c-Warteschlangensystem

Durchschnittliche Anzahl der Aufträge im System:

$$E[N]_{GI/GI/c} \approx \frac{E[L_{WS}]_{M/M/c}}{E[L_{WS}]_{M/M/1}} E[L_{WS}]_{GI/GI/1} + c\rho . \tag{A1.21}$$

A 1.3 Reihen von Warteschlangen

A 1.3.1 Unbeschränkte Warteschlangenlängen

Man betrachte die Bedienstellen $1, 2, \ldots, m$ in Reihe. Die Bedienstelle j, $j = 1, 2, \ldots, m$, bediene Aufträge in einer exponentialverteilten Zeit mit dem Parameter $\mu^{(j)}$. Aufträge kommen an der Warteschlange vor der Bedienstelle 1 mit einer exponentialverteilten Zwischenankunftszeit mit dem Mittelwert λ^{-1} an. Es sei $\rho^{(j)} = \lambda \cdot (\mu^{(j)})^{-1}$. Ist nun die Anzahl der Aufträge, die vor einer Bedienstelle warten können, unbeschränkt, so lässt sich zeigen, dass sich die Verteilung von $N^{(1)}, N^{(2)}, \ldots, N^{(m)}$ (Anzahl der Aufträge in jeder Warteschlange) ergibt aus

$$\begin{aligned} &P\{N^{(1)} = n^{(1)}, N^{(2)} = n^{(2)}, \ldots, N^{(m)} = n^{(m)}\} \\ &= P\{N^{(1)} = n^{(1)}\} \times P\{N^{(2)} = n^{(2)}\} \times \ldots \times P\{N^{(m)} = n^{(m)}\}\,, \end{aligned} \tag{A1.22}$$

wobei

$$P\{N^{(j)} = n^{(j)}\} = (\rho^{(j)})^{n^{(j)}}(1 - \rho^{(j)})\,. \tag{A1.23}$$

Die Wahrscheinlichkeitsverteilung der Warteschlangenlänge hat also Produktform. Dieses Ergebnis lässt sich für beliebige zufällige Bearbeitungsfolgen für einzelne Aufträge (Jackson-Netzwerke) verallgemeinern (vgl. Jackson 1957).

A 1.3.2 Beschränkte Warteschlangenlängen

Es gibt zwei mögliche Wege, die Warteschlangenlängen zu beschränken. Zum einen kann die Gesamtzahl von Aufträgen im System beschränkt werden, zum anderen lässt sich die Anzahl der vor einer Bedienstelle wartenden Aufträge beschränken. In beiden Fällen ergibt sich eine komplexere Analyse.

A 1.3.2.1 Geschlossene Warteschlangensysteme

Ein geschlossenes Warteschlangensystem ist ein System, in dem die Anzahl umlaufender Aufträge konstant gleich n ist. Aufträge betreten weder das System, noch verlassen sie es. Alternativ betritt beim Verlassen eines Auftrages gleichzeitig ein anderer Auftrag das System. Demzufolge kann das geschlossene Warteschlangensystemmodell angewendet werden, um die Kapazität eines CONWIP-gesteuerten

Systems mit m Fertigungszellen in Reihe zu bestimmen. Mit Kapazität ist hierbei die maximal erreichbare Durchsatzrate gemeint, d. h. wenn jederzeit Aufträge zur Freigabe an Zelle 1 zur Verfügung stehen, sobald ein Auftrag das Lager m verlässt.

Man betrachte ein geschlossenes Warteschlangensystem mit m Bedienstellen in Reihe. Bedienstelle $j, j = 1, 2, \ldots, m$, habe eine exponentialverteilte Bedienzeit mit dem Parameter $\mu^{(j)}$. In Bedienstelle m fertig gestellte Aufträge ordnen sich unverzüglich in die Warteschlange vor Bedienstelle 1 ein. Die Verteilung der Anzahl der Aufträge vor jeder Bedienstelle, bei einer Gesamtzahl von n Aufträgen im System, ergibt sich nun zu

$$P\{N^{(1)} = n^{(1)}, N^{(2)} = n^{(2)}, \ldots, N^{(m)} = n^{(m)}\}$$
$$= K(n)\frac{1}{(\mu^{(1)})^{n^{(1)}}(\mu^{(2)})^{n^{(2)}}\ldots(\mu^{(m)})^{n^{(m)}}}. \tag{A1.24}$$

Die normierende Konstante $K(n) = (G(n))^{-1}$ wird so gewählt, dass die Summe der Wahrscheinlichkeiten aller möglichen Zustände (für die $\sum_{j=1}^{m} n^{(j)} = n$ erfüllt ist) gleich Eins ist.

Es lässt sich zeigen, dass die Durchsatzrate des Systems, d. h. die Rate, mit der Aufträge die Bedienstelle m verlassen, gegeben ist durch

$$TH(n) = \frac{G(n-1)}{G(n)}. \tag{A1.25}$$

A 1.3.2.2 Beschränkte Warteschlangenlängen vor jeder Bedienstelle

Die Analyse von Systemen mit beschränkten Warteschlangenlängen ist deutlich komplexer und kann im Rahmen dieses Buches nicht erfolgen. Weiterführende Informationen finden sich z. B. in Buzacott/Shanthikumar 1993, S. 153 ff. und S. 227 ff.

Anhang 2: Prioritätsregeln zur Bestimmung der Auftragsreihenfolge

Zur Terminfeinplanung und der Maschinenbelegungsplanung zählen zwei Aufgaben:

(1) die Planung der Maschinenfolge für die einzelnen Aufträge;

(2) die Bestimmung der Reihenfolge, in der die einzelnen Aufträge auf einer Arbeitsstation abgearbeitet werden sollen.

Während (1) technologisch determiniert ist und sich aus dem Arbeitsplan ergibt, ist (2) eine Planungsaufgabe, die einer ganzen Reihe von Einflussgrößen unterliegt. Hierzu zählen insbesondere

- die unterschiedliche Dringlichkeit (Termineinhaltung) der einzelnen Aufträge,
- die Ankunftsfolge der Aufträge an den Arbeitsstationen,
- die Bearbeitungsdauer auf der unmittelbar folgenden Arbeitsstation aber auch auf allen insgesamt noch zu durchlaufenden Stationen,
- die zweckmäßige Rüstfolge auf der betrachteten Arbeitsstation,
- der in der bisherigen Arbeitsfolge bereits akkumulierte Wert (Herstellkosten) u. v. a. m.

Für eine mehrstufige Mehrproduktproduktion mit unterschiedlichen Arbeitsgangfolgen für die einzelnen um die Bearbeitung auf einer bestimmten Arbeitsstation konkurrierenden Aufträge gibt es unter den o. g. Bedingungen kaum praktisch anwendbare polynomial beschränkte Lösungsverfahren zur Maschinenbelegungsplanung (vgl. Hoitsch 1993, S. 478 f.). In der Praxis werden deshalb heuristische, auf *Prioritätsregeln* beruhende Verfahren eingesetzt, um eine *geordnete Warteschlange* zu erzeugen. Dazu wird jedem Auftrag unter Berücksichtigung der o. g. Einflussgrößen ein Zahlenwert (z. B. zwischen 0 und 1) zugeordnet, der die Priorität des betreffenden Auftrages zum Ausdruck bringt und dessen Platz in der Bearbeitungsfolge aller Aufträge auf der nächsten Arbeitsstation bestimmt. Prioritätsregeln können danach unterschieden werden, ob sie nur lokale, die nächste Arbeitsstation betreffende Informationen nutzen (z. B. die Kürzeste- bzw. Längste-Operationszeit-Regel) oder das ganze Fertigungssystem betreffende Informationen einbeziehen (z. B. die Gesamtbearbeitungszeit- oder die Restbearbeitungszeit-Regel; vgl. Adam 1998, S. 566).

Prioritätsregel		Die höchste Priorität erhält der Auftrag, der ...
FCFS	First come first served	zuerst an einer Arbeitsstation ankommt.
KOZ	Kürzeste Operationszeit	die kürzeste Operationszeit (Bearbeitungszeit auf der nächsten Arbeitsstation) aufweist.
LOZ	Längste Operationszeit	die längste Operationszeit (Bearbeitungszeit auf der nächsten Arbeitsstation) aufweist.
KGB	Kürzeste Gesamtbearbeitungszeit	die kürzeste Gesamtbearbeitungszeit auf allen Arbeitsstationen besitzt.
GGB	Größte Gesamtbearbeitungszeit	die längste Gesamtbearbeitungszeit auf allen Arbeitsstationen besitzt.
FFT	Frühester Fertigstellungstermin	den frühesten Fertigstellungstermin hat.
KRB	Kürzeste Restbearbeitungszeit	die kürzeste Bearbeitungszeit auf den verbleibenden Arbeitsstationen aufweist.
GRB	Größte Restbearbeitungszeit	die längste Arbeitszeit auf den verbleibenden Arbeitsstationen aufweist.
SZR	Schlupfzeit-Regel	die geringste Differenz (Schlupf) zwischen der Restbearbeitungszeit und dem geplanten Liefertermin aufweist.
MAA	Meiste noch auszuführende Arbeitsgänge	die meisten noch auszuführenden Arbeitsgänge aufweist.
WAA	Wenigste noch auszuführende Arbeitsgänge	der die wenigsten noch auszuführenden Arbeitsgänge aufweist.
DWR	Dynamische Wert-Regel	den höchsten bereits kumulierten Produktwert (Kapitalbindung) aufweist.
UKR	Umrüstkosten-Regel	die geringsten Umrüstkosten auf der nächsten Arbeitsstation zu verzeichnen hat.
ZUF	Zufallszahl	mit Hilfe eines Zufallsgenerators den höchsten Wert zwischen Null und Eins erhält.

Tab. A 2-1: Elementare Prioritätsregeln zur Bestimmung der Auftragsreihenfolge (vgl. Zäpfel 1982, S. 273 f. und Hoitsch 1993, S. 480 f.)

Tab. A 2-1 zeigt die bekanntesten elementaren Prioritätsregeln, die gegebenenfalls auch additiv, multiplikativ oder alternativ verknüpft (vgl. Zäpfel 1982, S. 273) und bei additiver sowie multiplikativer Verknüpfung mit einer Gewichtung versehen werden können (vgl. Adam 1998, S. 567; Corsten 2004, S. 507).

Die zweckmäßige Anwendung einer Prioritätsregel oder gegebenenfalls der Übergang von einer zu einer anderen Prioritätsregel bzw. zur Verknüpfung mehrerer Regeln ist von der jeweiligen Auftragssituation des realen Produktionssystems abhängig. Wird von einer gegebenen Belastung einer Arbeitsstation ausgegangen, so verändert ein Wechsel der Auftragspriorisierung zwar die Durchlaufzeiten der einzelnen Aufträge auf dieser Station und damit die Streuung der Durchlaufzeiten, die mittlere gewichtete Durchlaufzeit aller Aufträge bleibt dagegen gemäß Little´s Law konstant. Dies gilt jedoch nicht für eine mehrstufige Fertigung (vgl. Adam 1998,

S. 569 ff.) und wird nicht mehr überschaubar für eine mehrstufige Fertigung mit unterschiedlicher Maschinenfolge der einzelnen Aufträge. Simulationsstudien (z. B. von Conway/Johnson/Maxwell 1960; Haupt/Schilling 1993, S. 611 ff.) gelangen zu z. T. recht unterschiedlichen Aussagen hinsichtlich der Wirksamkeit von Prioritätsregeln. Eine von Hoss (1965) durchgeführte experimentelle Untersuchung weist auf die in Tab. A2-2 angegebenen *Zieleffizienzen von Prioritätsregeln* hin.

Prioritätsregel Zielvorstellung	Kürzeste Operations-zeit-Regel	Kürzeste Rest-bearbeitungs-zeit-Regel	Dynamische Wert-Regel	Schlupfzeit-Regel
Maximale Kapazitätsausnutzung	sehr gut	gut	mäßig	gut
Minimale Gesamtdurchlaufzeit	sehr gut	gut	mäßig	mäßig
Minimale Kosten organisatorischer Lager	gut	mäßig	sehr gut	mäßig
Minimale Terminabweichungen	schlecht	mäßig	mäßig	sehr gut

Tab. A 2-2: Zieleffizienzen von Prioritätsregeln (Schweitzer 1994, S. 700)

Daraus lassen sich plausible Grundsätze für die Anwendung elementarer Prioritätsregeln und für ihre alternative Verknüpfung ableiten. So ist von der häufig als Normalfall angewandten FCFS-Regel (zeitweilig) zur KOZ-Regel überzugehen, wenn eine Verbesserung der Kapazitätsauslastung bei gleichzeitiger Verringerung der Gesamtdurchlaufzeit für eine größere Anzahl von Aufträgen angestrebt wird. Bei einer Häufung von Terminüberschreitungen ist ein (zeitweiliger) Übergang zur Schlupfzeit-Regel nahe liegend. Hohe Werkstatt- und Zwischenlagerbestände lassen dagegen den Einsatz der Dynamischen Wertregel sinnvoll erscheinen.

Da in größeren Bereichen mit Werkstattfertigung die Wirksamkeit einzelner Prioritätsregeln und ihres Wechsels kaum überblickt werden kann, sind den einzelnen Fertigungssegmenten situativ bedingte Steuerungspolitiken („Metaregeln") vorzugeben, die zu ihrer Ermittlung umfangreichere Simulationsexperimente erfordern.

Anhang 3: Modellierung eines PAC-gesteuerten Produktionssystems mit dem Simulationstool MLDesigner®

Im Folgenden wird die Funktionalität des verwendeten Simulationstools und das Vorgehen bei der Modellierung umrissen, um beispielhaft einen Eindruck vom Aufgabenumfang bei der Simulation von komplexen Produktionssystemen zu geben.

A 3.1 Das Simulationstool MLDesigner®

Der Multi-Domain-Simulator MLDesigner®[28] umfasst sieben Hauptdomains:

- Dynamic Dataflow (DDF) Domain,
- Discrete Event (DE) Domain,
- Synchronous Dataflow (SDF) Domain,
- Boolean Dataflow (BDF) Domain,
- Higher-Order Function (HOF) Domain,
- Continous Time Discrete Event (CTDE) Domain sowie
- Finite State Machine (FSM) Domain und eine Reihe weiterer Experimentaldomains.

Aufgrund dieser Architektur ist eine weitgehend flexible Verknüpfung verschiedener hierarchisch strukturierter Aufgaben unterschiedlicher Detaillierungsgrade und Spezifika möglich.

Die Software wird im Rahmen des Entwurfes und der Validierung von Systemfunktionen und -architekturen für die unterschiedlichsten technischen Problemfelder eingesetzt, bislang insbesondere auf den Gebieten der Elektrotechnik, des Maschinenbaus, der Fahrzeugtechnik sowie der Informations- und Kommunikationstechnologie. Das Hauptanwendungsfeld des Tools liegt jedoch auf dem Gebiet der Chipentwicklung.

---

[28] MLDesigner® Manual v2.4; http://www.mldesigner.com

Um allen gegenwärtigen und zukünftigen Anforderungen an eine Simulation von Produktionssystemen gerecht zu werden, wurde mit dem Simulationstool MLDesigner® eine Bibliothek aus elementaren, wieder verwendbaren und durch Parameter flexibel konfigurierbaren Bausteinen entwickelt. Das Tool MLDesigner® wird dabei erstmalig zur Analyse betriebswirtschaftlicher Planungsprobleme eingesetzt, wobei auf die DE-Domain zurückgegriffen wird.

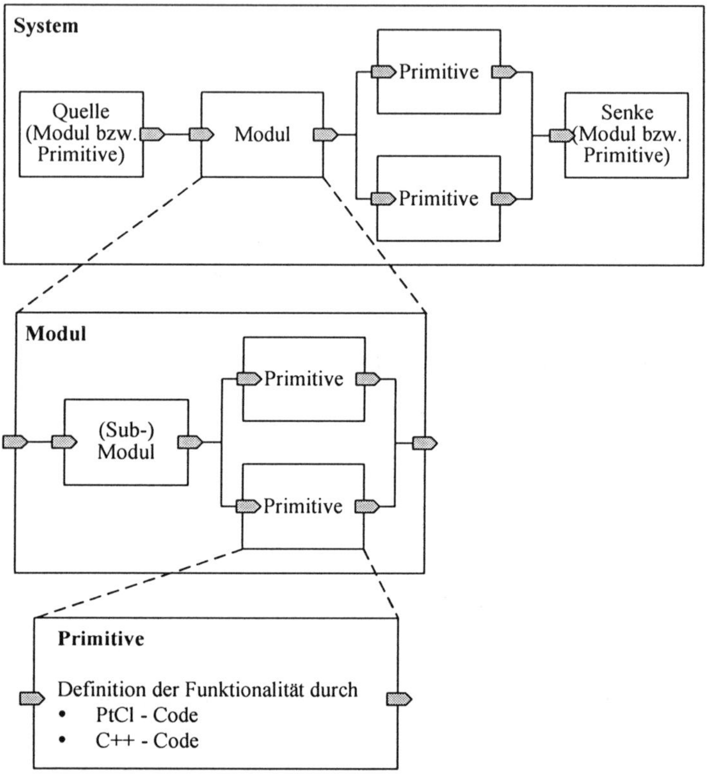

Abb. A 3-1: Hierarchische Gliederung der Objekttypen im MLDesigner®

Simulationsmodelle in der DE-Domain des MLDesigners® weisen eine hierarchische Gliederung auf (siehe Abb. A 3-1. Es gibt drei verschiedene Objekttypen (Systeme, Module und Primitiven), welche in Bibliotheken, den „Libraries“, verwaltet werden. Alle in Libraries gespeicherten Elemente können zum Aufbau von hierarchisch gegliederten Simulationssystemen verwendet werden, wobei die Anzahl der Hierarchiestufen grundsätzlich nicht begrenzt ist. Systeme stellen die oberste Hierarchiestufe dar. Sie enthalten als Unterklassen Module und Primitiven, welche Teilsysteme des Gesamtsystems darstellen. Die Module wiederum können aus weiteren Modulen und Primitiven bestehen. Primitiven sind die unterste Klasse und können nicht weiter in Teilsysteme untergliedert werden. In den Primitiven ist der Quellcode, im MLDesigner® „Source Code“ genannt, gespeichert. Der Kopf bzw. Rahmen des Quellcodes ist in ptcl (ptolemy tcl) verfasst. Durch diese Sprache werden die Schnittstellen und Parameter der Primitiven definiert. Zwei Elemente, z. B. Primitiven oder Module, können über eine Vielzahl verschiedener Schnittstellen, wie Eingänge („Input ports“), Ausgänge („Output ports“), Speicher („Memories“), Ereignisgeneratoren („Events“) und Ressourcen („Resources“), interagieren. Neben den Schnittstellen werden mit ptcl Methoden der Primitiven definiert, darunter die „go“-Methode, welche immer dann ausgeführt wird, wenn eine neue Datenstruktur auf einen Eingang der Primitiven trifft.

Der Code innerhalb dieser Methoden ist in C++ geschrieben, dies ermöglicht die Implementierung beliebiger Algorithmen. Die Konfiguration von Modulen und Systemen kann in der grafischen MLDesigner®-Benutzeroberfläche mittels drag-and-drop vorgenommen werden.

Innerhalb der Module können die aus der Bibliothek ausgewählten Primitiven und Module über ihre Eingänge und Ausgänge, allgemein auch „Ports“ genannt, verbunden werden. Über diese als „Relationen“ bezeichneten Verbindungen werden Informationsträger, die so genannten „Particles“, ausgetauscht. Die Struktur der über die „Particles“ ausgetauschten Informationen kann verschiedene Datentypen (z.B. Integer, Float oder einen Verbunddatentyp) umfassen und muss in dem so genannten „Data Structure Editor“ definiert werden.

Neben den Relationen können Informationen auch über Variablenspeicher ausgetauscht werden, wenn sie in mehr als einer Primitive oder einem Modul als „extern“ definiert und über die nächst höhere Ebene verbunden werden. Auch die Parameter einer Primitive oder eines Moduls sind nach außen sichtbar, was eine Einstellung vor dem Start einer Simulation ermöglicht. Sie können auf die nächst höhere Ebene verbunden werden, damit eine einfache Parametrisierung von außen, ohne Herabsteigen in die untere Ebene, möglich ist. Dadurch werden bei der Mehrfachverwendung eines Parameters fehleranfällige redundante Eingaben vermieden. Die Parameterwerte können für jede Instanz einer Klasse getrennt eingegeben werden. Parameter dienen u. a. dazu, allgemein programmierten Primitiven ein spezielles Verhalten zu verleihen, anstatt mehrere spezielle Primitiven zu erstellen.

Wie das Simulationssystem gestaltet wird, hängt von den Zielen ab, die mit dem System verfolgt werden sollen. Zu den Abwägungen beim Systementwurf gehört auch die Entscheidung über die Aufteilung des Programmcodes auf einzelne Primitiven und die Zusammenfassung von Primitiven und Modulen zu übergeordneten Modulen. Grundsätzlich ist es sinnvoll, redundanten Programmcode in gesonderten Primitiven unterzubringen, da die Codeverwaltung vereinfacht wird, wenn es dann im Resultat nur eine Quelle für den Codeteil gibt. In Einzelfällen kann es sinnvoll sein, aufgrund von Geschwindigkeitsvorteilen teilweise Redundanzen in Kauf zu nehmen, weil bei einer starken Aufgliederung der Aufwand für die Simulationssteuerung („Scheduling“) zunimmt.

Der Entwurf des gesamten Systems sollte grundsätzlich nach dem Top-Down-Ansatz erfolgen. Dabei wird das System in Teilsysteme untergliedert, welche Teilfunktionen der Gesamtfunktion übernehmen. Jedes der Teilsysteme, die über Schnittstellen verbunden sind, kann nun für sich betrachtet und nach dem gleichen Prinzip weiter untergliedert werden. Teilsysteme können entweder durch ein Modul oder durch eine Primitive realisiert werden. Nach diesem Prinzip lassen sich Funktionen mit unterschiedlichen Abstraktionsniveaus abbilden. Die hierarchische Gliederung und das so genannte „Open Source"-Konzept, das die Einsicht und Nutzung von Elementen aus vorhandenen Bibliotheken erlaubt, ermöglichen eine sehr effiziente Programmierung komplexer Modelle auf hohem Abstraktionsniveau.

A 3.2 Die Simulationsbibliothek zur Modellierung eines PAC-gesteuerten Produktionssystems

Das entwickelte Simulationsmodell weist eine hierarchische Gliederung auf. Zur Darstellung der in Abschnitt 6.2.1 beschriebenen statischen Objekte wurden folgende funktionale Simulationsbausteine entwickelt:

- Auftragsquelle,
- Lager,
- Zelle,
- Logische Montage,
- Losbildung und
- Auftragssenke.

Die Prognoseinstanz wurde in das Lager integriert, das Zellenmanagement in die logische Montage. Darüber hinaus wurden Module zur Berechnung der in Abschnitt 6.2.2 beschriebenen Kenngrößen sowie Module zur Einstellung der Parameter (vgl. Anhang A 4.1.2) entwickelt. Alle Bausteine können für eine beliebige Anzahl von Produkten parametrisiert werden. Für jeden Baustein werden die für den Endbenutzer relevanten Parameter über mehrere Vektoren eingegeben, wodurch das Verhalten des Bausteines auf der Systemebene beeinflusst wird. Die funktionalen Bausteine verfügen über Eingänge und/oder Ausgänge, über welche die dynamischen Objekte (Tags) ausgetauscht werden, sowie über Ausgabeports, über welche die produktspezifischen Messgrößen für die grafischen bzw. arithmetischen Auswerteprimitiven bereitgestellt werden.

Den Tags liegt ein Verbunddatentyp zugrunde, der die relevanten Basisinformationen (Produktnummer, Auftragsmenge) enthält und beliebig erweiterbar ist. Für den Datenaustausch zwischen den funktionalen Modellbausteinen wird ein so genannter *General Tag* eingeführt. General Tags werden vom Zellenmanagement bzw. von der Auftragsquelle generiert und an ein upstream gelegenes Lager geschickt. Dort wird dann der General Tag in einen Order Tag sowie einen Requisition Tag mit den entsprechenden Mengeninformationen aufgespalten. Die Generierung der Order Tags erfolgt beim Eintreffen der General Tags, die Generierung der Requisition Tags erfolgt nach der (produktspezifischen) Verzögerung τ_i. Durch die Verwendung von General Tags wird die Menge der zwischen Zelle und Lager ausgetauschten Informationen reduziert. Weiterhin resultiert daraus die logische Zuordnung des Parameters τ_i zum Lager, statt wie beim PAC-Basiskonzept zur Zelle. Aus den funktionalen Bausteinen kann innerhalb einer grafischen Benutzeroberfläche mit sehr geringem Zeitaufwand die Konfiguration eines PAC-gesteuerten Produktionssystems durch den Nutzer erfolgen. Der Aufbau eines Simulationsmodells vollzieht sich dabei in zwei Schritten. In einem ersten Schritt ist die Struktur des Simulationsmodells festzulegen, indem die verschiedenen Bausteine der Bibliothek über drag-and-drop zusammengestellt und entsprechend der Produkt- und Prozessstruktur des abzubildenden Produktionssystems über die „Ports“ miteinander verbunden werden.

In einem zweiten Schritt erfolgt die Parametrisierung der Bausteine durch die Eingabe der entsprechenden Werte für die mittleren Zwischenankunfts-, Bedien- und Rüstzeiten, die Verteilungen, die Produktionskoeffizienten, die Prioritätsregeln an den unterschiedlichen Stellen des Systems sowie die PAC-Parameter ($z_i^{(j)}$, $k_i^{(j)}$, $r_i^{(j)}$, τ_i) in den entsprechenden Parametervektoren.

Im Folgenden sollen die funktionalen Modellbausteine näher beschrieben werden.

Auftragsquelle

Dieser Baustein generiert eine beliebige Anzahl voneinander unabhängiger, reproduzierbarer Auftragssequenzen. Dazu werden für jedes Endprodukt General Tags mit einer definierten Ankunftsrate und einer definierten Auftragsmenge erzeugt. Für die Zwischenankunftszeiten kann auf vier verschiedene stetige Verteilungsmodelle zurückgegriffen werden (Gleichverteilung, Normalverteilung, Exponentialverteilung und Erlang-Verteilung), für die Auftragsmengen kann die Binomialverteilung sowie die Poisson-Verteilung gewählt werden. Die Berücksichtigung weiterer Verteilungsmodelle ist ohne größeren Aufwand möglich. Darüber hinaus können beide Parameter konstant eingestellt werden.

Lager

Dieser Baustein beinhaltet die Funktionalität des PAC-Lagers sowie einen Teil der Funktionalität des Zellenmanagements, da die ankommenden General Tags in Order Tags und Requisition Tags aufgespalten werden, wobei die Requisition Tags um eine produktspezifische Zeitspanne τ_i verzögert werden. Weiterhin beinhaltet das Lager die optional zuschaltbare Prognoseinstanz. Dadurch kann im Falle $\tau_i > 0$ für die Endprodukte die mengenmäßige und zeitliche Prognoseunsicherheit durch verschiedene stochastische Störfunktionen abgebildet werden. Dazu werden die von der Auftragsquelle emittierten General Tags, die sich auf Endprodukte beziehen, als Requisition Tags interpretiert, denen mit einer konstanten oder stochastischen Vorlaufzeit mit dem Mittelwert τ_i Order Tags vorweg gesandt werden. Falls die Vorlaufzeit τ_i konstant ist, spricht man von einer perfekten Prognose der Auftragsankunft; falls die Vorlaufzeit τ_i eine Zufallsvariable ist, kann die Abweichung vom Mittelwert als zeitlicher Prognosefehler interpretiert werden. Darüber hinaus kann eine stochastische Abweichung der prognostizierten Menge eines Order Tag von der tatsächlich eintreffenden Menge des assoziierten Requisition Tag unter Zugrundelegung verschiedener Verteilungsmodelle simuliert werden. Diese Abweichung kann als mengenmäßiger Prognosefehler interpretiert werden.

Zelle

Dieses Element repräsentiert das gleichnamige PAC-Element und beinhaltet eine oder mehrere parallele Bearbeitungsstellen. Die Anzahl der Bearbeitungsstationen lässt sich parametrisch variieren. Für die Bedienzeiten kann, analog zu den Zwischenankunftszeiten in der Auftragsquelle, auf verschiedene stetige Verteilungstypen zurückgegriffen werden. Weiterhin lassen sich verschiedene Prioritätsregeln (FCFS, produktabhängige Prioritäten, kürzeste und längste Warteschlange, Zufallspriorität) einstellen. Darüber hinaus können Rüstzeiten berücksichtigt werden, die entweder beim Produktwechsel oder bei Bearbeitungsbeginn eines neuen Loses anfallen.

Logische Montage

Dieser Baustein nimmt unter Zugrundelegung der Produktionskoeffizienten einer Stückliste eine logische Gruppierung der einzelnen Montagekomponenten zu Bausätzen vor (logische Montage, Kitting oder Kommissionierung). Dabei können verschiedene Prioritätsregeln zur Anwendung kommen (FCFS, produktabhängige Prioritäten, kürzeste und längste Warteschlange, Zufallspriorität). Weiterhin beinhaltet er im Falle von konvergierenden und divergierenden Produktstrukturen die einstufige Stücklistenauflösung, die Hauptfunktionalität des Zellenmanagements, welche die für die Erstellung der Montagebausätze erforderlichen Einzelteile und Baugruppen durch Generierung von General Tags bei dem upstream gelegenen Lager bestellt.

Losbildung

Dieses Modul nimmt eine Losgrößenbildung vor, indem eingehende Datenstrukturen so lange aufgehalten werden, bis eine erforderliche Mindestlosgröße oder exakte Losgröße zustande gekommen ist, die unverzüglich weitergereicht wird. Aufgrund der Verwendung einheitlicher Datenstrukturen für alle Tags kann dieser Baustein, je nach Einsatzort im System, zur Bündelung von verschiedenen Tag-Arten, wie Requisition Tags, Material Tags oder PA Cards, eingesetzt werden (vgl. Abschnitt 5.3.4). Zudem beeinflusst die Parametrisierung dieses Bausteins das Losweitergabeverhalten der downstream gelegenen Fertigungszelle, da hier sowohl eine offene als auch eine geschlossene Losweitergabe (vgl. Abschnitt 6.2.1, Ausführungen zur Zelle) eingestellt werden kann.

Auftragssenke

Dieser Baustein vernichtet die Datenstrukturen, die das an die Auftragsquelle angeschlossene Lager (und damit das Produktionssystem) in Richtung Kunde verlassen haben.

Abb. A 3-2 zeigt das MLDesigner®-Modell eines zweistufigen Produktionssystems. Die PAC-Funktionselemente (vgl. Abschnitt A 3.1) sind grau unterlegt, die Module zur Messung und Auswertung weiß.

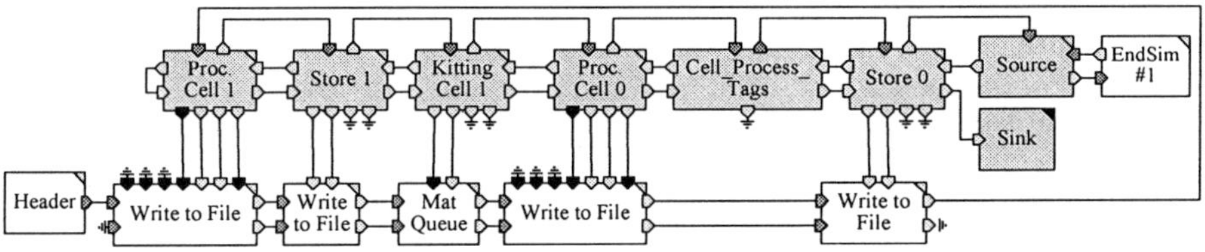

Abb. A 3-2: Modell eines zweistufigen Produktionssystems im MLDesigner®

Die genannten Bausteine enthalten darüber hinaus Vektoren, welche die Parameter verschiedener nacheinander durchzuführender Simulationsläufe steuern und die auf Basis von kombinatorischen Überlegungen eingestellt werden müssen. Mit einem Simulationsmodell wird in der Regel ein sehr langer Simulationslauf durchgeführt, der in verschiedene Teilintervalle („Reset intervals“) partitioniert ist. Am Ende eines jeden Intervalls (zur „Reset time“) wird ausgehend von einem speziellen Baustein ein Reset-Impuls durch alle Bausteine eines Systems geschickt, der die im System vorhandenen Datenstrukturen löscht und alle Bausteine mit den Parameterwerten des nächsten Simulationslaufes initialisiert. Durch diesen Reset-Impuls werden darüber hinaus die Zufallszahlengeneratoren neu initialisiert, was dazu führt, dass aufeinander folgende Simulationsläufe mit unterschiedlichen Parametereinstellungen mit exakt der gleichen Systembelastung (Auftragsankunftsmuster, Bedienzeiten) beansprucht werden. Dadurch kann bereits auf Basis vergleichsweise kurzer Simulationsläufe auf die relative Überlegenheit einer Parameterkombination über eine andere geschlossen werden.

Anhang 4: Simulation unterschiedlicher PAC-Systemkonfigurationen

In diesem Anhang werden beispielhaft Ergebnisse von Simulationsexperimenten mit unterschiedlichen Konfigurationen von PAC-Systemen vorgestellt. Ziel ist zu zeigen, wie durch geeignete Einstellungen der PAC-Parameter das Verhalten realer Produktionssysteme nachgebildet und letztlich optimiert werden kann.

Im Rahmen des vorliegenden Buches können nur Simulationsergebnisse relativ einfacher Produktionssysteme vorgeführt werden, um Prinzip und Möglichkeiten der Modellierung und Simulation eines PAC-Systems zu demonstrieren. Aus diesem Grund erfolgt auch eine Beschränkung der Modellierung auf Bestandsmengen, ohne eine Bewertung der Bestände mit Kosten durchzuführen. In mehrstufigen Systemen sind Losgrößen und angemessene Bestände jedoch vom Wertzuwachs auf den einzelnen Fertigungsstufen und damit vom Wertumfang der entstehenden Zwischen- und Endlagerbestände abhängig. Die Simulationsmodelle müssen dann entsprechend erweitert werden, was mit der beschriebenen Modellkonstruktion keine Schwierigkeiten bereitet. Jedoch sind bereits unter den o. g. einschränkenden Bedingungen Vergleiche unterschiedlicher Systemkonfigurationen nützlich.

A 4.1 Vergleich des Kanban- und MRP-Verhaltens für ein zweistufiges Produktionssystem

A 4.1.1 Aufbau des Produktionssystems

Im Folgenden wird ein zweistufiges, aus den Zellen 1 und 2 bestehendes Produktionssystem betrachtet, in dem die beiden Endprodukte P0 und P1 in einem linearen Produktionsprozess hergestellt werden (siehe Abb. A 4-1).[29]

Bezüglich der Bedienzeiten wurden ein symmetrisches und ein unsymmetrisches Szenario betrachtet:

(1) $S_0^{(1)} = S_1^{(1)} = 0{,}45$ und $S_2^{(2)} = S_3^{(2)} = 0{,}42$,

[29] Zur Bezeichnung von Produkten und Zellen vgl. Fußnote 24 auf S. 169.

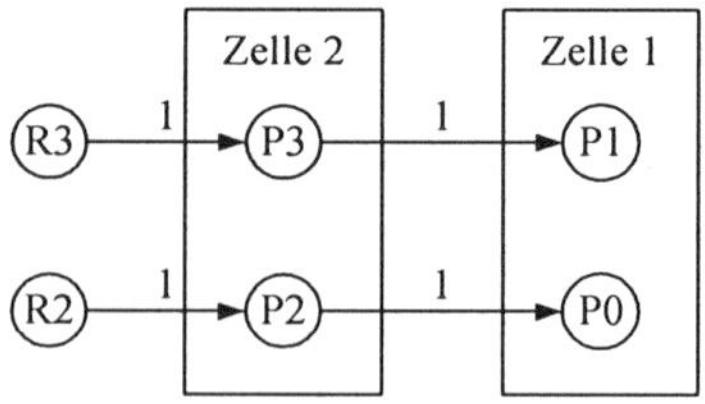

Abb. A 4-1: Produkt- und Prozessstruktur des als Beispiel 1 modellierten Produktionssystems

(2) $S_0^{(1)} = 0{,}12;\ S_1^{(1)} = 0{,}78$ sowie $S_2^{(2)} = 0{,}12;\ S_3^{(2)} = 0{,}72$.

Die Bedienzeiten der Produkte P2 und P3 sind konstant, die Bedienzeiten der Produkte P0 und P1 folgen einer 3-stufigen Erlang-Verteilung. Daneben wird das System für vier verschiedene Szenarien exponentialverteilter Zwischenankunftszeiten untersucht, die kombinatorisch wie folgt gebildet werden:

(3) $A_{0,low} = A_{1,low} = 1{,}28$,

(4) $A_{0,high} = A_{1,high} = 1$.

Von Rüstzeiten wird abgesehen, so dass die Bildung von Losen entfällt. Die Bearbeitungsfolge in beiden Zellen ist FCFS. Die Rohmaterialien R2 und R3 sind stets in ausreichendem Maße vorhanden, um die von Zelle 2 gesendeten Requisition Tags unverzüglich zu bedienen. Die dafür erforderlichen Bestände werden jedoch nicht in die Betrachtungen einbezogen.

Abb. A 4-2 stellt die Informations- und Materialflüsse sowie die Informations- und Materialbestände an den verschiedenen Stellen des Produktionssystems dar. Es treten Werkstattbestände ($W_i^{(j)}$) sowie Lagerbestände ($Z_i^{(j)}$) mit $i = 0, 1, 2, 3$ und $j = 1, 2$ auf.

Aus den gegebenen Daten resultieren für Zelle 1 Auslastungen zwischen 70,3 % und 90 % sowie für Zelle 2 Auslastungen zwischen 65,6 % und 84 %.

A 4.1.2 Konzeption und Durchführung der Simulation

Es sollen die beiden Steuerungsverfahren Kanban und MRP miteinander verglichen werden. Dazu ist eine konsistente Einstellung der PAC-Parameter erforderlich.

Grundsätzlich beeinflusst die Festlegung der PAC-Parameter die Zielkriterien Lieferrückstände und Bestände eines Produktionssystems, welche ihrerseits Einfluss auf die Gesamtkosten des Produktionssystems ausüben. Die Produktionskosten

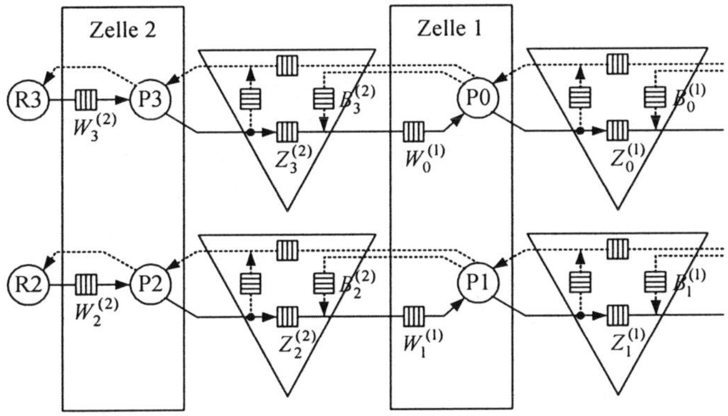

Abb. A 4-2: Informations- und Materialflüsse sowie Bestände des modellierten Produktionsystems (Beispiel 1)

können dabei aus den Betrachtungen ausgeklammert werden. Für beide Steuerungsverfahren wird durch die explizite Vorgabe der Zwischenankunfts- und Bedienzeiten die gleiche Ausbringungsmenge für eine vorgegebene Betrachtungsperiode angestrebt, aus der das gleiche Produktionskostenniveau resultiert.

Werden die beiden genannten Zielkriterien bei der Auswahl eines Steuerungsverfahrens zugrunde gelegt, entsteht ein multikriterielles Entscheidungsproblem. Um dies zu vermeiden wurde ein mehrstufiger Algorithmus entwickelt, der ein möglichst gutes Kanban-System ermittelt und darauf aufbauend das MRP-System auf die gleiche mittlere Lieferzeit wie das Kanban-System einstellt. Dadurch fallen für beide Steuerungsverfahren gleiche (kundenseitige) Fehlmengenkosten an. Damit kann eine Entscheidung für eines der beiden Steuerungsverfahren durch einen direkten Vergleich

- des Gesamtbestandes (Staffelbestand) der verarbeiteten und unverarbeiteten Vorprodukte oder
- einzelner Teilbestände ($Z_i^{(j)}$, $W_i^{(j)}$, $KI_i^{(j)}$, $BI_i^{(j)}$) verschiedener Produkte i eines Produktionssystems

getroffen werden.

Die Einstellung der Lieferzeit für die Simulationsexperimente erfolgt in drei Schritten:

(1) Isolierte Einstellung der einzelnen Kanban-Teilsysteme,

(2) Simulation des Kanban-Gesamtsystems,

(3) Simulation des MRP-Systems.

Beim ersten Schritt werden für jede Zelle j die Parameter $z_i^{(j)}$ und $k_i^{(j)}$ gemäß des in Tab. A 4-1 dargestellten Algorithmus so eingestellt, dass für die verschiedenen Produkte der Produktionsstufe die explizit vorgegebenen Wartezeiten möglichst gut eingehalten werden. Da die Wartezeiten sehr sprunghaft auf Veränderungen der Parameter $z_i^{(j)}$ und $k_i^{(j)}$ reagieren, muss eine Kanban-Parameterkombination gewählt werden, deren tatsächliche möglichst nahe an der angestrebten Wartezeit liegt. Als Abweichungsmaß hat sich die Summe der mittleren quadratischen Wartezeitabweichungen bewährt, die es zu minimieren gilt. Bei der isolierten Einstellung der Produktionsstufen wird davon ausgegangen, dass die Bedarfsinformationen für die Endprodukte nach der Stücklistenauflösung ohne Zeitverzögerung an die mit der Herstellung der Vor-, Zwischen- und Endprodukte betrauten Produktionsstufen weitergegeben werden, was in dem im zweiten Schritt betrachteten Gesamtsystem nicht mehr der Fall ist. Deshalb weichen die isoliert eingestellten Wartezeiten des ersten Schrittes von den im zweiten Schritt ermittelten (produktionssysteminternen und kundenseitigen) Wartezeiten ab. Sie können jedoch als grobe Approximation angesehen werden, die ausreichend ist, um eine angemessene (interne) Wartezeit zu erzielen. Die Einplanung von Wartezeiten für intern verwendete Zwischenprodukte ist zwingend erforderlich, um „tote" Vorproduktbestände auf den Vorprodukt-Produktionsstufen, die während eines Simulationslaufes nicht umgeschlagen werden, zu vermeiden.

Im zweiten Schritt wird das Gesamtsystem aus den einzelnen im ersten Schritt betrachteten Teilsystemen aufgebaut und simuliert. Dabei kommen die gleichen Zufallszahlenreihen für die Zwischenankunfts- und Bedienzeiten wie im ersten Schritt zur Anwendung. Bei der Einstellung der Parameter $z_i^{(j)}$ und $k_i^{(j)}$ für alle Produkte werden die im ersten Schritt ermittelten Werte zugrunde gelegt. Durch die Simulation mehrerer Gesamtsysteme, die kombinatorisch aus Teilsystemen mit unterschiedlichen $z_i^{(j)}$-$k_i^{(j)}$-Niveaus und damit unterschiedlichen Stufenwartezeiten zusammengesetzt wurden, werden die Staffelbestände und Wartezeiten für das gleiche Produktionssystem mit verschiedenen Kanban-Parametrisierungen ermittelt. Dabei kann es geschehen, dass durch die starken Interdependenzen zwischen den Produktionsstufen bei Kanban bei zu geringen $z_i^{(j)}$-$k_i^{(j)}$-Werten für die isoliert eingestellten Teilsysteme ein Gesamtsystem instabil wird, dessen einzelne Teilsysteme sich stabil verhielten.

Nachdem die Wartezeiten verschiedener Kanban-Varianten ermittelt wurden, kann der dritte Schritt durchgeführt werden. Dazu werden für die Produkte i eines Produktionssystems die Parameter $z_i^{(j)}$ auf 0, die Parameter $k_i^{(j)}$ auf ∞ sowie die Parameter τ_i, die sich nicht auf Endprodukte beziehen, auf 0 gesetzt. Die Einstellungen bezüglich der Zufallszahlen bleiben unverändert, was in gleichen Zwischenankunfts- und Bedienzeitsequenzen resultiert. Anschließend werden die Produktionssysteme durch eine schrittweise Variation der τ_i-Parameter der Endprodukte mit dem in Tab. A 4-2 beschriebenen Algorithmus auf die gleichen Wartezeiten wie das Kanban-System eingestellt. Bei Verwendung der auf die Endprodukte bezogenen Parameter τ_i ist es für Systeme ohne Losgrößen möglich, die Wartezeiten der End-

1. Initialisierung der n-dimensionalen Vektoren (n entspricht der Anzahl Produkte sowie des Iterationszählers)
   a. Parametervektoren mit den Startwerten $z_i^{(j)}$ und $k_i^{(j)}$ für alle betrachteten Produkte mit $i = 1,\dots,n$
   b. Soll-Wartezeitvektor mit den angestrebten Wartezeiten für jedes betrachtete Produkt
   c. Schrittweitenvektor mit den Veränderungen für $z_i^{(j)}$ und $k_i^{(j)}$ im Falle von nicht übereinstimmenden Wartezeiten mit $i = 1,\dots,n$
   d. Iterationszähler $m = 1$
2. Simulation des Kanban-Systems unter Zugrundelegung des Parametervektors → Ist-Wartezeitvektor der Dimension n für den betrachteten Parametervektor
3. Elementweiser (= produktweiser) Vergleich des Ist-Wartezeitvektors mit dem Soll-Wartezeitvektor
   a. Falls die Ist-Wartezeit eines Produktes i für $i = 1,\dots, n$ größer als die Soll-Wartezeit ist → Erhöhung von $z_i^{(j)}$ und $k_i^{(j)}$ im Parametervektor um die Schrittweite
   b. Falls die Ist-Wartezeit eines Produktes i für $i = 1,\dots, n$ kleiner als die Soll-Wartezeit ist → Erniedrigung von $z_i^{(j)}$ und $k_i^{(j)}$ im Parametervektor um die Schrittweite
4. Falls ein Parameter i des Parametervektors für $i = 1,\dots, n$ kleiner als 1 ist → Setze den Parameter gleich 1
5. Elementweiser (= produktweiser) Vergleich des Ist-Wartezeitvektors mit dem Soll-Wartezeitvektor
   a. Falls die Ist-Wartezeit eines Produktes i für $i = 1,\dots, n$ größer als die Soll-Wartezeit ist und im Schritt m - 1 kleiner als die Soll-Wartezeit war → Halbierung der Schrittweite des Produktes i
   b. Falls die Ist-Wartezeit eines Produktes i für $i = 1,\dots, n$ kleiner als die Soll-Wartezeit ist und im Schritt m - 1 größer als die Soll-Wartezeit war → Halbierung der Schrittweite des Produktes i
6. Falls die Schrittweite eines Elementes j des entsprechenden Vektors mit $i = 1,\dots, n$ kleiner als 1 ist → Setze die Schrittweite gleich 1
7. Falls m der maximalen Iterationsanzahl m_{max} entspricht → Gehe zu 11
8. Falls der errechnete Parametervektor bereits betrachtet wurde → Gehe zu 11
9. $m = m + 1$
10. Gehe zu 2
11. Ende

Tab. A 4-1: Vorgehensweise bei der Einstellung eines einstufigen Kanban-Systems mit n Produkten

produkte nahezu beliebig genau auf ein festgelegtes Zielwert-Tupel einzustellen. Dieses Systemverhalten ist auf den kontinuierlichen Wertebereich des Parameters τ_i sowie auf die kaum vorhandenen Interdependenzen zwischen den Parametern τ_i verschiedener Produkte (vgl. Abschnitt A 4.1.4) zurückzuführen.

Ein MRP-System, bei dem alle Parameter τ_i, die sich nicht auf Endprodukte beziehen, gleich 0 sind, erzielt die bestmögliche Wartezeit (vgl. Abschnitt 5.3.3). Jede Vergrößerung eines nicht auf Endprodukte bezogenen Parameters τ_i führt zu einer Verschlechterung der Wartezeiten für mindestens ein Endprodukt bei vernachlässigbaren Auswirkungen auf den Staffelbestand. Lediglich die Verteilung der Bestände über die einzelnen Produktionsstufen wird durch die Vergrößerung eines

1. Initialisierung der n-dimensionalen Vektoren (n entspricht der Anzahl der Endprodukte des Produktionssystems sowie des Iterationszählers
   a. Parametervektoren mit den Startwerten τ_i für alle betrachteten Endprodukte i mit $i = 1,...,n$
   b. Soll-Wartezeitvektor mit den angestrebten Wartezeiten jedes betrachteten Produktes
   c. Lower-Bound-Vektor des akzeptablen Wartezeitintervalls (z. B. Soll-Wartezeit • 0,9)
   d. Upper-Bound-Vektor des akzeptablen Wartezeitintervalls (z. B. Soll-Wartezeit • 1,1)
   e. Schrittweitenvektor mit den Veränderungen von τ_i im Falle von nicht übereinstimmenden Wartezeiten für jedes Produkt i mit $i = 1,...,n$
   d. Iterationszähler $m = 1$
2. Simulation des MRP-Systems unter Zugrundelegung des Parametervektors → Ist-Wartezeitvektor der Dimension n für den betrachteten Parametervektor
3. Elementweiser (= produktweiser) Vergleich des Ist-Wartezeitvektors mit dem Soll-Wartezeitvektor
   a. Falls die Ist-Wartezeit eines Produktes i für $i = 1,...,n$ größer als die Soll-Wartezeit ist → Erhöhung von τ_i im Parametervektor um die Schrittweite
   b. Falls die Ist-Wartezeit eines Produktes i für $i = 1,...,n$ kleiner als die Soll-Wartezeit ist → Erniedrigung von τ_i im Parametervektor um die Schrittweite
4. Falls ein Parameter i des Parametervektors für $i = 1,...,n$ kleiner als 0 ist → Setze den Parameter gleich 0
5. Elementweiser (= produktweiser) Vergleich des Ist-Wartezeitvektors mit dem Soll-Wartezeitvektor
   a. Falls die Ist-Wartezeit eines Produktes i für $i = 1,...,n$ größer als die Soll-Wartezeit ist und im Schritt m - 1 kleiner als die Soll-Wartezeit war → Halbierung der Schrittweite des Produktes i
   b. Falls die Ist-Wartezeit eines Produktes i für $i = 1,...,n$ kleiner als die Soll-Wartezeit ist und im Schritt m - 1 größer als die Soll-Wartezeit war → Halbierung der Schrittweite des Produktes i
6. Falls m der maximalen Iterationsanzahl m_{max} entspricht → Gehe zu 10
7. Falls sich alle Wartezeiten des Wartezeitvektors innerhalb der durch Lower-Bound-Vektor und Upper-Bound-Vektor begrenzten Intervalle befinden → Gehe zu 10
8. $m = m + 1$
9. Gehe zu 2
10. Ende

Tab. A 4-2: Vorgehensweise bei der Einstellung eines mehrstufigen MRP-Systems mit n Endprodukten

nicht auf Endprodukte bezogenen Parameters τ_i beeinflusst: Je größer τ_i ist, desto mehr Bestand wird auf der upstream gelegenen Produktionsstufe eines Produktionssystems zurückgehalten.

Die hier beschriebene dreistufige Vorgehensweise beinhaltet zwar keinen Algorithmus, der garantiert in einer sehr guten (um nicht zu sagen optimalen) Kanban-Parametereinstellung resultiert. Eine hohe Aussagekraft der Simulationsexperimente kann jedoch durch die Betrachtung eines hinreichend großen Parameterbereiches sichergestellt werden, indem durch die Einstellung mehrerer unterschiedlicher Lieferzeiten im ersten Teilschritt eine Vielzahl von unterschiedlichen Kanban-Varianten im zweiten Schritt untersucht wird.

A 4.1.3 Analyse des Produktionssystems

Anhand des in Abschnitt A 4.1.1 beschriebenen Systems soll unter Zugrundelegung der in Abschnitt A 4.1.2 beschriebenen Methodik ein Vergleich der Steuerung nach Kanban und MRP vorgenommen werden, wobei für MRP davon ausgegangen wird, dass die Zeitpunkte der eintreffenden Bedarfe exakt vorhergesagt werden können (perfekte Prognose). Für diesen Vergleich wurden zuerst die einzelnen Stufen des Kanban-Systems gemäß der in Abschnitt A 4.1.2 beschriebenen Vorgehensweise auf die Wartezeiten $L_0^{(1)} = L_1^{(1)} = 1$ sowie $L_2^{(2)} = L_3^{(2)} = 0{,}2$ eingestellt. Aufbauend auf den ermittelten Wartezeiten $L_0^{(1)}$ sowie $L_1^{(1)}$ des anschließend zusammengesetzten Gesamtsystems wurden in einem dritten Schritt die für eine MRP-Politik maßgeblichen Parameter τ_0 sowie τ_1 dimensioniert.

Die Simulationsperiode war in jedem Teilschritt des Experiments 10.000 Zeiteinheiten lang, d. h. es werden ca. 10.000 Einheiten der Produkte P0 und P1 nachgefragt und produziert. Die effektive Simulationszeit beträgt 9.500 Zeiteinheiten, da die Messung erst nach 500 Zeiteinheiten einsetzt, um Effekte, die beim Anlauf der Produktionsvorgänge entstehen, zu unterdrücken. Die Resultate der Simulation für die symmetrische sowie die unsymmetrische Bedienzeitkonstellation sind in den Tabellen Tab. A 4-3 und Tab. A 4-4 zusammengefasst.

								Wartezeiten Kanban		Wartezeiten MRP		Staffelbestand Kanban		Staffelbestand MRP	
A_0	A_1	$z_2^{(2)} = k_2^{(2)}$	$z_3^{(2)} = k_3^{(2)}$	$z_0^{(1)} = k_0^{(1)}$	$z_1^{(1)} = k_1^{(1)}$	τ_0	τ_1	P0	P1	P0	P1	R2	R3	R2	R3
1,00	1,00	3	3	4	4	3,77	3,77	1,012	0,912	1,017	1,017	6,953	6,956	4,715	4,777
1,28	1,28	1	1	1	1	1,27	1,27	0,633	0,596	0,571	0,579	1,967	1,968	1,436	1,442
1,00	1,28	2	2	1	1	0,96	2,21	1,424	0,696	1,392	0,650	2,989	2,995	2,314	2,228
1,28	1,00	2	2	1	1	1,90	0,96	0,834	1,272	0,754	1,353	2,994	2,989	2,065	2,307

Tab. A 4-3: Vergleich Kanban-MRP mit $S_0^{(1)} = S_1^{(1)} = 0{,}45$

Man kann erkennen, dass bei nahezu gleichen Wartezeiten auf der Endproduktebene der Staffelbestand des Kanban-Systems sowohl für symmetrische als auch für unsymmetrische Bedienzeitkonstellationen signifikant höher ist als der Staffelbestand des MRP-Systems mit perfekter Prognose. Eine perfekte Prognose ist jedoch eine sehr idealistische Annahme, da in der Realität die Prognose der Ankunftszeitpunkte zukünftiger Aufträge in der Regel mit einer hohen Unsicherheit behaftet ist. Daher müsste, um einen realistischen Vergleich zwischen Kanban und MRP durchzuführen, der Prognosefehler durch eine angemessene stochastische Schwankung der Parameter τ_0 sowie τ_1 abgebildet werden.

								Wartezeiten Kanban		Wartezeiten MRP		Staffelbestand Kanban		Staffelbestand MRP	
A_0	A_1	$z_2^{(2)} = k_2^{(2)}$	$z_3^{(2)} = k_3^{(2)}$	$z_0^{(1)} = k_0^{(1)}$	$z_1^{(1)} = k_1^{(1)}$	τ_0	τ_1	P0	P1	P0	P1	R2	R3	R2	R3
1,00	1,00	6	6	7	8	6,25	8,13	1,171	0,933	1,216	0,933	12,991	13,973	7,353	9,040
1,28	1,28	2	3	1	2	0,96	2,83	1,013	0,498	1,096	0,519	2,992	4,996	1,601	2,613
1,00	1,28	2	2	1	1	1,58	1,90	0,875	1,211	0,864	1,102	2,983	2,989	2,410	2,337
1,28	1,00	4	6	4	6	3,77	6,88	1,578	0,890	1,639	0,869	7,982	11,988	4,218	7,728

Tab. A 4-4: Vergleich Kanban-MRP mit $S_0^{(1)} = 0,12$ *und* $S_1^{(1)} = 0,78$

Interessant erscheint auch die unterschiedliche Zusammensetzung des Staffelbestandes bei Kanban und MRP (vgl. Tab. A 4-5 und Tab. A 4-6). Betrachtet man seine einzelnen Komponenten, namentlich die Werkstattbestände und Lagerbestände der Rohmaterialien R2 sowie R3, so stellt man fest, dass Kanban immer niedrigere Werkstattbestände und höhere Lagerbestände aufweist. So fallen bei MRP für die Produkte P2 und P3 überhaupt keine Lagerbestände und für die Produkte P0 und P1 ein geringerer Lagerbestand als bei Kanban an.

								Werkstattbestand Kanban		Werkstattbestand MRP		Lagerbestand Kanban		Lagerbestand MRP	
A_0	A_1	$z_2^{(2)} = k_2^{(2)}$	$z_3^{(2)} = k_3^{(2)}$	$z_0^{(1)} = k_0^{(1)}$	$z_1^{(1)} = k_1^{(1)}$	τ_0	τ_1	P0	P1	P0	P1	P0	P1	P0	P1
1,00	1,00	3	3	4	4	3,77	3,77	2,005	2,033	2,143	2,167	1,948	1,924	1,111	1,126
1,28	1,28	1	1	1	1	1,27	1,27	0,494	0,500	0,674	0,686	0,473	0,468	0,123	0,116
1,00	1,28	2	2	1	1	0,96	2,21	0,651	0,549	1,239	0,975	0,337	0,445	0,032	0,422
1,28	1,00	2	2	1	1	1,90	0,96	0,552	0,664	0,957	1,220	0,442	0,325	0,285	0,030

Tab. A 4-5: Vergleich der Bestände in Zelle 1 bei $S_0^{(1)} = S_1^{(1)} = 0,45$

Das liegt daran, dass Kanban durch endliche Werte für die Parameter $k_0^{(1)}$, $k_1^{(1)}$, $k_2^{(2)}$ sowie $k_3^{(2)}$ eine effektive Beschränkung des Werkstattbestandes vornimmt. Zur Kompensation der daraus erwachsenden Nachteile werden jedoch im Gegensatz zu MRP durch die Parametereinstellungen $z_0^{(1)} > 0, z_1^{(1)} > 0, z_2^{(2)} > 0$ sowie $z_3^{(2)} > 0$ Zwischen- und Endproduktlagerbestände geplant, die meist einen höheren durchschnittlichen Gesamtlagerbestand ergeben.

								Werkstatt-bestand Kanban		Werkstatt-bestand MRP		Lager-bestand Kanban		Lager-bestand MRP	
A_0	A_1	$z_2^{(2)} = k_2^{(2)}$	$z_3^{(2)} = k_3^{(2)}$	$z_0^{(1)} = k_0^{(1)}$	$z_1^{(1)} = k_1^{(1)}$	τ_0	τ_1	P0	P1	P0	P1	P0	P1	P0	P1
1,00	1,00	3	3	4	4	3,77	3,77	1,049	1,065	1,460	1,484	1,951	1,935	0	0
1,28	1,28	1	1	1	1	1,27	1,27	0,420	0,420	0,638	0,640	0,580	0,580	0	0
1,00	1,28	2	2	1	1	0,96	2,21	0,654	0,527	1,043	0,831	1,346	1,473	0	0
1,28	1,00	2	2	1	1	1,90	0,96	0,536	0,664	0,823	1,057	1,464	1,336	0	0

Tab. A 4-6: Vergleich der Bestände in Zelle 2 bei $S_0^{(1)} = S_1^{(1)} = 0,45$

A 4.1.4 Analyse der letzten Produktionsstufe

In einem nächsten Schritt sollen die Interdependenzen zwischen den verschiedenen Planungsparametern untersucht werden. Zu diesem Zweck wurden die parametrisierten Modellbausteine für Zelle 1 sowie für das Endproduktlager mit symmetrischer Bedienzeitverteilung $S_0^{(1)} = S_1^{(1)} = 0,45$ sowie den Zwischenankunftszeiten $A_0 = A_1 = 1$ herangezogen. Alle anderen Modellbausteine wurden entfernt und das restliche Teilmodell so verändert, dass die Generierung von PA Cards für die Produkte P0 und P1 durch die Zelle 1 in der sofortigen unverzögerten Freigabe eines Vorprodukt-Material Tag an die Zelle 1 resultiert. Mit diesem Modell wurden nun für Kanban alle 25 möglichen $z_0^{(1)}$-$k_0^{(1)}$- sowie $z_1^{(1)}$-$k_1^{(1)}$-Kombinationen mit Ausprägungen zwischen 1 und 5 simuliert. Für MRP wurden alle 36 möglichen τ_0-τ_1-Kombinationen zwischen 0 und 5 mit Abständen von einer Zeiteinheit simuliert. Hinsichtlich der Länge der Simulationsperiode sowie der Kompensation der Anfangseffekte wurden die gleichen Einstellungen wie in Abschnitt A 4.1.3 vorgenommen. Tab. A 4-7 zeigt die Wartezeiten und Staffelbestände des Produktes P0 für die 25 simulierten Kanban-Politiken, die in den Abb. A 4-3 und Abb. A 4-4 darüber hinaus grafisch dargestellt sind. Man beachte bei der Betrachtung der Grafiken, dass der Koordinatenursprung manchmal zugunsten einer anschaulichen Darstellung der Abhängigkeiten der Wartezeiten und Bestände von den Parametern $z_i^{(j)}$ und $k_i^{(j)}$ in die vordere rechte Ecke gelegt wurde. Die Wartezeiten und Staffelbestände des Produktes P1 sind zu den Werten des Produktes P0 (abgesehen von einer aus kleinen Zufallszahlenmengen resultierenden stochastischen Abweichung) symmetrisch und können aus der Tab. A 4-7 durch eine Vertauschung der Achsenbeschriftung gewonnen werden.

Kanban beschränkt durch den Parameter $k_i^{(j)}$ einerseits den Werkstattbestand, andererseits wird durch den Soll-Bestand $z_i^{(j)}$ innerhalb gewisser Grenzen eine stetige Verfügbarkeit von Material am Ausgang des Produktionssystems gewährleistet. Es

Wartezeit für Produkt P0

$z_1^{(1)}$ / $z_0^{(1)}$	1	2	3	4	5
1	2,365	3,729	3,893	3,929	3,940
2	0,508	1,791	2,579	2,769	2,826
3	0,164	0,630	1,329	1,791	1,967
4	0,067	0,251	0,588	0,993	1,268
5	0,030	0,103	0,278	0,490	0,739

Staffelbestand der Komponente R0

$z_1^{(1)}$ / $z_0^{(1)}$	1	2	3	4	5
1	1,000	1,000	1,000	1,000	1,000
2	2,000	2,000	2,000	2,000	2,000
3	3,000	3,000	3,000	3,000	3,000
4	4,000	4,000	4,000	4,000	4,000
5	5,000	5,000	5,000	5,000	5,000

Tab. A 4-7: Wartezeiten und Staffelbestände des Produktes P0 bei Kanban

lässt sich feststellen, dass die Lieferzeit des Produktes P0 in monoton fallender konvexer Relation zu der Anzahl der Kanban-Karten des Produktes P0 steht. Das hängt sowohl vom Ansteigen des Lagerbestandes bei einer wachsenden Anzahl an Kanban-Karten als auch von einer erhöhten Einlastung des Produktes in die Zelle durch die Erhöhung des Faktors $k_i^{(j)}$ ab. Weiterhin stellt man fest, dass bei Kanban zwischen der Anzahl der Kanban-Karten des Produktes P1 und den Wartezeiten des Produktes P0 starke Interdependenzen bestehen. Erhöht man die Anzahl der Kanban-Karten (und damit die Process Tags von Produkt P1), so lässt sich eine monotone konvexe Verschlechterung der Lieferzeit des Produktes P0 beobachten. Das lässt sich mit einer Art „Verdrängungswettbewerb" zwischen den Produkten interpretieren, der durch Erhöhung der Anzahl der Kanban-Karten und damit der Anzahl der Process Tags ($k_i^{(j)}$) eines Produktes ausgelöst wird. Die frühere Einlastung und eine in Relation zur Ausgangssituation frühere Bedienung der einzelnen Aufträge führt dann zu höheren Wartezeiten des anderen Produktes. Der Staffelbestand des Produktes P0 hängt dagegen ausschließlich von den Parametereinstellungen des Produktes P0 ab.

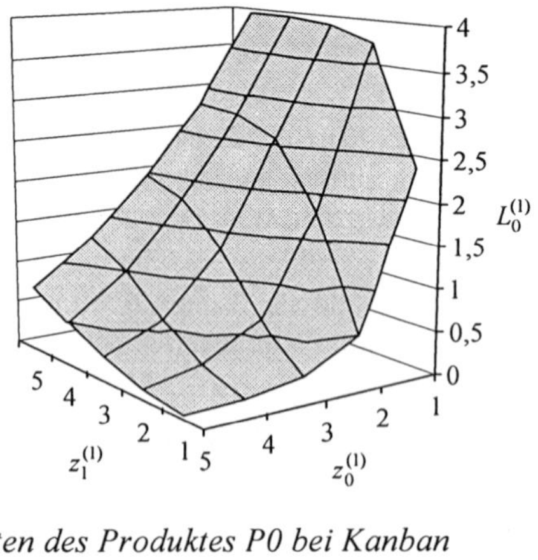

Abb. A 4-3: Wartezeiten des Produktes P0 bei Kanban

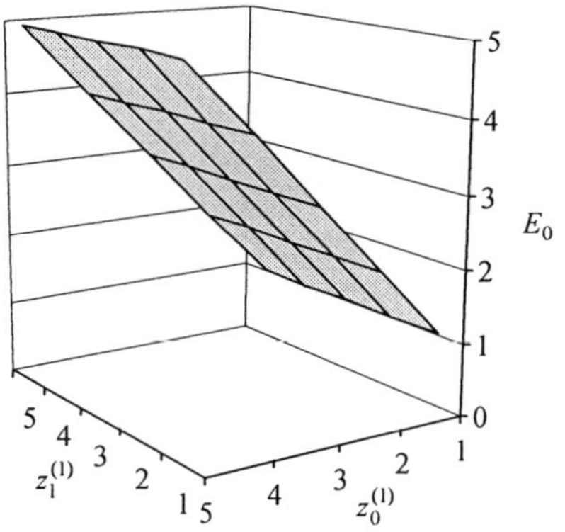

Abb. A 4-4: Staffelbestand des Produktes P0 bei Kanban

Tab. A 4-8 zeigt die Wartezeiten und Staffelbestände des Produktes P0 für die 36 simulierten MRP-Politiken. Diese Daten sind in Abb. A 4-5 sowie Abb. A 4-6 auch grafisch dargestellt. Die entsprechenden Ergebnisse für das Produkt P1 sind, abgesehen von einer aus „Sample-Errors" resultierenden stochastischen Abweichung, wie im Kanban-Fall symmetrisch und können durch eine Vertauschung der Parameter- bzw. Achsenbeschriftung gewonnen werden.

Wartezeit für Produkt P0

$\tau_1^{(1)}$ / $\tau_0^{(1)}$	0	1	2	3	4	5
0	2,987	3,004	2,973	2,975	2,980	2,984
1	2,070	2,093	2,109	2,082	2,084	2,088
2	1,451	1,438	1,459	1,477	1,455	1,460
3	1,016	1,009	1,000	1,023	1,037	1,017
4	0,699	0,704	0,700	0,696	0,716	0,729
5	0,471	0,477	0,484	0,484	0,483	0,500

Staffelbestand der Komponente R0

$\tau_1^{(1)}$ / $\tau_0^{(1)}$	0	1	2	3	4	5
0	2,942	2,959	2,928	2,931	2,935	2,939
1	3,024	3,047	3,062	3,036	3,038	3,042
2	3,399	3,386	3,407	3,424	3,403	3,407
3	3,955	3,948	3,940	3,962	3,976	3,956
4	4,628	4,633	4,629	4,625	4,645	4,658
5	5,389	5,394	5,401	5,401	5,400	5,417

Tab. A 4-8: Wartezeiten und Staffelbestände des Produktes P0 bei MRP

Die Lieferzeit des Produktes P0 fällt monoton mit einem konvexen Steigungsverhalten bei einem Anwachsen der Vorlaufzeitverschiebung τ_0. Zwischen der Lieferzeit des Produktes P0 und dem Parameter τ_1 bestehen dagegen keine Interdependenzen, abgesehen von kleinen stochastischen Abweichungen. Daher können die Parameter τ_0 und τ_1 unabhängig voneinander betrachtet und eingestellt werden.

Der Staffelbestand des Produktes P0 hängt ebenfalls ausschließlich vom Produkt P0 ab. Er lässt sich als monoton steigend und konvex charakterisieren.

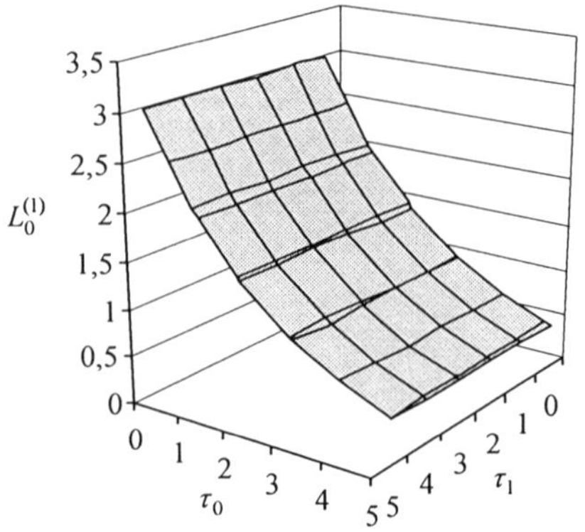

Abb. A 4-5: Wartezeiten des Produktes P0 bei MRP

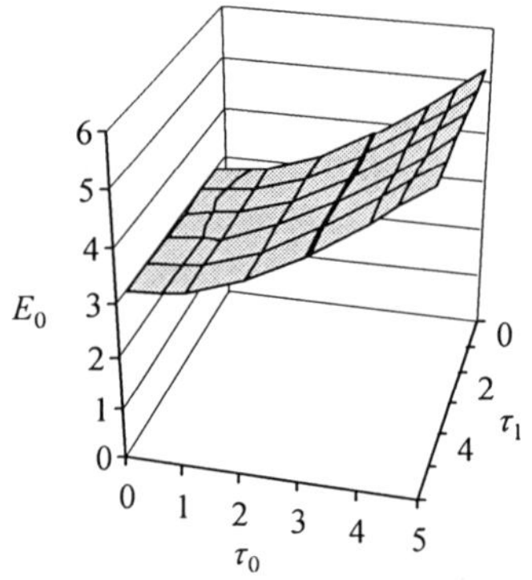

Abb. A 4-6: Staffelbestand des Produktes P0 bei MRP

A 4.2 Vergleich zwischen periodischer und fallweiser Bestandsüberwachung

A 4.2.1 Aufbau des Produktionssystems

Es wird ein einstufiges Produktionssystem betrachtet, welches in einer Zelle das Vorprodukt R0 zum Endprodukt P0 transformiert (siehe Abb. A 4-7).

Für Produkt P0 wird eine Bedienzeit von $S_0^{(1)} = 0{,}9$ angenommen. Der Bedienzeit liegt eine dreistufige Erlang-Verteilung zugrunde. Die Zwischenankunftszeiten sind exponentialverteilt mit folgenden Mittelwerten:

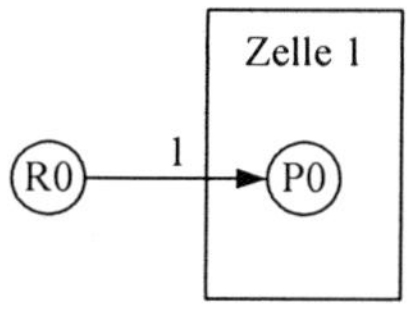

Abb. A 4-7: Produkt- und Prozessstruktur des modellierten Produktionssystems (Beispiel 2)

(1) $A_{0,low} = 1{,}5$,

(2) $A_{0,high} = 1$.

In dem System fallen keine Rüstzeiten an, die Abfertigungspriorität in der Zelle ist FCFS. Aus den genannten Daten resultieren mittlere Kapazitätsauslastungen von 60 % bzw. 90 %.

Abb. A 4-8 zeigt die Informations- und Materialflüsse sowie die Informations- und Materialbestände innerhalb des betrachteten Produktionssystems. Es können die Bestandsarten Auftragsgrößenbestände ($BI_0^{(1)}$), Werkstattbestände ($W_0^{(1)}$) sowie Lagerbestände ($Z_0^{(1)}$) unterschieden werden. Der Losbildungsbestand wird, da am Eingang des Produktionssystems PA Cards gesammelt werden, als Informationsbestand angesehen, der bei der Berechnung des Staffelbestands nicht berücksichtigt wird. Darüber hinaus wird angenommen, dass das Vorprodukt R0 unbegrenzt zur Verfügung steht, der damit verbundene Lagerbestand wird jedoch aus den Betrachtungen ausgeklammert.

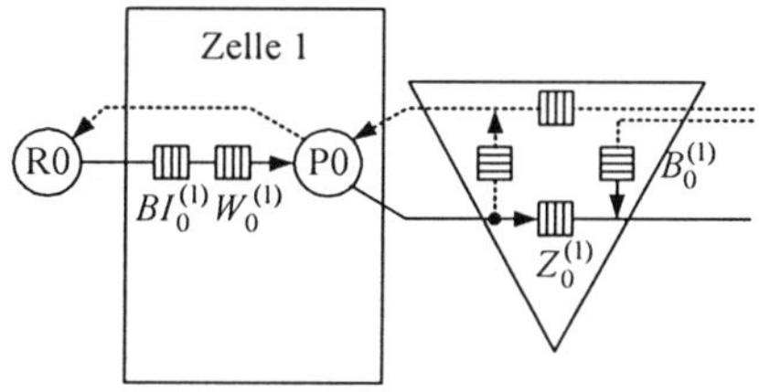

Abb. A 4-8: Informations- und Materialflüsse sowie Bestände des modellierten Produktionssystems (Beispiel 2)

A 4.2.2 Analyse des Produktionssystems

In dem beschriebenen System (Beispiel 2) sollen die Auswirkungen einer periodischen Bestandsüberwachung (Periodic order quantity – POQ-Politik) sowie einer fallweisen Bestandsüberwachung (Fixed order quantity – FOQ-Politik) zur Losgrößenbildung untersucht und einander gegenübergestellt werden. Als Politiken zur Koordination der Materialflüsse kommen Kanban und MRP zum Einsatz. Die Parameter von Kanban und MRP wurden mit dem im Abschnitt A 4.1.2 beschriebenen Algorithmus auf die gleiche Wartezeit eingestellt. Dabei werden drei unterschiedliche Wartezeiteinstellungen betrachtet ($L_{0, Plan, 1}^{(1)} = 1$, $L_{0, Plan, 2}^{(1)} = 3$ sowie $L_{0, Plan, 3}^{(1)} = 10$).

Bei der Verwendung von MRP wird davon ausgegangen, dass die Zeitpunkte der eintreffenden Bedarfe exakt vorhergesagt werden können (perfekte Prognose). Weiterhin werden bezüglich der Losgrößen zwei unterschiedliche Szenarien betrachtet ($r_{0,1}^{(1)} = 42$ sowie $r_{0,2}^{(1)} = 210$). Bei einer POQ-Politik werden die angesammelten Bedarfe zu bestimmten Überwachungszeitpunkten überprüft. Bei Vorliegen mindestens einer Einheit des Produktes wird ein Los gebildet. Der Abstand zwischen zwei aufeinander folgenden Überwachungszeitpunkten wird als Länge des Überwachungsintervalls bezeichnet. Wenn die mittlere Losgröße bei FOQ und POQ im Zeitablauf übereinstimmen soll, was im Folgenden angenommen wird, so muss zwischen der Losgröße $r_0^{(1)}$, der Länge des Überwachungsintervalls t_0 sowie der mittleren Zwischenankunftszeit A_0 folgende Beziehung bestehen (vgl. Gleichung (4.20)):

$$r_0^{(1)} = \frac{\lambda_0 t_0}{1 - e^{-\lambda_0 t_0}} = \frac{t_0}{A_0\left(1 - e^{-\frac{t_0}{A_0}}\right)}.$$

Fallen für die beiden Produkte die Überwachungszeitpunkte zusammen, so wird das zu priorisierende Produkt nach einer Gleichverteilung ausgewählt. Die Simulationsperiode ist 10.000 Zeiteinheiten lang, d. h. es werden ca. 10.000 Einheiten des Produktes P0 nachgefragt und gefertigt. Die effektive Simulationszeit beträgt 9.500 Zeiteinheiten, da die Messung erst nach 500 Zeiteinheiten einsetzt, um Effekte, die beim Anlauf der Produktionsvorgänge entstehen, zu unterdrücken. Die Resultate der Simulation von FOQ und POQ bei Anwendung von Kanban und MRP sind in den Tabellen Tab. A 4-9 und Tab. A 4-10 zusammengefasst.

Bei Kanban resultiert aus der Verwendung einer POQ-Politik für jede Parameterkonstellation eine schlechtere Lieferzeit als bei Verwendung einer FOQ-Politik. Dieser Effekt fällt bei einer Auslastung von 90 % ($A_0 = 1$) am deutlichsten aus. Die meisten der betrachteten POQ-Systeme scheinen bei einer hohen Kapazitätsauslastung instabil zu werden, d. h. ihre Lieferzeit wächst aufgrund einer Kapazitätsüberlastung mit zunehmender Simulationszeit unbeschränkt an. Das kann damit erklärt werden, dass bei der Verwendung von POQ die Varianz der Losgrößen und damit die Varianz der Bedienzeiten größer ist als bei FOQ. Aus der Warteschlangentheorie ist bekannt, dass eine ansteigende Varianz der Bedienzeiten die Wartezeiten einer Kanban-Politik in stärkerem Maße verschlechtert als bei der Anwendung einer MRP-Politik. Darüber hinaus fallen bei POQ die Bestände in der

$L_{0,Plan}^{(1)}$	A_0	$r_0^{(1)}$	t_0	$z_0^{(1)} = k_0^{(1)}$	FOQ $L_0^{(1)}$	FOQ E_0	POQ $L_0^{(1)}$	POQ E_0
1	1,0	42	42	81	0,938	60,052	137,429	71,281
	1,5	42	63	61	1,030	41,347	2,801	44,710
	1,0	210	210	385	0,744	281,708	220,587	314,764
	1,5	210	315	321	1,075	217,652	2,823	234,091
3	1,0	42	42	70	2,968	51,051	616,698	55,099
	1,5	42	63	55	2,842	36,556	5,122	39,866
	1,0	210	210	363	3,033	261,962	394,797	290,156
	1,5	210	315	307	3,115	205,013	5,197	221,416
10	1,0	42	42	54	9,905	42,181	1359,670	35,023
	1,5	42	63	43	10,368	29,573	29,932	29,618
	1,0	210	210	333	9,933	238,759	633,187	252,079
	1,5	210	315	281	10,567	183,981	12,775	199,647

Tab. A 4-9: Lieferzeiten und Staffelbestände bei Kanban

$L_{0,Plan}^{(1)}$	A_0	$r_0^{(1)}$	t_0	τ_0	FOQ $L_0^{(1)}$	FOQ E_0	POQ $L_0^{(1)}$	POQ E_0
1	1,0	42	42	74,813	0,942	46,514	1,219	46,369
	1,5	42	63	93,188	1,081	35,630	0,960	35,043
	1,0	210	210	386,367	0,732	241,330	0,800	241,608
	1,5	210	315	487,266	1,032	189,056	0,735	189,023
3	1,0	42	42	66,938	2,865	41,478	3,288	41,493
	1,5	42	63	83,344	2,850	31,090	3,062	30,760
	1,0	210	210	365,859	3,094	225,633	3,090	225,849
	1,5	210	315	465,938	3,092	177,948	2,659	178,120
10	1,0	42	42	52,500	10,226	35,465	11,346	35,914
	1,5	42	63	64,313	10,425	24,634	11,774	24,634
	1,0	210	210	334,688	10,378	204,872	10,471	205,406
	1,5	210	315	426,562	10,713	159,573	9,619	159,993

Tab. A 4-10:Lieferzeiten und Staffelbestände bei MRP

Regel höher aus als bei FOQ. Insgesamt lässt sich aussagen, dass für eine Kanban-Steuerung die FOQ-Politik stets deutlich bessere Ergebnisse liefert als eine POQ-Politik.

Bei Anwendung einer MRP-Politik ist das Niveau des Staffelbestandes für POQ und FOQ nahezu gleich. Hinsichtlich der Wartezeiten ist in den meisten Fällen, insbesondere bei höheren Auslastungen, FOQ vorteilhaft. In einigen Fällen, insbesondere bei großen Losen, führt POQ zu einer leichten Verbesserung.

A 4.3 Simulation und Analyse eines komplexen Produktionssystems

A 4.3.1 Aufbau des Produktionssystems

Das im Folgenden betrachtete Produktionssystem nimmt auf drei Produktionsstufen (Komponentenfertigung Zelle 3, Vormontage Zelle 2, Endmontage Zelle 1) die Transformation der vier Vorprodukte R4, R5, R6 sowie R7 zu den zwei Endprodukten P0 und P1 vor (vgl. Abb. A 4-9). Die Produktstrukturen der Endprodukte P0 und P1 sind konvergierend. Darüber hinaus zeichnet sich dieses Produktionssystem durch das Vorhandensein von Mehrfachverwendungskomponenten aus, da die Komponente P2 in den Endprodukten P0 und P1 sowie die Komponente P7 in den Baugruppen P2 und P3 verwendet werden.

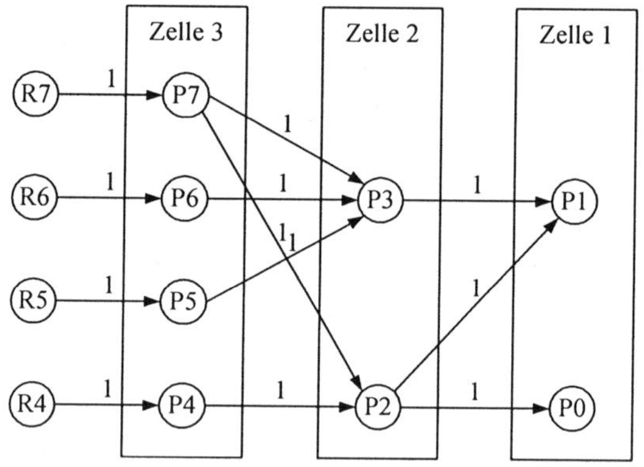

Abb. A 4-9: Produkt- und Prozessstruktur des komplexen Produktionssystems

Folgende Zwischenankunftszeiten (A_i) und Bedienzeiten ($S_i^{(j)}$) sind gegeben:

$A_0 = A_1 = 1$,

$S_0^{(1)} = 0{,}12$; $S_1^{(1)} = 0{,}78$; $S_2^{(2)} = 0{,}09$; $S_3^{(2)} = 0{,}72$, $S_4^{(2)} = 0{,}084$, $S_5^{(3)} = 0{,}3$ sowie $S_6^{(3)} = S_7^{(3)} = 0{,}084$.

Die Zwischenankunftszeiten sind exponentialverteilt, den Bedienzeiten der Produkte P0, P1, P2 sowie P3 liegt eine dreistufige Erlang-Verteilung zugrunde, die Produkte P4, P5, P6 und P7 weisen konstante Bedienzeit auf. Daraus resultiert eine mittlere Auslastung der Zelle 3 von 80,4 %, während sich die mittlere Auslastung der Zellen 1 und 2 auf jeweils 90 % beläuft.

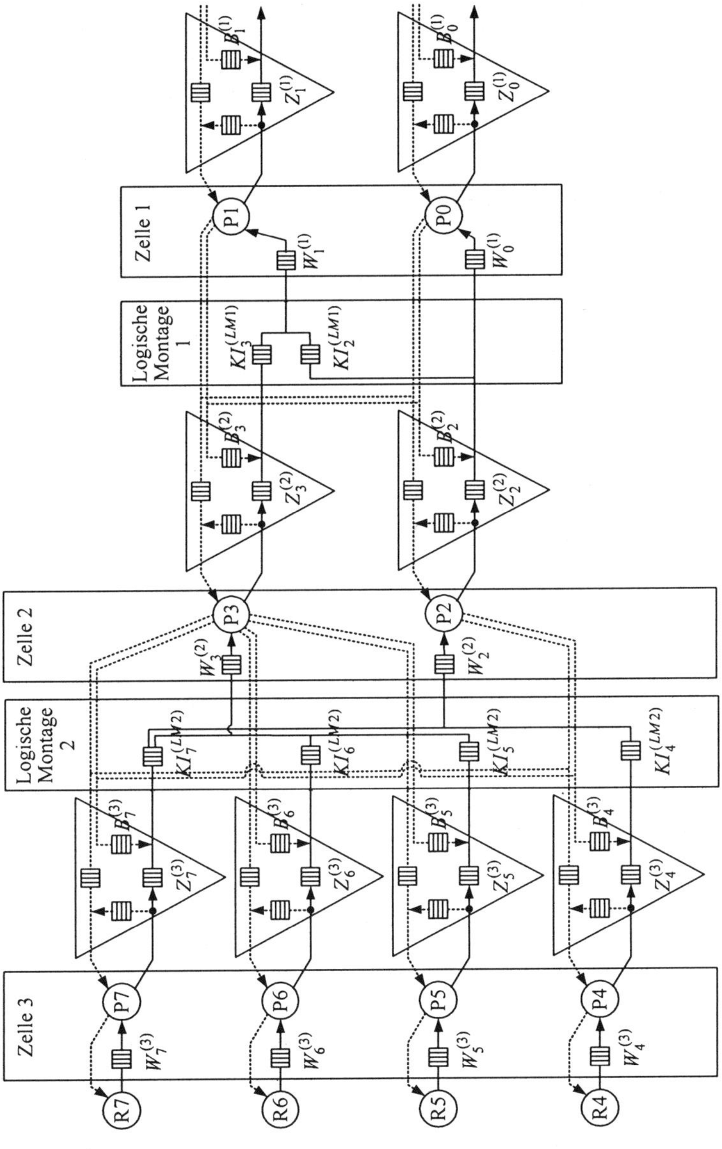

Abb. A 4-10:Informations- und Materialflüsse sowie Bestände in Szenario 4

Bei der Simulation werden die Zellen 1 und 2 gedanklich in eine Zelle und eine logische Montage aufgespalten, welche durch unterschiedliche Bausteine realisiert werden. In allen Zellen wird die Prioritätsregel FCFS angewendet. Abb. A 4-10 beschreibt die Informations- und Materialflüsse sowie die Informations- und Materialbestände, die an verschiedenen Stellen des Produktionssystems auftreten. In dem System können die Bestandsarten Werkstattbestände ($W_i^{(j)}$), Lagerbestände ($Z_i^{(j)}$) sowie Montagebestände ($KI_i^{(j)}$) beobachtet werden. Bezüglich der Vorprodukte R4, R5, R6 sowie R7 wird von einer unbegrenzten und sofortigen Verfügbarkeit ausgegangen, die dafür erforderlichen Bestände werden jedoch nicht in die Betrachtung einbezogen.

A 4.3.2 Analyse des Gesamtsystems

Es werden in dem betrachteten System fünf verschiedene Steuerungspolitiken untersucht, welche sich in den in Tab. A 4-11 und Tab. A 4-12 dargestellten PAC-Parametern niederschlagen:

(1) Kanban,

(2) MRP mit perfekter Prognose,

(3) Base stock,

(4) Make to order (MTO) sowie

(5) Hybride Politik aus Base stock und Kanban.

Die Parameter von Kanban und MRP wurden mit dem im Abschnitt A 4.1.2 beschriebenen Algorithmus auf die gleiche Wartezeit eingestellt. Die Base stock-Parameter $z_0^{(1)}$ und $z_1^{(1)}$ wurden eingestellt, indem die nach der Beziehung $z_i^{(j)} = \lambda_i \cdot \tau_i$ aus den MRP-Parametern τ_0 und τ_1 errechneten Werte aufgerundet wurden. Letztendlich können alle Parameter beliebig eingestellt werden, woraus für das komplexe System eine ungeheure Vielfalt an Einstellmöglichkeiten resultiert. Daher repräsentieren die Simulationen nur eine beispielhafte Auswahl möglicher Parameterkombinationen.

Die Simulationsperiode ist 10.000 Zeiteinheiten lang, d. h. es werden bis zu 10.000 Einheiten der Produkte P0 und P1 nachgefragt und gefertigt. Die effektive Simulationszeit beträgt 9.800 Zeiteinheiten, da die Messung erst nach 200 Zeiteinheiten einsetzt, um Effekte, die beim Anlauf der Produktionsvorgänge entstehen, zu unterdrücken. Die Resultate der Simulation sind in Tab. A 4-13 zusammengefasst.

Vergleicht man Kanban mit MRP, so ist zu erkennen, dass bei nahezu gleicher Systemleistung, die sich im Servicegrad sowie der Lieferzeit manifestiert, bei Kanban für alle eingehenden Rohmaterialien nahezu der doppelte Staffelbestand entsteht.

	$z_0^{(1)}$	$z_1^{(1)}$	$z_2^{(2)}$	$z_3^{(2)}$	$z_4^{(3)}$	$z_5^{(3)}$	$z_6^{(3)}$	$z_7^{(3)}$	$k_0^{(1)}$	$k_1^{(1)}$	$k_2^{(2)}$	$k_3^{(2)}$	$k_4^{(3)}$	$k_5^{(3)}$	$k_6^{(3)}$	$k_7^{(3)}$
Kanban	17	18	43	23	7	5	5	11	17	18	43	23	7	5	5	11
MRP	0	0	0	0	0	0	0	0	∞	∞	∞	∞	∞	∞	∞	∞
Base stock	23	23	0	0	0	0	0	0	∞	∞	∞	∞	∞	∞	∞	∞
PTO	0	0	0	0	0	0	0	0	∞	∞	∞	∞	∞	∞	∞	∞
Hybride Politik	23	23	0	0	0	0	0	0	17	18	43	23	7	5	5	11

Tab. A 4-11:PAC-Parameter der simulierten Steuerungspolitiken (Teil 1)

	τ_0	τ_1	τ_2	τ_3	τ_4	τ_5	τ_6	τ_7
Kanban	0	0	0	0	0	0	0	0
MRP	22,1622	22,4755	0	0	0	0	0	0
Base stock	0	0	0	0	0	0	0	0
PTO	0	0	0	0	0	0	0	0
Hybride Politik	0	0	0	0	0	0	0	0

Tab. A 4-12:PAC-Parameter der simulierten Steuerungspolitiken (Teil 2)

Im Falle einer perfekten Prognose scheint eine MRP-Politik einer Kanban-Politik bei weitem überlegen zu sein.

	Staffelbestände				Wartezeiten		Servicegrade	
	P4	P5	P6	P7	P0	P1	P0	P1
Kanban	84,504	45,922	45,933	129,279	0,194	0,190	95,35 %	94,46 %
MRP	44,764	22,732	22,732	67,496	0,195	0,192	95,06 %	95,30 %
Base stock	46,580	23,254	23,254	69,834	0,331	0,253	94,17 %	94,41 %
MTO	17,681	9,236	9,236	26,917	8,573	9,206	0,00 %	0,00 %
Hybride Politik	45,027	22,595	22,603	67,558	0,729	0,277	94,56 %	94,65 %

Tab. A 4-13:Kenngrößen bei $S_0^{(1)} = 0,12$ *und* $S_1^{(1)} = 0,78$

Das Base stock-System verzeichnet gegenüber dem MRP-System geringfügig höhere Bestände bei gleichzeitig höheren Wartezeiten und schlechteren Servicegraden für die beiden Endprodukte. Die Simulationen legen die Vermutung nahe, dass sich die in Abschnitt 4.4.1.3.2 für ein einfaches System analytisch nachgewiesene Überlegenheit von MRP gegenüber Base stock auf komplexere Produktionssysteme übertragen lässt.

Das Make to order-System weist für alle Produkte das mit Abstand geringste Niveau der Staffelbestände auf. Dieser Vorteil wird durch eine wesentlich höhere Lieferzeit als bei den anderen Systemen sowie den schlechtesten Servicegrad überhaupt (0 %) erkauft, der aussagt, dass kein eingehender Bedarf sofort erfüllt werden kann.

Bei der hybriden Politik werden die Anfangsbestände, welche sich im System im unbelasteten Zustand befinden, wie bei Base stock eingestellt, während die Parameter $k_i^{(j)}$ allesamt von Kanban übernommen wurden. Diese Parameterkombination führt durch eine endliche Anzahl an Process Tags zu einem zeitweiligen Zurückhalten der Bedarfsinformationen. Daraus resultiert eine leichte Absenkung aller Staffelbestände gegenüber Base stock bei einer drastischen Erhöhung der Lieferzeit für Produkt P0 und einer leichten Erhöhung der Lieferzeit für Produkt P1. Bei Base stock wird im Gegensatz zu der hybriden Politik jeder eingehende Bedarf mit einer sofortigen Freigabe eines Material Tag an das Produktionssystem beantwortet. Der Servicegrad des hybriden Systems erscheint, verglichen mit dem Base stock-System, sogar leicht verbessert. Aus diesem Umstand kann abgeleitet werden, dass sich die Anzahl der nicht rechtzeitig erfolgten Lieferungen verringert hat, während sich die Lieferzeit bei den nicht rechtzeitig erfolgten Lieferungen dazu überproportional erhöht. Daraus ist ersichtlich, dass der Servicegrad nichts über die Länge der Lieferausfälle aussagt.

Bei dem hybriden System verwundert es, dass die Wartezeiten der Produkte so unterschiedlich auf eine Beschränkung des Werkstattbestandes reagieren. Betrachtet man den Aufbau des Produktionssystems und die Bedienzeiten in der Zelle, so liegt die Vermutung nahe, dass die großen Unterschiede der Bedienzeiten der Produkte für dieses Phänomen verantwortlich sind. Eine durch die Beschränkung des Werkstattbestandes verursachte eingeschränkte Materialzufuhr der Komponente P2 würde sich eher auf beide Produkte gleichmäßig niederschlagen, während eine verzögerte Zufuhr der Komponente P3 sich ausschließlich auf das Produkt P1 negativ auswirken würde. Daher wurden in einer zweiten Simulation die mittleren Bedienzeiten auf $S_0^{(1)} = S_1^{(1)} = 0{,}45$ angeglichen, welche die in Tab. A 4-14 dargestellten Resultate liefert.

Gleichmäßigere Bedienzeiten führen bei Kanban bei leicht sinkenden Beständen zu einer drastischen Senkung der Wartezeiten und zu einer ebensolchen Erhöhung der Servicegrade. MRP, Base stock sowie Make to order reagieren auf eine andere Weise: Bei einer kaum merklichen Senkung der Bestände steigt die Lieferzeit von Produkt P0 bei sinkender Lieferzeit des Produktes P1, während die Servicegrade (mit Ausnahme von Make to order) zunehmen. An diesem Vergleich sieht man, dass die Wartezeiten einer Kanban-Politik auf eine steigende Varianz der Bedienzeiten wesentlich sensibler reagieren als die Wartezeiten eines MRP-Systems (vgl. Abschnitt A 4.2.2).

Besonders auffallend sind die Ergebnisse einer hybriden Politik. Trotz durchgehender Erhöhung der Staffelbestände resultiert aus gleichmäßigen Bedienzeiten eine Verschlechterung der Lieferzeit des Produktes P0. Gegenüber der Base stock-Politik führt die Einführung einer Beschränkung des Werkstattbestandes sogar zu einer Verbesserung der Lieferzeit des Produktes P1 auf Kosten des Produktes P0.

	Staffelbestände				Wartezeiten		Servicegrade	
	P4	P5	P6	P7	P0	P1	P0	P1
Kanban	84,293	45,877	45,890	128,978	0,135	0,001	98,19 %	99,77 %
MRP	44,820	22,738	22,738	67,557	0,246	0,198	95,29 %	96,17 %
Base stock	46,570	23,224	23,224	69,794	0,352	0,223	94,87 %	95,26 %
MTO	17,580	8,885	8,885	26,464	8,828	8,856	0,00 %	0,00 %
Hybride Politik	45,041	22,677	22,686	67,641	1,014	0,156	94,08 %	96,06 %

Tab. A 4-14: Kenngrößen bei $S_0^{(1)} = S_1^{(1)} = 0,45$

Dieses unterschiedliche Verhalten der verschiedenen Steuerungspolitiken legt es nahe, die einzelnen Bestandskomponenten des Staffelbestandes zu betrachten. Dabei ist festzustellen, dass insbesondere die Bestände in Zelle 1 sowie im Endproduktlager durch die Änderungen der Bedienzeiten betroffen sind. Lediglich bei Kanban und der hybriden Politik tritt durch die Beschränkung des Werkstattbestandes ein Rückkopplungseffekt auf, welcher die upstream von Zelle 1 gelegenen Teilsysteme in geringem Maße beeinflusst.

Ein Vergleich der auf Zelle 1 sowie auf das Endproduktlager bezogenen Bestandsgrößen ist in Tab. A 4-15 dargestellt.

Man sieht, dass in einem Kanban-System bei Harmonisierung der Bedienzeiten, welche mit einer Reduzierung der Varianz der Bedienzeiten in einer Zelle einhergehen, der Werkstattbestand der Produkte P0 und P1 drastisch sinkt. Dagegen steigt gleichzeitig der Lagerbestand der Produkte P0 und P1 um etwa den gleichen Betrag, womit zugleich eine Reduzierung der Lieferzeit einhergeht. In den anderen Systemen erhöht sich durch den verlängerten Bedienprozess der Werkstattbestand des Produktes P0, während sich der Werkstattbestand des Produktes P1 wegen der verkürzten Bedienung verringert. In den Lagern tritt (mit Ausnahme von Make to order) ein inverser Effekt auf. Die Bestandsverringerung fällt besonders drastisch für das Produkt P0 bei der hybriden Politik aus. Hier überkompensiert die Lagerbestandsverringerung von Produkt P0 sogar die Werkstattbestandserhöhung bei weitem, was den starken Effekt auf die Lieferzeit P0 erklärt.

Um die beobachteten Effekte im Detail zu untersuchen ist es hilfreich, die letzte Produktionsstufe mit dem downstream gelegenen Lager isoliert zu betrachten.

		Werkstattbestand		Lagerbestand	
		P0	P1	P0	P1
$S_0^{(1)} = 0{,}12$ $S_1^{(1)} = 0{,}78$	Kanban	4,197	4,940	12,709	12,995
	MRP	3,272	3,298	13,592	13,508
	Base stock	3,278	3,302	14,882	14,017
	MTO	3,278	3,302	0,000	0,000
	Hybride Politik	3,236	3,274	14,866	14,076
$S_0^{(1)} = 0{,}45$ $S_1^{(1)} = 0{,}45$	Kanban	3,057	3,114	13,810	14,769
	MRP	3,509	2,933	13,406	13,878
	Base stock	3,528	2,951	14,651	14,339
	MTO	3,528	2,951	0,000	0,000
	Hybride Politik	3,414	2,836	14,488	14,397
Differenz	Kanban	-1,140	-1,826	1,101	1,774
	MRP	0,237	-0,365	-0,186	0,370
	Base stock	0,251	-0,352	-0,231	0,322
	MTO	0,251	-0,352	0,000	0,000
	Hybride Politik	0,177	-0,439	-0,378	0,321

Tab. A 4-15: Kenngrößen von Zelle 1 und Endproduktlager

A 4.3.3 Analyse der letzten Produktionsstufe

Zur Analyse der Vorgänge in der letzten Produktionsstufe wurden die parametrisierten Modellbausteine für Zelle 1 sowie das Lager herangezogen. Die anderen Bausteine wurden entfernt und das entstehende Teilmodell so verändert, dass die Generierung von PA Cards in der sofortigen unverzögerten Freigabe von Material Tags an Zelle 1 resultierten. Weiterhin wurde die Gewinnung der Zufallszahlen identisch wie im komplexen Produktionssystem vorgenommen. Dies führt zu exakt der gleichen Sequenz von Zwischenankunfts- und Bedienzeiten für die Produkte P0 und P1 für jeden im Folgenden betrachteten Simulationslauf.

Es soll in diesem Abschnitt die Interaktion zwischen der Anzahl und der Verteilung der Process Tags und der Verteilung der Bedienzeiten betrachtet werden. Dazu wurden drei verschiedene Szenarien für die Anzahl $k_i^{(j)}$ der Process Tags untersucht:

- Szenario 1.1: $k_0^{(1)} + k_1^{(1)} = 8$,
- Szenario 1.2: $k_0^{(1)} + k_1^{(1)} = 16$ sowie

- Szenario 1.3: $k_0^{(1)} + k_1^{(1)} = 8$.

Innerhalb dieser Szenarien wurden die beiden verschiedenen im komplexen System untersuchten Bedienzeiten verwendet:

- Szenario 2.1 (unsymmetrisch): $S_0^{(1)} = 0{,}12$; $S_1^{(1)} = 0{,}78$ sowie
- Szenario 2.2 (symmetrisch): $S_0^{(1)} = S_1^{(1)} = 0{,}45$.

Innerhalb der Szenarien 1.1, 1.2 sowie 1.3 wurde darüber hinaus die Verteilung der Process Tags zwischen den verschiedenen Produkten variiert. Die Anfangsbestände wurden auf $z_0^{(1)} = z_1^{(1)} = 4$ eingestellt. Die Kombination der Szenarien ergibt einen Versuchsplan mit 22 Simulationsexperimenten, deren Resultate in Tab. A 4-16 tabellarisch und in Abb. A 4-11 für das Szenario 1.1 grafisch dargestellt sind.

Betrachtet man die Auswirkung einer Variation von $k_0^{(1)}$ und $k_1^{(1)}$ bei gleichbleibender Summe der Process Tags und gleichbleibender Bedienzeit (siehe Abb. A 4-11), dann ist festzustellen, dass eine Verringerung der Anzahl der Process Tags immer zu einer Erhöhung der Lieferzeit und vice versa führt. Die Auswirkungen einer Variation sind aber bei ungleichen Bedienzeiten (Szenario 2.2) größer. Dieses Verhalten überrascht nicht.

Zieht man einen Vergleich zwischen den Szenarien 1.1 und 1.2 (vgl. Tab. A 4-16), so ergibt sich, dass bei einer geringen Anzahl von Process Tags für ein einzelnes Produkt die Verdopplung der Gesamtanzahl der Process Tags bei gleichbleibender Relation der Verteilung zu einem Absinken der Lieferzeit führt, während bei einer hohen Anzahl an Process Tags die Lieferzeit ansteigt. Weiterhin geschieht es sehr häufig, dass bei einem Absenken der Anzahl der Process Tags von unendlich auf einen endlichen Wert (Vergleich zwischen den Szenarien 1.3 und 1.1 bzw. 1.2 in Tab. A 4-16) die Lieferzeit des einen Produktes zunimmt, während die des anderen abnimmt. In der Regel nimmt für das Produkt, dem weniger Process Tags zugeordnet werden, die Lieferzeit zu, während für das andere Produkt die Lieferzeit abnimmt. Diese Beobachtung erklärt die Effekte beim Übergang von Base stock zum hybriden System im Abschnitt A 4.2, bei dem $k_0^{(1)} = 17$ und $k_1^{(1)} = 18$ gesetzt wurden.

Wird ein Vergleich zwischen den Szenarien 2.1 (symmetrische Bedienzeitverteilung) und 2.2 (unsymmetrische Bedienzeitverteilung) gezogen, indem man die Simulationen mit der gleichen Anzahl von Process Tags und unterschiedlichen Bedienzeiten nebeneinander stellt (vgl. Tab. A 4-16 und insbes. Abb. A 4-11), so stellt man fest, dass sich eine Erhöhung der Bedienzeit des Produktes P0 je nach Verteilung der Process Tags unterschiedlich auf die Lieferzeit des Produktes P0 auswirken kann. Bei einer höheren Anzahl an Process Tags resultiert eine Erhöhung der Bedienzeit in einem Anstieg der Lieferzeit bei gleichzeitiger Reduzierung der Bedienzeitunterschiede, was intuitiv nachvollziehbar ist. Dieses beobachtete Verhalten erklärt auch den Anstieg der Lieferzeit des Produktes P0 bei dem Übergang von unsymmetrischen auf symmetrisch verteilte Bedienzeiten bei der hybriden Politik. Bei einer geringen Anzahl von Process Tags führt eines Erhöhung der Bedienzeit jedoch

Szenario 1	$k_0^{(1)} + k_1^{(1)}$	Szenario 2	$S_0^{(1)}, S_1^{(1)}$	$k_0^{(1)}$	$k_1^{(1)}$	Wartezeit P0	Wartezeit P1
1.1	$k_0^{(1)} + k_1^{(1)} = 8$	2.1	$S_0^{(1)} = 0{,}45$, $S_1^{(1)} = 0{,}45$	2	6	2,204	0,145
				3	5	1,805	0,349
				4	4	1,046	0,996
				5	3	0,419	1,736
				6	2	0,159	2,189
		2.2	$S_0^{(1)} = 0{,}12$, $S_1^{(1)} = 0{,}78$	2	6	10,985	1,276
				3	5	6,848	1,768
				4	4	1,192	2,548
				5	3	0,195	2,746
				6	2	0,047	2,818
1.2	$k_0^{(1)} + k_1^{(1)} = 16$	2.1	$S_0^{(1)} = 0{,}45$, $S_1^{(1)} = 0{,}45$	4	12	1,707	0,383
				6	10	1,358	0,645
				8	8	0,999	0,981
				10	6	0,64	1,369
				12	4	0,389	1,709
		2.2	$S_0^{(1)} = 0{,}12$, $S_1^{(1)} = 0{,}78$	4	12	8,212	1,550
				6	10	5,032	1,964
				8	8	1,53	2,475
				10	6	0,702	2,613
				12	4	0,303	2,704
1.3	$k_0^{(1)} = k_1^{(1)} \to \infty$	2.1	$S_0^{(1)} = 0{,}45$, $S_1^{(1)} = 0{,}45$	1.000	1.000	0,98	0,998
		2.2	$S_0^{(1)} = 0{,}12$, $S_1^{(1)} = 0{,}78$	1.000	1.000	2,06	2,395

Tab. A 4-16: Ergebnisse für die Simulation der letzten Produktionsstufe

zu einer Absenkung der Wartezeit, was intuitiv nicht einleuchtet. Eine Verringerung der Bedienzeit des Produktes P1, die zu einer Angleichung beider Bedienzeiten führt, resultiert dagegen immer in einem Absinken der Lieferzeit des Produktes P1, unabhängig von $k_1^{(1)}$.

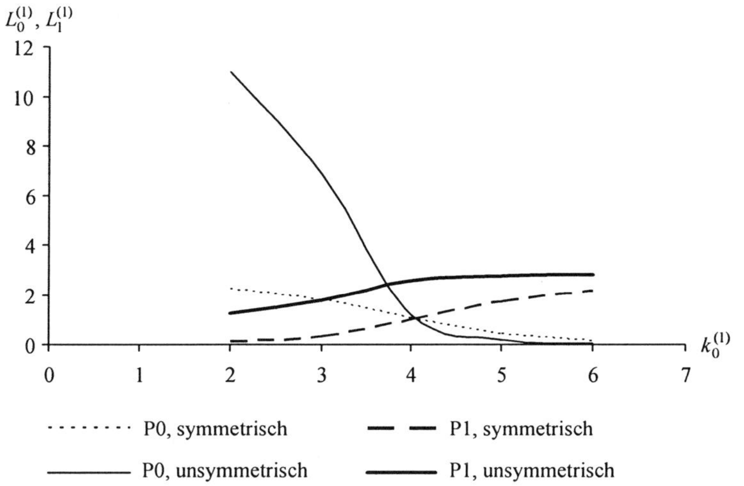

Abb. A 4-11: Ergebnisse für das Szenario 1.1 mit $k_0^{(1)} + k_1^{(1)} = 8$

Literaturverzeichnis

Adam, D. (1998): Produktionsmanagement, 9. Aufl., Wiesbaden 1998

Andler, K. (1929): Rationalisierung der Fabrikation und optimale Losgröße, München 1929

Baynat, B.; Buzacott, J. A.; Dallery, Y. (2002): Multi-Product, Kanban-Like Control Systems, IJPR Vol. 40 (2002), S. 4225-4255

Bechte, W. (1980): Steuerung der Durchlaufzeit durch belastungsorientierte Auftragsfreigabe bei Werkstattfertigung, Dissertation Universität Hannover 1980

Bundesministerium für Bildung und Forschung (BMBF 2002): Nanotechnologie in Deutschland. Standortbestimmung, Bonn 2002

Buzacott, J. A.; Shanthikumar, J. G. (1992): A General Approach for Coordinating Production in Multiple-Cell Manufacturing Systems, in: Production and Operations Management, Vol. 1, Nr. 1, Princeton 1992, S. 34-52

Buzacott, J. A.; Shanthikumar, J. G. (1993): Stochastic Models of Manufacturing Systems, Englewood Cliffs/NJ 1993

Buzacott, J. A.; Shanthikumar, J. G. (1994): Safety Stock versus Safety Time in MRP Controlled Production Systems, Management Science 1994, vol. 40, S. 1678-1689

Buzacott, J. A.; Zhang, R.Q. (2003), Financial Flows and Material Flows, in: Stochastic Modelling and Optimization of Manufacturing Systems and Supply Chains, hrsg. von J. G. Shantikumar, D. D. Yao, W. H. M. Zijm, Boston 2003, S. 375-404

Conway, R. W.; Johnson, B. M.; Maxwell, W. L. (1960): An Experimental Investigation of Priority Dispatching, in: Journal of Industrial Engineering, 11. Jg. (1960), S. 221 ff.

Corsten, H. (1991): Produktionswirtschaft. Einführung in das industrielle Produktionsmanagement, 2. Aufl., München Wien 1991

Corsten, H.; Schneider, H. (Hrsg.) (1999): Wettbewerbsfaktor Dienstleistung: Produktion von Dienstleistungen – Produktion als Dienstleistung, München 1999

Corsten, H. (2004): Produktionswirtschaft, 10. Aufl., München Wien 2004

Dallery, Y.; Liberopoulos, G. (2000): Extended Kanban Control System: Combining Kanban and Base Stock, IIE Transactions, Vol. 32 (2000), S. 369-386

Domschke, W.; Scholl, A.; Voß, S. (1997): Produktionsplanung, 2. Auflage, Berlin 1997

Drexl, A.; Kolisch, R. (2000): Produktionsplanung bei Kundenauftragsfertigung, in: Zeitschrift für Betriebswirtschaft, Bd. 70 (2000), S. 433-452

Evans, J. R. (1993): Applied Production and Operations Management, 4. Aufl., St. Paul/Minneapolis 1993

Gerlach, G.; Dötzel, W. (1997): Grundlagen der Mikrosystemtechnik, München 1997

Glaser, H.; Geiger, W.; Rohde, V. (1992): PPS – Produktionsplanung und -steuerung. Grundlagen – Konzepte – Anwendungen, 2. Aufl., Wiesbaden 1992

Goldratt, E.; Cox, J. (1984): The Goal: A Process of Ongoing Improvement, Croton-on-Hudson/N.Y. 1984

Goldratt, E. M. (1988): Computerized shop floor scheduling, in: International Journal of Production Research, 26. Jg. (1988) Heft 3, S. 443-455

Goldratt, E. M. (1990): Theory of Constraints, New York 1990

Green, T. J. et al. (1997): Scheduling Techniques, in: Production and Inventory Control Handbook, 3. Aufl., hrsg. v. H. J. Greene u. a., New York u. a. 1997, S. 13.1-13.51

Günther, H.-O.; Tempelmeier, H. (2003): Produktion und Logistik, 5. Aufl., Berlin 2003

Hackstein R. (1989): Produktionsplanung und -steuerung (PPS), Düsseldorf, 2. Aufl., 1989

Harris, F. (1913): How Many Parts to Make at Once, in: Factory – The Magazine of Management, 1913, S. 135 f. und 152

Hatch, M. F.; Rice, J. W. (1997): Manufacturing Resource Planning, in: Production and Inventory Control Handbook, hrsg. von J. H. Greene u. a., 3. Aufl., New York u. a. 1997, S. 11.1-11.42

Haupt, R.; Schilling, V. (1993): Simulationsgestützte Untersuchung neuerer Ansätze von Prioritätsregeln in der Fertigung, in: Wirtschaftswissenschaftliches Studium (1993), S. 611-616

Hoitsch, H.-J. (1993): Produktionswirtschaft. Grundlagen einer industriellen Betriebswirtschaftslehre, 2. Aufl., München 1993

Homburg, C. (1998): Quantitative Betriebswirtschaftslehre. Entscheidungsunterstützung durch Modelle, Wiesbaden 1998

Hopp, W. J.; Spearman, M. L. (2001): Factory Physics: Foundations of Manufacturing Management, 2nd ed., Boston et al. 2001

Hoss, K. (1965): Fertigungsablaufplanung mittels operationsanalytischer Methoden unter besonderer Berücksichtigung des Ablaufplanungsdilemmas in der Werkstattfertigung, Würzburg Wien 1965

Jackson, J. R. (1957): Networks of waiting lines, in: Operations Research, Vol. 5, S. 518-521, 1957

Jacobs, F. R.; Bendoly, E. (2003): Enterprise resource planning: Developments and directions for operations management research, in: European Journal of Operational Research 146 (2003), S. 233-240

Karaesman, F.; Buzacott, J. A.; Dallery, Y. (2002): Integrating Advance Order Information in Make-to-Stock Production Systems, IIE Transactions, Vol. 34 (2002), S. 649-662

Karmarkar, U. (1991): Push, Pull and Hybrid Control Schemes, Tijdschrift voor Economie en Management, 26 (1991), 345-363

Kettner, H. (1976): Neue Wege der Bestandsanalyse im Fertigungsbereich, AWF, Hannover 1976

Kistner, K.-P.; Steven, M. (2001): Produktionsplanung, Heidelberg 2001

Knolmayer, G.; Mertens, P.; Zeier, A. (2000): Supply Chain Management auf Basis von SAP-Systemen: Perspektiven der Auftragsabwicklung für Industriebetriebe, Berlin u. a. 2000

Košturiak, J.; Gregor, M. (1995): Simulation von Produktionssystemen, Wien New York 1995

Küpper, H.-U. (1989): Beschaffung, in: Vahlens Kompendium der Betriebwirtschaftslehre, hrsg. von M. Bitz, K. Dellmann, M. Domsch und H. Egner, Bd. 1, 2. Auflage, München 1989, S. 203-262

Kurbel, K. (2003): Produktionsplanung und -steuerung. Methodische Grundlagen von PPS-Systemen und Erweiterungen, 5. Aufl., München Wien 2003

Lambrecht, M. R.; Muckstadt, J. A.; Luyten, R. (1984): Protective stocks in multi-stage production systems, Int. J. Prod. Res. Vol 22 1984, S. 1001-1025

Marshall, K. T. (1968): Some inequalities in queuing, in: Operations Research, Vol. 16 1968, S. 651-665

Mertens, P. (Hrsg.) (2004): Prognoserechnung, 6. Aufl., Würzburg Wien 2004

Monden, Y. (1983): Toyota Production System: Practical Approach to Production Management, Norcross/GA 1983

Monden, Y. (1994): Toyota Production System: An Integrated Approach to Just-In-Time, 2nd. ed., London et al. 1994

Müller, A.; Stoyan, D. (2002): Comparison Methods for Stochastic Models and Risks, Chichester 2002

Neumann, K.; Morlock, M. (2002): Operations Research, München u. a. 2002

Nicolai, H.; Schotten, M.; Much, D. (1999): Aufgaben. in: Produktionsplanung und -steuerung. Grundlagen, Gestaltung und Konzepte, hrsg. von H. Luczak und W. Eversheim, 2. Aufl., Berlin u. a. 1999, S. 29-74

Norris, G. et al. (2000): E-Business and ERP: Transforming the Enterprise, New York u. a. 2000

Page, B. (1991): Diskrete Simulation: eine Einführung mit Modula-2, Berlin u. a. 1991

Reichwald, R., Dietel, B. (1991): Produktionswirtschaft, in: Industriebetriebslehre: Entscheidungen im Industriebetrieb, hrsg. v. E. Heinen, 9. Aufl., Wiesbaden 1991, S. 395-622

Scheer, A.-W. (1990): CIM – Computer Integrated Manufacturing: Der computergesteuerte Industriebetrieb, 4. Aufl., Berlin u. a. 1990

Schlüter, F.; Schneider, H. (2000): Produktionsplanung und -steuerung, in: Produktionsmanagement in kleinen und mittleren Unternehmen, hrsg. von H. Schneider, Stuttgart 2000, S. 225-286

Schneider, H. (1996): Hybrides Produktionsplanungs- und -steuerungssystem für heterogene Produktionsstrukturen, in: Produktionsplanung und -steuerung: Neue Anforderungen durch Veränderungen des Produktionssystemes, 1. Arbeitsbericht, hrsg. von H. Schneider, Technische Universität Ilmenau 1996, S. 4-25

Schneider, H: (1999): Produktion als Dienstleistungsprozeß: Ein theoretischer Rahmen, in: Wettbewerbsfaktor Dienstleistung, hrsg. von H. Corsten und H. Schneider, München 1999, S. 215-238

Schneider, H. (Hrsg.) (2000): Produktionsmanagement in kleineren und mittleren Unternehmen, Stuttgart 2000

Schwarze, J. (2001): Projektmanagement mit Netzplantechnik, 8. Aufl., Herne/ Berlin 2001

Schweitzer, M. (1994): Industrielle Fertigungswirtschaft, in: Industriebetriebslehre, hrsg. von M. Schweitzer, München 1994, S. 569-746

Schweitzer, M.; Küpper, H.-U. (2003): Systeme der Kosten- und Erlösrechnung, 8. Aufl., München 2003

Sheikh, K. (2003): Manufacturing resource planning (MRP II) – with introduction to ERP, SCM and CRM, New York u. a. 2003

Spearman, M. L.; Woodruff, D. L.; Hopp, W. J. (1990): ConWIP. A pull alternative to kanban, in: International Journal of Production Research, 28. Jg. (1990) Heft 5, S. 879-894

Tempelmeier, H. (2003): Material-Logistik. Modelle und Algorithmen für die Produktionsplanung und -steuerung und das Supply Chain Management, 5. Aufl., Berlin et al. 2003

Wiendahl, H.-P. (1987): Belastungsorientierte Fertigungssteuerung. Grundlagen, Verfahrensaufbau, Realisierung, München Wien 1987

Wiendahl, H.-P. (1989): Grundlagen und Entwicklungstrend der Belastungsorientierten Fertigungssteuerung, in: Belastungsorientierte Fertigungssteuerung – Praxis der Weiterentwicklung, hrsg. von H.-P. Wiendahl, München 1989

Wight, O. W. (1984): Manufacturing Resource Planning: MRP II, revised ed., Essex Junction, VT/USA 1984

Zäpfel, G. (1982): Produktionswirtschaft: Operatives Produktions-Management, Berlin New York 1982

Zäpfel, G.; Piekarz, B.(1996): Supply chain controlling: interaktive und dynamische Regelung der Material- und Warenflüsse, Wien 1996

Zijm, W. H. M. (2000): Towards intelligent manufacturing planning and control systems, in: OR-Spektrum, Bd. 22 Heft 3 (2000), S. 313-345

Index

A

B

C

G

I

J

K

L

M